分布式光伏创业实践教程

陈浩龙　主编

杨轶霞　马玉泉　王玉龙　副主编

天津大学出版社
TIANJIN UNIVERSITY PRESS

图书在版编目（CIP）数据

分布式光伏创业实践教程 / 陈浩龙主编 ; 杨轶霞,
马玉泉, 王玉龙副主编. -- 天津 : 天津大学出版社,
2025. 6. -- ISBN 978-7-5618-8036-4

Ⅰ. TM615

中国国家版本馆CIP数据核字第2025XX1211号

出版发行	天津大学出版社
地　　址	天津市卫津路92号天津大学内（邮编：300072）
电　　话	发行部：022-27403647
网　　址	www.tjupress.com.cn
印　　刷	北京盛通数码印刷有限公司
经　　销	全国各地新华书店
开　　本	787 mm×1 092 mm　1/16
印　　张	18
字　　数	461千
版　　次	2025年6月第1版
印　　次	2025年6月第1次
定　　价	59.00元

前　言

当前，人类社会正站在能源革命的十字路口，分布式光伏技术正逐步成为引领能源转型、促进绿色发展的核心力量。随着全球对可持续发展和环境保护的共识日益增强，分布式光伏系统以其清洁、高效、灵活、可再生的特性，不仅在全球能源结构中扮演着愈发重要的角色，也为创业者开辟了广阔的市场空间和无限可能。在此背景下，我们策划并编写了《分布式光伏创业实践教程》，旨在为光伏领域的探索者、创业者、工程师、学者等相关人员提供一部集理论性、实践性和前瞻性于一体的参考性教材。

本书深入探讨了分布式光伏系统的现状与前景，通过全面分析技术进步、成本降低、政策推动及市场需求等多维度因素，系统阐述了分布式光伏系统的基本原理，介绍了分布式光伏系统的设计概要，从组件选型、系统配置到性能评估，帮助读者掌握分布式光伏系统设计施工与建设的全过程。

本书从前期分布式光伏工程的项目规划、选址分析、环境影响评估，到电站建设的施工流程、质量控制、安全管理，再到电站运营的运维管理、性能监测、故障排查，全方位、全流程地讲述了分布式光伏电站的建设与运营实践。同时，阐述了光伏工程建设项目的创业指导，结合光伏行业的市场特点、商业模式、风险管理等实战内容，对典型分布式光伏电站的案例进行了介绍，为创业者提供了宝贵的策略建议。

本书由甘肃工业职业技术学院陈浩龙担任主编并统稿，甘肃工业职业技术学院杨轶霞、马玉泉、王玉龙担任副主编。具体分工如下：陈浩龙编写第四章、第五章、第七章；杨轶霞编写第二章、附录 2；马玉泉编写第一章、第三章、第六章；王玉龙编写附录 1、附录 3。在编写过程中，编者参阅了大量的相关文献资料，在此向参考文献的作者表示衷心的感谢！

由于编者水平有限，书中难免存在不足之处，恳请读者批评指正！

目 录

第一章　分布式光伏系统基本原理

1.1　分布式光伏系统概述

在能源危机和环境污染的严峻形势下，可再生清洁能源引起了全球的关注，太阳能作为可再生能源之一，有着清洁、储量丰富等诸多优点而备受人们关注。光伏发电是利用太阳能资源的主要形式之一。光伏发电技术是分布式发电技术的重要组成部分，也是当前国家主推的分布式能源形式。发展光伏产业对调整能源结构、推进能源生产和消费革命、促进生态文明建设具有重要意义。当前分布式光伏发电系统是光伏产业发展的重要形式，以可再生能源为主的分布式发电技术凭借其投资节省、发电方式灵活、与环境兼容等优点而得到了快速发展。

1.1.1　太阳能光伏发电原理

光伏发电就是利用半导体界面的光生伏特效应而将光能直接转变为电能的一种技术。光生伏特效应就是半导体材料受到太阳光照，使得自身电荷分布发生改变，从而产生感应电动势，最后产生电流，将光能转化为电能的过程。

太阳能光伏发电的能量转换器就是太阳能电池，也叫光伏电池。光伏电池一般由半导体材料构成，它的内部可以等效成为一个 P-N 结，如图 1-1 所示。当太阳光照射在光伏板上时，大部分太阳光在电池板表面被吸收，获得能量的光子被激发释放电子，产生大量的电子-空穴对。在 P-N 结内电场的作用下产生电子空穴的相对运动，空穴向 P 区运动，电子向 N 区运动，导致 P 区存有大量的空穴，N 区存有大量的电子，电场使 P 区带正电，N 区带负电，从而产生电动势，若将负载接在电池的两端，回路将有电流流过负载，从能量的角度分析，就是将光能转换为电能供给负载，即为光伏发电的工作机理。

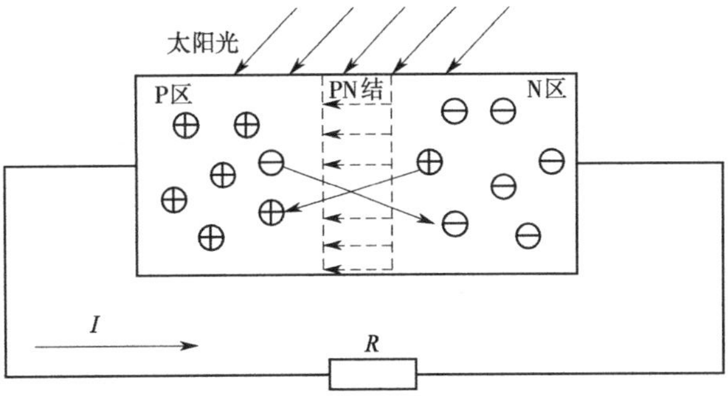

图 1-1　光伏发电原理图

1.1.2 分布式光伏发电概念、特点

分布式发电系统是指发电功率为数千瓦到几十兆瓦的小型模块化、分散式、布置在用户现场或用户附近的高效、可靠的，与环境兼容的发电系统。分布式发电的特点是电力就地产生、就地消纳，可与大电网并网运行，还可以和大电网互为备用，既节省输变电投资，也使供电可靠性得以改善。

1. 分布式光伏发电概念

分布式光伏发电是指通过光伏电池组件，将太阳能直接转化为电能并在用户端直接并网发电的方式。分布式光伏发电是分布式发电系统中的重要组成部分，分布式光伏发电遵循因地制宜、清洁高效、分散布局、就近利用的原则，可充分利用当地太阳能资源，替代和减少化石能源消费，是一种新型的、适合国情的、具有广阔发展前景的发电和能源综合利用方式。近几年，随着国家和政府的大力支持和鼓励，政府和城乡居民都在利用分布式光伏发电积极开展农业光伏、家庭发电、光伏扶贫、光伏养老等多种形式的推广应用，分布式光伏发电在城乡建筑、工业、农业、交通、公共设施等领域都有广阔的应用前景。

分布式光伏发电系统：主要是指在用户所在场地或附近建设运行，不以大规模远距离输送为目的，所生产的电力以用户侧自发自用及就近利用为主，多余电量上网，支持现有电网运行且在配电网系统平衡调节的光伏发电设施。

在《国家能源局关于进一步落实分布式光伏发电有关政策的通知》（国能新能〔2014〕406 号）文件中，又将分布式光伏发电的定义扩展为：利用建筑屋顶及附属场地建设的分布式光伏发电项目，在项目备案时可选择自发自用、余电上网或全额上网中的一种模式。文件指出，国家鼓励开展多种形式的分布式光伏发电应用。充分利用具备条件的建筑屋顶（含附属空闲场地）资源，鼓励屋顶面积大、用电负荷大、电网供电价格高的开发区和大型工商企业率先开展光伏发电应用。鼓励各级地方政府在国家补贴基础上制定配套财政补贴政策，并对公共机构、保障性住房和农村适当加大支持力度。

分布式光伏发电倡导就近发电、就近并网、就近转换、就近使用的原则，不仅能够有效提高同等规模光伏电站的发电量，同时还有效解决了电力在升压及长途运输中的损耗问题。其能源利用率高，建设方式灵活，将成为我国光伏应用的主要方向。目前应用最为广泛的分布式光伏发电系统，是建设在各种建筑物屋顶、农业设施屋顶及家庭住宅屋顶的光伏发电项目。对这些项目应用的要求是必须接入公共电网，或与公共电网一起为附近的用户供电，所发电力一般直接馈入低压配电网或及以下中高压电网中。

2. 分布式光伏发电的特点

（1）输出功率相对较小，投资收益率不低。传统的集中式电站动辄几十万千瓦，甚至几百万千瓦，规模化的应用提高了其经济性。光伏发电的模块化设计，决定了其规模可大可小，可根据场地的要求调整光伏系统的容量。一般而言，一个分布式光伏发电项目的容量在数千千瓦以内。与集中式电站不同，光伏电站的大小对发电效率的影响很小，因此对其经济性的影响也很小，小型光伏系统的投资收益率并不会比大型的低。

（2）分布式光伏发电基本不占用土地资源，能充分利用建筑物表面，可就近发电、供电，不用或少用输电线路，降低了输电成本。光伏组件还可以直接代替传统的墙面和屋顶建筑材料。

（3）污染小，环保效益突出。分布式光伏发电系统在发电过程中，没有噪声，不消耗燃料，不排放包括温室气体在内的任何物质，也不会对空气和水产生污染。

（4）能够在一定程度上缓解局地的用电紧张状况。分布式光伏发电系统在接入配电网中时是发电与用电并存，且在电网供电处于高峰期时发电，可以有效地起到平峰的作用，削减城市昂贵的高峰供电负荷，能够在一定程度上缓解局部地区的用电紧张问题。

1.1.3 系统的分类、构成和工作原理

1. 光伏发电系统的分类

分布式光伏发电系统按大类可分为离网（独立）光伏发电系统和并网光伏发电系统两大类。如图 1-2 所示。

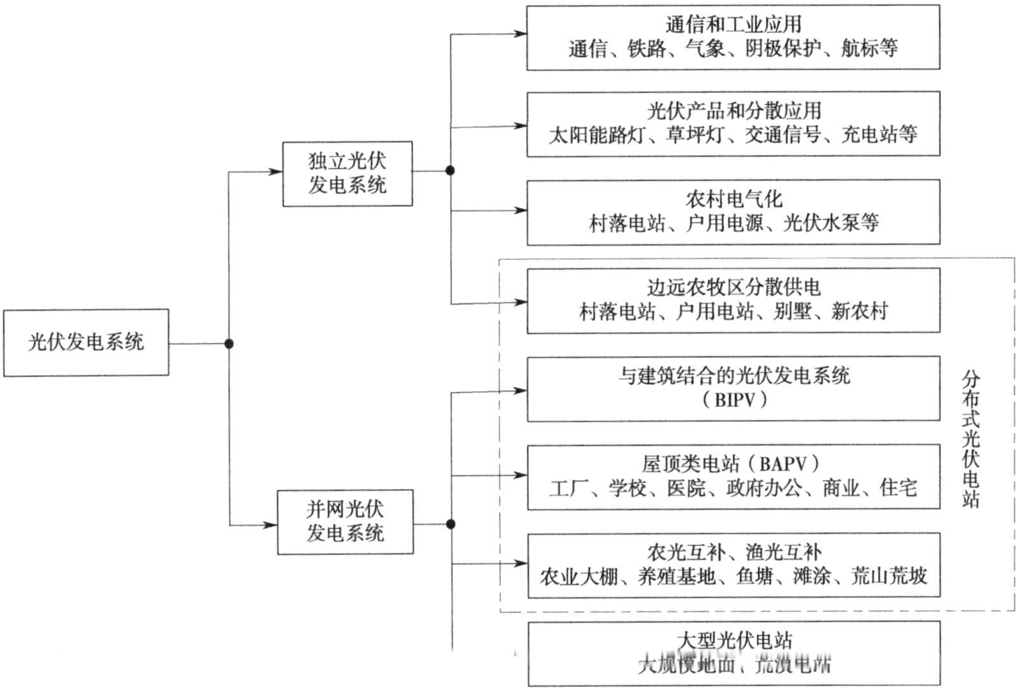

图 1-2 分布式光伏发电系统的分类

离网光伏发电系统主要是指分散式的不与电网连接的独立发电供电系统，其主要有两种运行方式。

（1）系统独立运行，向附近用户供电。

（2）系统独立运行，但在光伏发电系统与当地电网之间有保障供电的自动切换装置。

并网光伏发电系统主要是指与公共电网连接的各种形式的并网光伏发电系统。按运行方式可分为 3 种。

（1）系统与电网系统并联运行，但光伏发电系统对当地电网无电能输出（无逆流）。

（2）系统与电网系统并联运行，且能向当地电网输出电能（有逆流）。

（3）系统与电网系统并联运行，并带有储能装置，可根据需要切换成局部用户独立供电

系统，也可以构成局部区域或用户的"微电网"的运行方式。

按接入并网点的不同可分为用户侧并网和电网侧并网两种模式，其中用户侧并网又分为可逆流向电网供电和不可逆流向电网供电两种模式。

按发电利用形式不同可分为完全自发自用、自发自用+余电上网和全额上网三种模式。

按装机容量的大小可分为下列三种系统：

小型光伏发电系统：安装容量小于或等于 1 MW_p；中型光伏发电系统：安装容量大于 1 MW_p 和小于或等于 30 MW_p；大型光伏发电系统：安装容量大于 30 MW_p。

根据并网光伏电站的接入电压等级，并网光伏电站可以分为以下 3 种。

小型光伏电站：通过 0.4 kV 电压等级接入电网的电站；即发即用、多余的电能送入电网。

中型光伏电站：通过 10~35 kV 电压等级接入电网的电站；通过升压装置将电能馈入电网。

大型光伏电站：通过 66 kV 及以上电压等级接入电网的电站；通过升压装置将电能馈入电网，远距离传输。

由于目前大家所说的分布式光伏发电系统一般是指并网光伏发电系统，因此本书将主要介绍分布式并网光伏发电系统的有关内容。同时用较小的篇幅对离网光伏发电系统的有关内容做必要的介绍。

2. 光伏发电系统的构成

光伏发电系统主要由光伏组件、光伏逆变器、光伏控制器、储能蓄电池、光伏汇流设备、变配电设备、升压变压器、光伏支架以及附属设施组成。

1）光伏电池组件

光伏电池组件也叫光伏电池板，是光伏发电系统中实现光电转换的核心部件，决定了光伏系统的光电转化效率。其作用是将太阳光的辐射能量转换为直流电能。

2）光伏逆变器

光伏逆变器的主要功能是把光伏组件输出的直流电能尽可能多地转换成交流电能，提供给电网或者用户使用。光伏逆变器按运行方式不同，可分为并网逆变器和离网逆变器。并网逆变器用于并网运行的光伏发电系统。离网逆变器用于独立运行的光伏发电系统。

3）光伏控制器

光伏控制器是离网光伏发电系统的主要部件，其作用是控制整个系统的充放电工作状态，当光伏电池组发出的电能大于用户所需电能时，控制电池进行充电，反之控制电池放电，供用户侧使用。实现蓄电池的充电、放电管理，维持光伏发电系统的供电平衡，保护蓄电池。防止蓄电池过充电、过放电、系统短路、系统极性反接和夜间防反充等。

4）储能蓄电池

储能蓄电池主要用在离网光伏发电系统和带储能装置的并网光伏发电系统中，其作用主要是存储光伏电池发出的电能，当没有太阳辐射或电池组发出电量无法满足用户侧需求时将储存电能放出，向负载供电。

5）直流汇流箱

直流汇流箱主要是用在几百千瓦以上的光伏发电系统中，其用途是把光伏组件方阵的多路直流输出电缆集中输入、分组连接到直流汇流箱中，并通过直流汇流箱中的光伏专用熔断器、直流断路器、电涌保护器及智能监控装置等的保护和检测后，汇流输出到光伏逆变器。

6)直流配电柜

大型的光伏发电系统，除了采用许多个直流汇流箱外，还要用若干个直流配电柜作为光伏发电系统中二、三级汇流之用。直流配电柜主要是将各个直流汇流箱输出的直流电缆接入后再次进行汇流，然后输出再与并网逆变器连接，有利于光伏发电系统的安装、操作和维护。

7)交流配电柜与汇流箱

交流配电柜是在光伏发电系统中连接在逆变器与交流负载或公共电网之间的电力设备，它的主要功能是对电能进行接收、调度、分配和计量，保证供电安全，显示各种电能参数和监测故障。交流汇流箱一般用在组串式逆变器系统中，主要作用是把多个逆变器输出的交流电经过二次集中汇流后送入交流配电柜中。

8)升压变压器

升压变压器在光伏发电系统中主要用于将逆变器输出的低压交流电(0.4 kV)升压到与并网电压等级相同的中高压电网中(如 10、35、110、220 kV 等)，通过高压并网实现电能的远距离传输。小型并网光伏发电系统基本都是在用户侧直接并网，自发自用、余电直接馈入 0.4 kV 低压电网，故不需要升压环节。

光伏发电系统用的升压变压器主要为单相或三相变压器，一般有干式和油浸式两种。

9)光伏支架

光伏发电系统中使用的光伏支架主要有固定倾角支架、倾角可调支架和自动跟踪支架几种。自动跟踪支架又分为单轴跟踪支架和双轴跟踪支架。其中单轴跟踪支架又可以细分为平单轴跟踪、斜单轴跟踪和方位角单轴跟踪支架三种。目前，在分布式光伏发电系统中，以固定倾角支架和倾角可调支架的应用最为广泛。

10)光伏发电系统附属设施

光伏发电系统的附属设施包括系统运行的监控和检测系统、防雷接地系统等。监控检测系统的作用是全面监控光伏发电系统的运行状况，包括光伏组件的运行状况，逆变器的工作状态，光伏方阵的电压、电流数据，发电输出功率，电网电压频率以及太阳辐射数据等，并可以通过有线或无线网络的远程连接进行监控，通过计算机、手机等终端设备获得数据。

3. 离网(独立)光伏发电系统的工作原理

离网光伏发电系统是太阳能光伏发电中常见的一种应用方式，其工作原理如图 1-3 所示。离网光伏发电系统不与电网连接，夜晚用电需要利用储存在蓄电池中的能量。离网光伏发电系统的设计和安装容量，即光伏发电容量和储能容量必须满足用户最大用电量的需求。

离网光伏发电系统的核心部件是光伏组件，它将太阳光的光能直接转换成电能，并通过光伏控制器把光伏组件产生的电能存储于蓄电池中。当负载用电时，蓄电池中的电能通过光伏控制器合理地分配到各个负载上。光伏组件所产生的电流为直流电，可以直接以直流电的形式应用，也可以用光伏逆变器将其转换成为交流电，供交流负载使用。光伏发电的电能可以即发即用，也可以用蓄电池等储能装置将电能存储起来，在需要时使用。

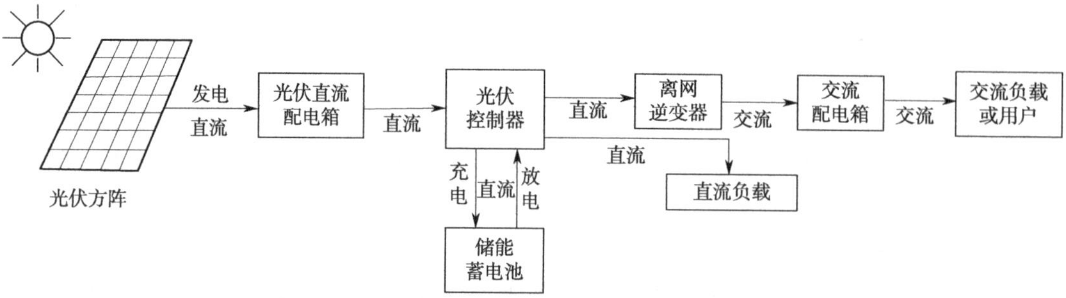

图 1-3 离网（独立）光伏发电系统的工作原理

离网光伏发电系统主要由光伏组件、光伏控制器、储能蓄电池、光伏逆变器、交直流配电箱、光伏支架等组成。离网光伏发电系统有下列 3 种形式。

1）独立供电光伏发电系统

独立供电光伏发电系统原理如图 1-4 所示。该系统由光伏组件、光伏控制器、储能蓄电池等组成。有阳光时，光伏组件将光能转换为直流电能向储能蓄电池充电，同时通过光伏逆变器把直流电转换成交流电，为交流用户或负载提供电能。夜间或阴雨天时，则由储能蓄电池将存储的直流电能通过光伏逆变器转换为交流电向负载供电。这种系统广泛应用于远离电网的移动通信基站、微波中转站及边远地区农村供电等。当系统容量和负载功率较大时，就需要配备光伏组件方阵和蓄电池组。这类系统往往有直流电压输出，可以直接为直流负载供电。

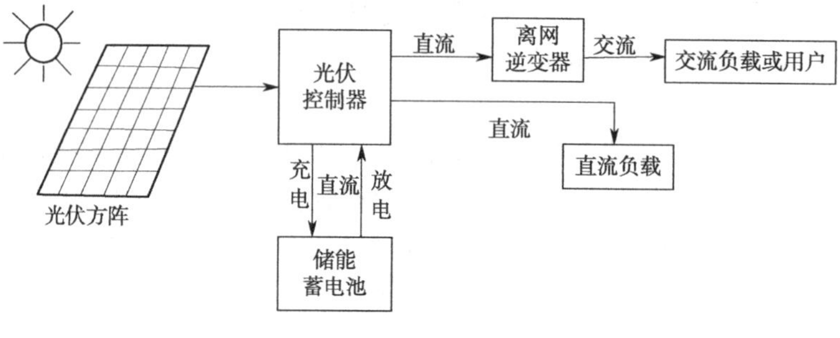

图 1-4 独立供电光伏发电系统

2）能自动切换的光伏发电系统

能自动切换的光伏发电系统如图 1-5 所示。所谓自动切换就是具有与公共电网自动运行双向切换的功能。一是当光伏发电系统因多云、阴雨天及自身故障等导致发电量不足时，切换器能自动切换到公共电网供电一侧，由公共电网向负载供电；二是当电网因为某种原因突然停电时，光伏系统可以自动切换使电网与光伏系统分离，进入独立光伏发电系统工作状态。有些带切换装置的光伏发电系统，还可以在需要时断开为一般负载的供电，接通对应急负载的供电。

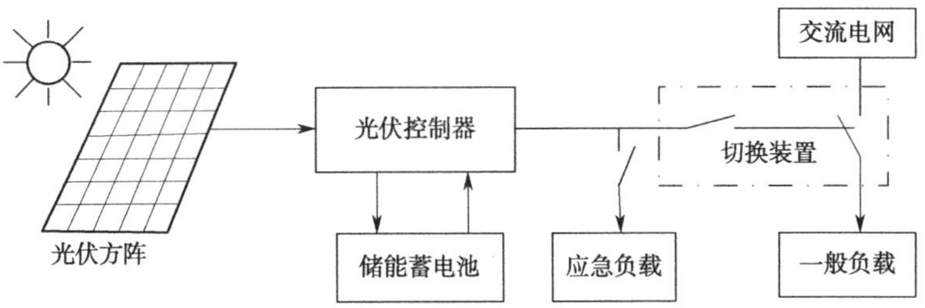

图 1-5　能自动切换的光伏发电系统

3)市电互补光伏发电系统

市电互补光伏发电系统如图 1-6 所示。所谓市电互补光伏发电系统,就是在独立光伏发电系统中以太阳能光伏发电为主,以普通 220 V 交流电补充电能为辅。这样光伏发电系统中光伏组件和蓄电池的容量都可以设计得小一些,基本上是当天有阳光,当天就用太阳能发的电,遇到阴雨天时就用市电能量作补充。这种形式既减少了太阳能光伏发电系统的一次性投资,又有显著的节能减排效果,是太阳能光伏发电在几年前推广和普及过程中一个过渡性的好办法。这种形式在原理上与下文将要介绍的无逆流并网型光伏发电系统有相似之处,但还不能等同于并网应用。

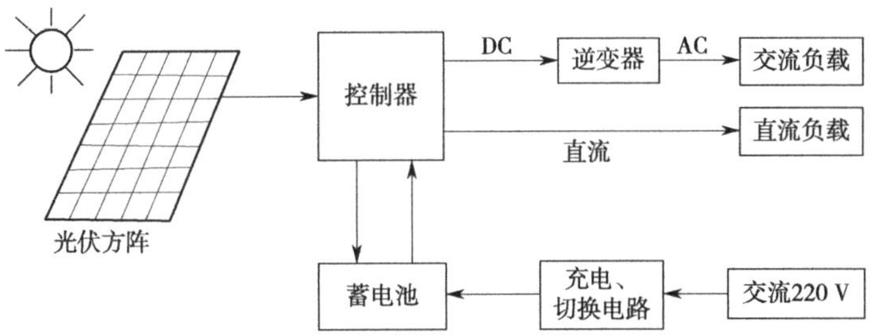

图 1-6　市电互补光伏发电系统

4. 并网光伏发电系统的工作原理

并网光伏发电系统适用于当地有公共电网的区域,其可将发出的电力直接送入公共电网,也可以就近送入用户的供用电系统,由用户部分或全部直接消纳,用电不足的部分可由公共电网输入补充。

图 1-7 所示为并网光伏发电系统的工作原理示意图。并网光伏发电系统由光伏组件方阵将光能转变成电能,并经直流汇流箱和直流配电柜进入并网逆变器,有些类型的并网光伏发电系统还要配置储能系统储存电能。

并网光伏逆变器由功率调节、交流逆变、并网保护切换等部分构成。经逆变器输出的交流电通过交流配电柜后供用户或负载使用,多余的电能可通过电力变压器等设备逆流馈入公共电网(可称为卖电)。当并网光伏系统因气候原因发电不足或自身用电量偏大时,可由公共电网向用户负载补充供电(可称为买电)。系统还配备有监控、测试及显示系统,用于对整个系统工作状态的监控、检测及发电量等各种数据的统计,还可以利用计算机网络系统远程传输控制和显示数据。

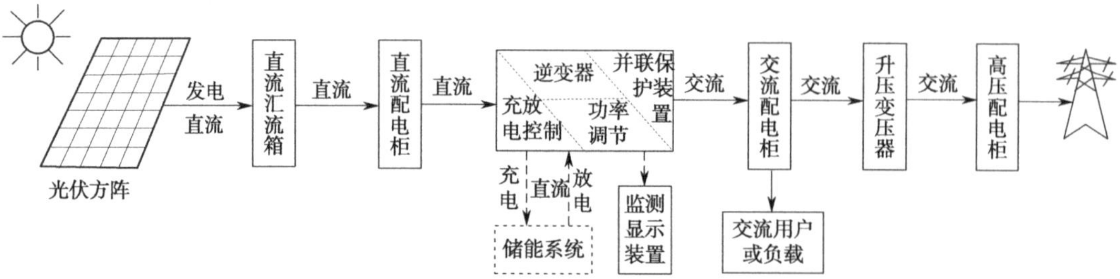

图 1-7 并网光伏发电系统工作原理

并网光伏发电系统可以向公共电网逆流供电，利用其“昼发夜用”的发电特性正好可对公共电网实行峰谷调节，对加强供电的稳定性和可靠性十分有利，与离网光伏发电系统相比，可以不用储能蓄电设备（特殊场合除外），从而扩大了适用范围和灵活性，并使发电系统成本大大降低。

对于有储能系统的并网光伏发电系统，光伏逆变器中含有充放电控制功能和交流电反向充电功能（双向逆变器），负责调节、控制和保护储能系统正常工作。

分布式并网光伏发电系统是相对集中式大型并网光伏电站而言的，而集中式大型并网光伏电站一般都是国家级电站，其主要特点是将所发电能直接输送到电网，由电网统一调配向用户供电。这种电站投资大，建设周期长，占地面积大，需要复杂的控制和配电升压输送设备。而分布式并网光伏发电系统，特别是与建筑物相结合的屋顶光伏发电系统、光伏建筑一体化发电系统等，由于具有投资小，建设快，占地面积小，政策支持力度大等优点，是目前和未来并网光伏发电的主流。分布式并网光伏发电系统所发的电能直接就近分配到周围用户，多余或不足的电力通过公共电网调节，多余时向电网送电，不足时由电网供电。并网光伏发电系统一般有下列几种形式。

1）有逆流并网光伏发电系统

有逆流并网光伏发电系统如图 1-8 所示。当光伏发电系统发出的电能充裕时，可将剩余电能馈入公共电网，向电网送电（卖电）；当光伏发电系统提供的电力不足时，由电网向用户供电（买电）。由于该系统向电网送电时与由电网供电的方向相反，所以称为有逆流并网光伏发电系统。

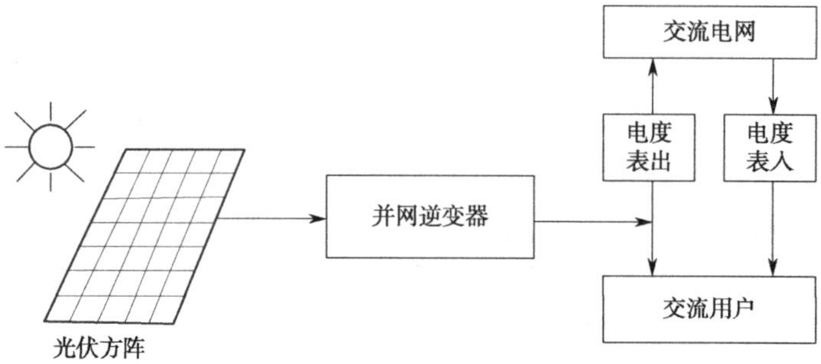

图 1-8 有逆流并网光伏发电系统

2）无逆流并网光伏发电系统

无逆流并网光伏发电系统如图 1-9 所示。无逆流并网光伏发电系统即使发电充裕时也不向公共电网供电,但当光伏系统供电不足时,则由公共电网向负载供电。

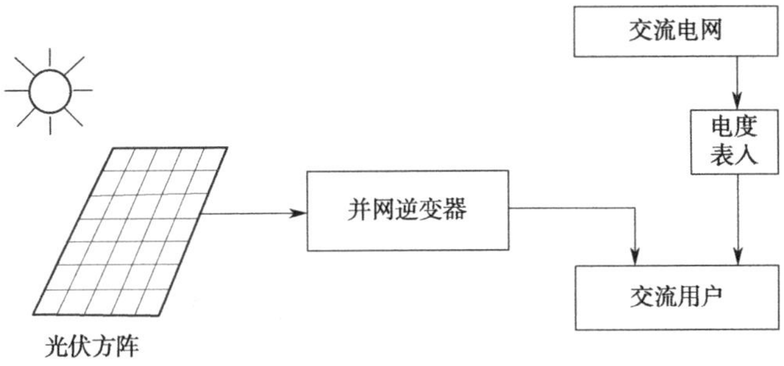

图 1-9 无逆流并网光伏发电系统

3)有储能装置的并网光伏发电系统

有储能装置的并网光伏发电系统如图 1-10 所示,就是在上述两种并网光伏发电系统中根据需要配置储能装置。带有储能装置的光伏发电系统主动性较强,当电网出现停电、限电及故障时,可独立运行并正常向区域负载供电。因此,带有储能装置的并网光伏发电系统可作为紧急通信电源、医疗设备、加油站、避难场所指示及照明等重要场所或应急负载的供电系统。同时,带储能系统的并网光伏发电对减少电网冲击,削峰填谷,提高用户光伏电力利用率,建立智能微电网等都具有非常重要的意义。光伏+储能也会成为今后扩大光伏发电应用的必由之路。

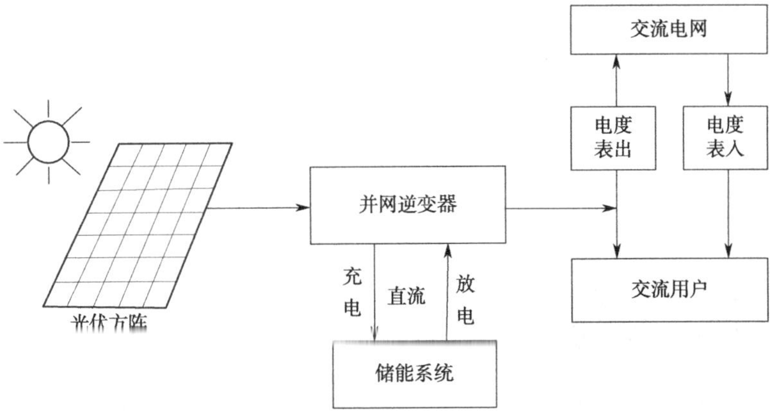

图 1-10 有储能装置的并网光伏发电系统

分布式智能电网光伏发电系统是今后并网光伏发电应用的趋势和方向,该系统中每个单元都是一个带储能装置的并网光伏发电系统,都能实现光伏并网发电和离网发电的自动切换,保证了光伏并网发电和供电的可靠性,缓解了光伏并网发电系统启停运行对公共电网的冲击,增加了用户用电的自发自用量。

1.2 太阳能光伏组件

太阳能光伏组件也叫太阳能电池组件或光伏电池板,英文名称为“Solar Module”或“PV

Module”。太阳能光伏组件(简称光伏组件)是把多个单体的晶体硅电池片根据需要串并联起来,并使用专用材料通过专门生产工艺进行封装后的产品。

目前光伏发电系统采用的光伏组件主要以晶体硅电池片材料为主(包括单晶硅和多晶硅),因此本节主要介绍晶体硅光伏组件的分类、原理、构造、生产工艺、性能参数、技术要求及光伏组件选型等内容。

1.2.1 光伏组件构成和原理

光伏组件的种类较多,根据光伏电池片的类型不同可分为晶体硅(单、多晶硅)组件、非晶硅薄膜组件及砷化镓组件等;按照用途的不同可分为普通型光伏组件和建材型光伏组件。由于用晶体硅电池片制作的光伏组件应用占到市场份额的85%以上,因此下面主要介绍用晶体硅电池片制作的各种光伏组件。

1. 普通型光伏组件

普通型光伏组件是目前光伏发电系统中应用最为普遍的主流产品,单块最大功率可做到450 W,常见的光伏组件外形如图1-11所示。该类组件主要由面板玻璃、硅电池片、两层EVA胶膜、光伏背板及铝合金边框和接线盒等组成,结构如图1-12所示。面板玻璃覆盖在光伏组件的正面,构成组件的最外层,它既要透光率高,又要坚固耐用,起到长期保护电池片的作用。两层EVA胶膜夹在面板玻璃、电池片和光伏背板之间,通过熔融和凝固的工艺过程,将玻璃与电池片及背板粘接成一体。光伏背板要具有良好的耐候性能,并能与EVA胶膜牢固结合。镶嵌在光伏组件四周的铝合金边框既对组件起保护作用,又方便组件的安装固定及光伏组件方阵间的组合连接。接线盒用硅胶黏结固定在背板上,作为光伏组件引出线与外引线之间的连接部件。

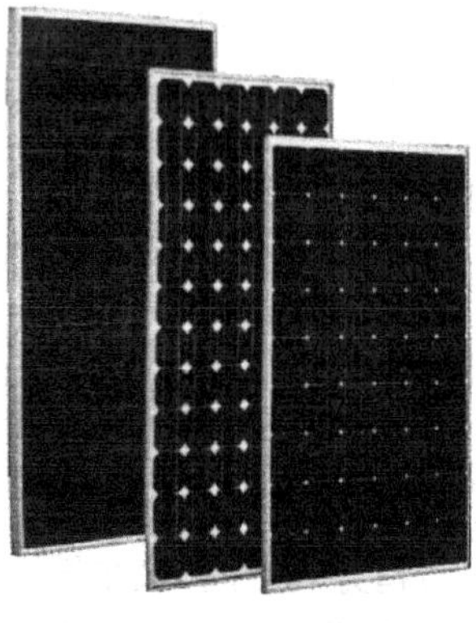

图1-11 普通型光伏组件的外形

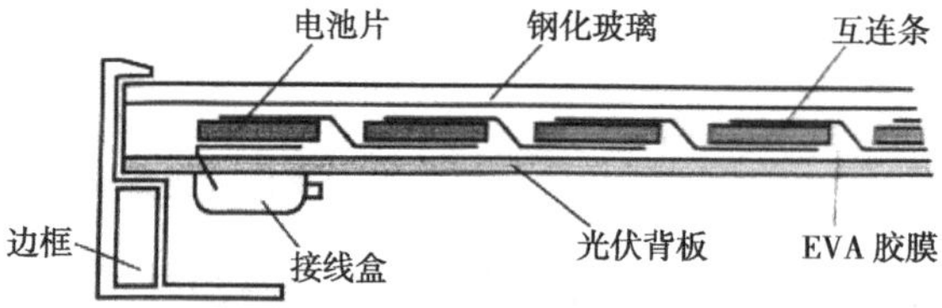

图1-12 普通型光伏组件的结构

2. 建材型光伏组件

建材型光伏组件就是将光伏组件融入建筑材料中,或者与建筑材料紧密结合,将光伏组件作为建筑材料的一部分进行使用,可以在新建建筑物或改造建筑物的过程中一次安装完成,即可以同时完成建筑施工与光伏组件的安装施工。建材型光伏组件的应用降低了组件安装的施工费用,使光伏发电系统成本降低。建材型光伏组件具有良好的耐久性和透光性,符合建筑要求,可以与建筑完美结合,可广泛用于建筑物透光屋顶,建筑物光伏幕墙,建筑护栏、遮雨棚，农业光伏大棚，公交站台和阳光房等设施中。

常见的建材型光伏组件包括双玻光伏组件和中空玻璃光伏组件等几种。双玻光伏组件就是将电池片夹在两层玻璃之间，组件的受光面采用低铁超白钢化玻璃，背面一般采用普通钢化玻璃；中空玻璃光伏组件是在双玻光伏组件的基础上，再与一片玻璃组合而构成的。它们的共同特点是可作为建筑材料直接使用，如窗户、玻璃幕墙和玻璃屋顶材料等，既可以采光，又可以发电。设计时通过调整组件上电池片与电池片之间的间隙，就可以调整室内需要的采光量。

建材型光伏组件除了要满足光伏组件本身的电气性能要求外，还必须符合建筑材料所要求的各种性能：

①符合机械强度和耐久性要求；

②符合防水性的要求；

③符合防火、耐火的要求；

④符合建筑色彩和建筑美观的要求；

3. 新型光伏组件

新型光伏组件主要有交流输出光伏组件、双面发电光伏组件和带融雪功能的光伏组件等。

1）交流输出光伏组件

交流输出光伏组件是在每个组件的背面都安装了一个小型光伏逆变器，也称组件式逆变器，如图 1-13 所示。由于每块光伏组件都直接输出交流电，因此，通过并联组合就可以很方便地得到需要的交流电功率。它可以比较简单、快速地构成光伏发电系统。

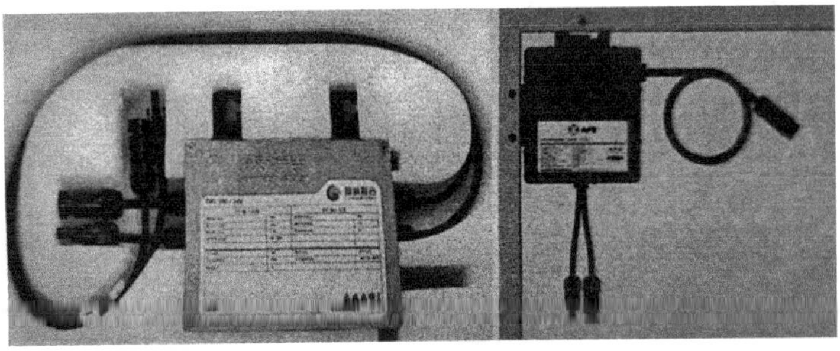

图 1-13　交流输出光伏组件及逆变器外形

2）双面发电光伏组件

双面发电光伏组件的结构与建材型双玻光伏组件类似，只是双面发电光伏组件采用了新型的双面发电电池片进行封装制作，这种电池片两面可以同时发电，从而可有效提高发电效率。按照光伏组件常规的倾斜角安装，只要组件背面能接收到光线，就可以贡献额外的发电量，正面发电不受任何影响。双面发电光伏组件背面发电主要利用的是被周围环境反射到组件背面的地面反射光和空间散射光。由于双面发电光伏组件正面和背面都可以发电，所以安装方向可以任意朝向，安装倾角也可以任意设置，更适合应用于农光互补电站、地面电站、水面电站、光伏大棚、公路铁路隔音墙、隔音屏障、光伏车棚及 BIPV 等场合。

双面发电光伏组件在倾斜安装时，与普通光伏组件相比，由于组件背面环境场景的差异，会造成组件背面受光强度的不同，使组件背面发电功率也会随之变化。通过实验，当地面为白颜色背景（白色漆或涂料涂刷）时，反射效果最好，背面发电增益最高，依次是铝箔、水泥面、黄沙、草地等。图 1-14 所示为双面发电光伏组件在太阳能庭院灯中的应用，灯具上面的扇形组件及灯杆中间的组件全部都是双面发电光伏组件。双面发电双玻光伏组件外形图如图 1-15 所示。

图 1-14 双面发电光伏组件的应用

图 1-15 双面发电双玻光伏组件外形

3）带融雪功能的光伏组件

冬天的积雪覆盖光伏组件后，会阻止或影响光伏组件的发电，带融雪功能的光伏组件在遇到积雪时可利用系统自身的电力，通过逆变器给光伏组件通电，用光伏电池所产生的热量使光伏组件上的积雪融化，使光伏组件恢复正常发电。

4）带蓄电功能的光伏组件

带蓄电功能的光伏组件使用体积小、质量轻、循环寿命长的锂电池作为储能电池，将锂电池分别安装在光伏组件四周的铝合金边框中，还将组件接线盒与控制器电路合二为一，形成一个便携式的发电储能装置。只需要直接连接用电器就可实现太阳能供电。使用这种组件克服了普通光伏发电系统储能铅酸蓄电池寿命短的不足，方便了系统的安装、施工和维修，减少了线路连接的损耗。

1.2.2 光伏组件的主要原材料及各部件

太阳能光伏组件是光伏发电系统中最重要的组成部件，它主要由电池片、钢化玻璃、EVA 胶膜、光伏背板、铝合金边框、接线盒等组成，这些材料和部件对光伏组件的质量、性能和使用寿命都影响很大。光伏组件的质量直接关系到整个光伏发电系统的质量、发电效率、发电量、使用寿命和收益率等。因此了解构成光伏组件的各种原材料和部件的技术特性，熟悉光伏组件的制造工艺技术和生产流程非常重要。

1. 硅电池片

硅电池片是电池组件中的主要材料，硅电池片的基片材料是 P 型或 N 型的单晶硅或多晶硅，它是将单晶硅棒或多晶硅锭（图 1-16）通过专用切割设备切割成厚度为 180 μm 左右的硅片后,再经过一系列的加工工序制作完成的。硅电池片的生产工艺流程如图 1-17 所示。

单晶硅棒　　多晶硅锭

图 1-16　硅棒和硅锭外形图

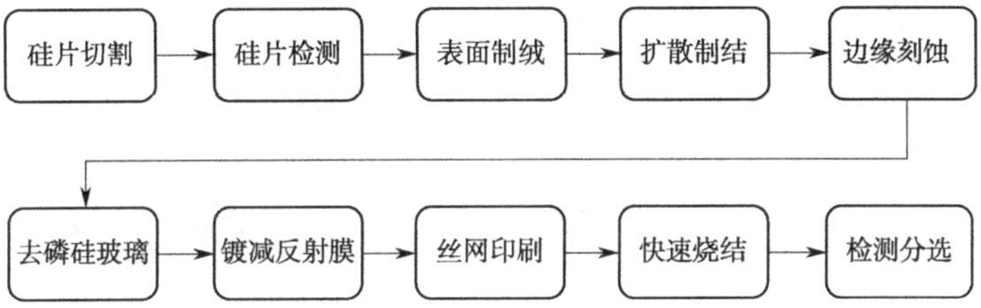

图 1-17　硅电池片的生产工艺流程

1)硅电池片的分类及外观结构

硅电池片按用途可分为地面用晶体硅电池、海上用晶体硅电池和空间用晶体硅电池,硅电池片按基片材料的不同分为单晶硅电池和多晶硅电池。硅电池片常见的规格尺寸有 156 mm × 156 mm、156.75 mm × 156.75 mm、166 mm × 166 mm、182 mm × 182 mm 等,电池片厚度一般在 180~200 μm。

从图 1-18 中可以看到,电池片表面有一层蓝色的减反射膜,还有银白色的电极栅线。其中很多条细的栅线,是电池片表面电极向主栅线汇总的引线,几条宽一点的银白线就是主栅线,也叫电极线或上电极(目前有 4 条、5 条甚至 12 条主栅线的电池片在生产)。电池片的背面也有几条与正面相应的间断银白色的主栅线,叫下电极或背电极。电池片与电池片之间的连接,就是通过把互连条焊接到主栅线上实现的。一般正面的电极线是电池片的负极线,背面的电极线是电池片的正极线。太阳电池无论面积大小(整片或切割成小片),单片的正负极间输出峰值电压都在 0.52~0.56 V 之间。而电池片的面积大小与输出电流和发电功率成正比,面积越大,输出电流和发电功率越大。

2)单晶硅与多晶硅片的区别

由于单晶硅电池片和多晶硅电池片前期生产工艺的不同,它们在外观和导电性能方面都有一些区别。从外观上看:单晶硅电池片四个角呈圆弧缺角状,随着电池片制造技术的发展,目前已经有了小倒角或者是方角的单晶电池片,表面没有花纹;多晶硅电池片四个角为方角,表面有类似冰花一样的花纹;单晶硅电池片减反射膜绒面表面颜色一般呈现为黑蓝色,多晶硅电池片减反射膜绒面表面颜色一般呈现为蓝色。

单晶硅 5 栅线电池片

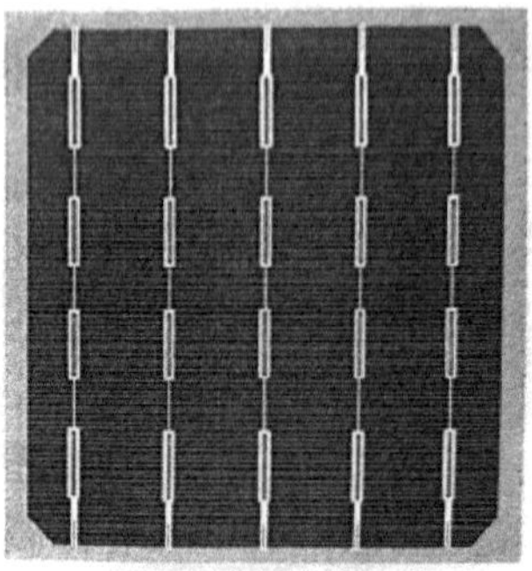

单晶硅 5 栅线电池片（背面）

多晶硅 5 栅线电池片

多晶硅 12 栅线电池片

图 1-18　硅电池片的外形

多晶硅电池制造过程中消耗的能量要比单晶硅电池少 30%左右，所以过去几年多晶硅电池占全球电池总产量的份额越来越大，制造成本也大大小于单晶硅电池，从生产工艺角度看，使用多晶硅电池更节能、更环保。

2. 面板玻璃

光伏组件采用的面板玻璃是低铁超白绒面或光面钢化玻璃。一般厚度为 3.2 mm 和 4 mm，建材型光伏组件有时要用到 5~10 mm 厚度的钢化玻璃。绒面的意思是指这种玻璃为了减少阳光的反射，在其表面通过物理和化学方法进行减反射处理，使玻璃表面成为绒毛状，从而增加了光线的入射量。钢化处理是为了增加玻璃的强度，以抵御风沙和冰雹的冲击，起到长期保护太阳电池的作用。

3. EVA 胶膜

EVA 胶膜是乙烯与醋酸乙烯酯的共聚物，是一种热固性的膜状热熔胶，在常温下无黏性，经过一定条件热压便发生熔融黏结与交联固化，变得完全透明，是目前光伏组件封装中普遍使用的黏结材料。光伏组件中要加入两层 EVA 胶膜，两层 EVA 胶膜夹在面板玻璃、电池片和 TPT 背板膜之间，将玻璃、电池片和 TPT 粘接在一起。它和玻璃黏合后能提高玻璃的透光率，起到增透的作用，并对电池组件功率输出有增益作用。

4. 背板材料和铝合金边框

背板材料根据光伏组件使用要求的不同，可以有多种选择。目前主要用 TPT、KPK、TPE 类复合胶膜和钢化玻璃。用钢化玻璃作为背板主要是制作双面发电或双面透光建材型光伏组件，用于光伏幕墙、光伏屋顶等，价格较高，组件质量也大。除此之外目前使用最广泛的就是 TPT 复合膜。通常见到的光伏组件背面的白色覆盖物大多就是这类复合膜。背板膜主要分为含氟背板与不含氟背板两大类。其中含氟背板又分双面含氟（如 TPT、KPK 等）与单面含氟（如 TPE、KPE 等）两种；而不含氟的背板则多通过胶黏剂将多层 PET 胶黏复合而成。目前，光伏组件的使用寿命要求为 25 年，而背板作为直接与外环境大面积接触的光伏封装材料，应具备卓越的耐长期老化（湿热、干热、紫外线）、耐电气绝缘、水蒸气阻隔等性能。因此，如果背板膜在耐老化、耐绝缘、耐水汽等方面无法满足光伏组件 25 年的环境考验，最终将导致组件中太阳电池的可靠性、稳定性与耐久性无法得到保障，使光伏组件在普通气候环境下使用 8~10 年或在特殊环境状况下（高原、海岛、湿地）下使用 5~8 年即出现脱层、皲裂、起泡、黄变等不良状况，造成电池片脱落、移滑，电池片有效输出功率降低等现象，更危险的是光伏组件会在较低电压和电流值的情况下出现电拉弧现象，引起光伏组件燃烧并引发火灾，造成人身损害和财产损失。

光伏组件的边框材料主要采用铝合金，也有用不锈钢和增强塑料的。光伏组件安装边框，一是为了保护层压后的组件玻璃边缘；二是结合硅胶打边加强了组件的密封性能；三是大大提高了光伏组件整体的机械强度；四是方便了光伏组件的运输、安装。光伏组件无论是单独安装还是组成光伏方阵都要通过边框与光伏组件支架固定。一般都是在边框适当部位打孔，同时支架的对应部位也打孔，然后通过螺栓固定连接，也可通过专用压块压在组件边框进行固定。

5. 接线盒、互连条和有机硅胶

接线盒是光伏组件内部输出线路与外部线路连接的部件，常用接线盒外形如图 1-19 所示。从光伏组件内引出的正负极汇流条（较宽的互连条），进入接线盒内，插接或用焊锡焊接到接线盒中的相应位置，外引线也通过插接、焊接和螺丝压接等方法与接线盒连接。接线盒内还留有旁路二极管安装的位置或直接安装有旁路二极管，用以对光伏组件进行旁路保护。有些接线盒还直接带有输出电缆引线和电缆连接器插头，方便光伏组件或方阵的快速连接。当引线长度不够时，还可以使用带连接器插头的延长电缆进行连接。

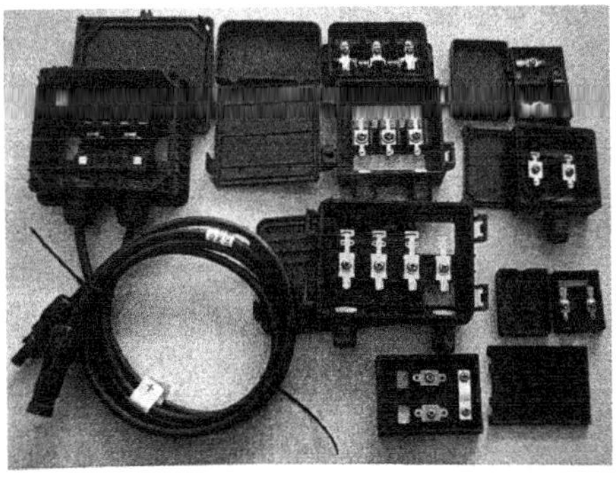

图 1-19　常用接线盒外形

互连条也叫涂锡铜带、涂锡带，宽一些的互连条也叫汇流条。它是光伏组件中电池片与电池片连接的专用引线。它以纯铜带为基础，在铜带表面均匀地涂镀了一层焊锡。互连条的规格根据其宽度和厚度的不同有 20 多种，宽度可从 0.08 mm 到 30 mm，厚度可从 0.04 mm 到 0.8 mm。

有机硅胶是一种具有特殊结构的密封胶材料，具有较好的耐老化、耐高低温、抗紫外线性能，抗氧化、抗冲击、防污防水、高绝缘。主要用于光伏组件边框的密封，接线盒与光伏组件的粘接密封，接线盒的浇注与灌封等。

1.2.3 光伏组件的性能参数和选型

光伏组件的性能主要是指它的电流-电压输入输出特性，通过光伏组件的输入输出特性体现将太阳的光能转换成电能的能力。图 1-20 所示的曲线反映了当太阳光照射到光伏组件上时，光伏组件的输出电压、输出电流及输出功率的关系，因此这条曲线也叫作光伏组件的输出特性曲线。如果用 I 表示电流，用 U 表示电压，则这条曲线也称为光伏组件的 I-U 特性曲线。

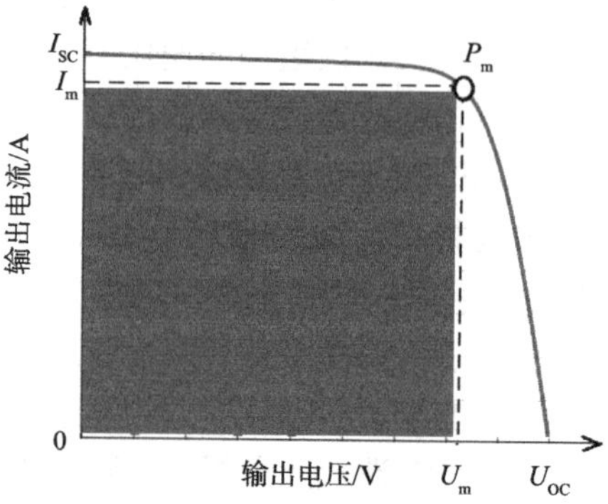

图 1-20 光伏组件 I-U 特性曲线

在光伏组件的 I–U 特性曲线上有 3 个具有重要意义的点，即峰值功率、开路电压和短路电流。

1. 光伏组件的性能参数

光伏组件的性能参数主要有：短路电流、开路电压、峰值电流、峰值电压、峰值功率、填充因子和转换效率等。

（1）短路电流（I_{SC}）。在指定光照和温度下，当将光伏组件的正负极短路，使 U=0 时，此时的电流就是光伏组件的短路电流，短路电流的单位是 A（安培），短路电流随着光强的变化而变化。I_{SC} 的值与电池的尺寸成正比。

（2）开路电压（U_{OC}）。在指定光强和温度下，当光伏组件的正负极不接负载时，组件正负极间的电压就是开路电压，开路电压的单位是 V（伏特），光伏组件的开路电压随电池片串联数量的增减而变化，一般 60 片电池片串联的组件开路电压为 35 V 左右。

（3）峰值电流（I_m）。峰值电流也叫最大工作电流或最佳工作电流。峰值电流是指在指定光强和温度下，光伏组件输出最大功率时的工作电流，峰值电流的单位是 A。

（4）峰值电压（U_m）。峰值电压也叫最大工作电压或最佳工作电压。峰值电压是指在指定光强和温度下，电池片输出最大功率时的工作电压，峰值电压的单位是 V。组件的峰值电压随电池片串联数量的增减而变化，一般 60 片电池片串联的组件峰值电压为 30~31.5 V。

（5）峰值功率（P_m）。峰值功率也叫最大输出功率或最佳输出功率。峰值功率是指在指定光强和温度下，光伏组件在正常工作或测试条件下的最大输出功率，也就是峰值电流与峰值电压的乘积；$P_m=I_m \times U_m$。峰值功率的单位是 W_p（峰瓦）。光伏组件的峰值功率取决于太阳辐照度、太阳光谱分布和组件的工作温度，因此光伏组件的测量要在标准条件下进行，标准条件是指照度和温度均满足下列条件：标准照度（辐照度）S_{ref}=1 000 W/m^2、标准温度 T_{ref}=25 ℃。光谱 AM1.5；测试温度 25 ℃。

（6）填充因子（FF）。填充因子也叫曲线因子，是指光伏组件的峰值功率与开路电压和短路电流乘积的比值：$FF=P_m/(I_{SC} \times U_{OC})$。填充因子是评价光伏组件所用电池片输出特性好坏的一个重要参数，它的值越高，表明所用电池片输出特性越趋于矩形，电池的光电转换效率越高。光伏组件的填充因子系数一般在 0.65~0.85 之间，也可以用百分数表示。

（7）转换效率（η）。转换效率是指光伏组件受光照时的最大输出功率与照射到组件上的太阳能量功率的比值。即 $\eta = P_m$（光伏组件的峰值功率）/A（光伏组件的有效面积）× P_{in}（单位面积的入射光功率），其中 P_{in} = 1 000 W/m^2= 100 mW/cm^2。

2. 影响光伏组件输出特性的主要因素

（1）负载阻抗。当负载阻抗与光伏组件的输出特性（I–U 曲线）匹配得好时，光伏组件就可以输出最高功率，产生最大的效率。当负载阻抗较大或者因为某种因素增大时，光伏组件将运行在高于最大功率点的电压上，这时组件效率和输出电流都会减少。当负载阻抗较小或者因为某种因素变小时，光伏组件的输出电流将增大，光伏组件将运行在低于最大功率点的电压上，组件的运行效率同样会降低。

（2）日照强度。光伏组件的输出功率与太阳辐射强度成正比，日照增强时组件输出功率也随之增强。日照强度的变化对组件 I–U 曲线的影响如图 1-21 所示。从图中可以看出，当环境温度相同时，日照强度越大，I–U 曲线越向上移动，短路电流逐渐增大。同时最大功率点也随同上升；而光伏组件的输出电压变化不大。结论：日照强度对光伏电池输出电流的影响较大，却对光伏组件输出电压的影响很小。

（3）组件温度。光伏组件的温度越高时，组件的工作效率越低。组件温度变化与输出电压的关系曲线如图 1-22 所示。随着组件温度上升，工作电压将下降，最大功率点也随之下降。随着温度的升高，输出电流略有上升。

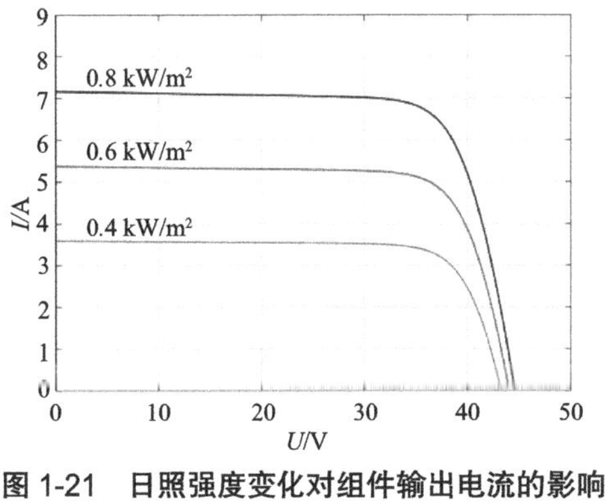

图 1-21　日照强度变化对组件输出电流的影响

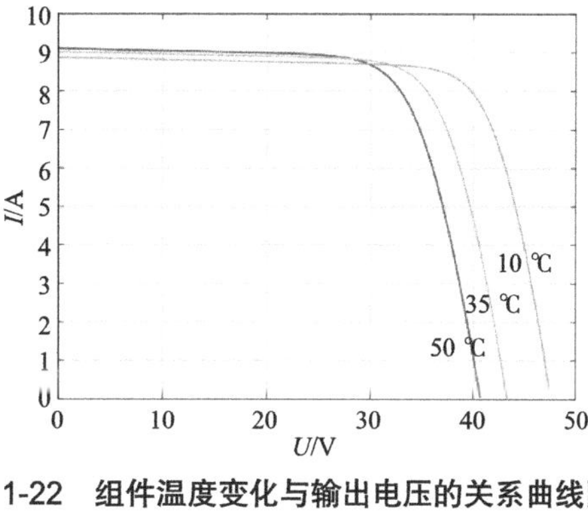

图 1-22　组件温度变化与输出电压的关系曲线图

（4）热斑效应。在光伏组件或方阵中，当有阴影（例如树叶、鸟粪、污物等）遮挡了光伏组串或组件的某一部分，或光伏组件内部某一电池片损坏时，局部被遮挡或损坏的电池片将被当作负载（在组件中相当于一个反向工作的二极管），其电阻和电压降都很大，消耗其他正常工作的电池片或光伏组件所产生的能量，不仅消耗功率，还产生高温发热，这种现象就叫热斑效应。热斑效应能严重地破坏光伏组件，特别是在高电压大电流的光伏方阵中，热斑效应会造成电池片碎裂、焊带脱落、封装材料烧毁，甚至引起火灾。

3. 光伏组件的选型

光伏组件是光伏电站最重要的组成部件，在整个光伏电站中的成本，占到光伏电站建设总成本的 40%以上，而且光伏组件的质量直接关系到整个光伏电站的质量、发电效率、发电量、使用寿命和收益率等。因此光伏组件的正确选型非常重要。

1)光伏组件形状尺寸的确定

在光伏发电系统组件或方阵的设计计算中,虽然可以根据用电量或计划发电量计算出光伏组件或整个方阵的总容量和功率,确定光伏组件的串并联数量,但是还需要根据光伏组件的具体安装位置来确定光伏组件的形状及外形尺寸,以及整个方阵的整体排列等。有些异形和特殊尺寸的光伏组件还需要向生产厂商定制。

目前应用在分布式光伏发电系统中的光伏组件主要有两种规格,一种是由 60 片 156.75 mm × 156.75 mm 电池片构成的组件,外形尺寸为 1 650 mm × 990 mm,目前技术水平的最大功率范围多晶组件在 265~280 W,单晶组件在 290~310 W;另一种是由 72 片 156.75 mm × 156.75 mm 电池片构成的组件,外形尺寸为 1 950 mm × 990 mm,目前技术水平的最大功率范围多晶组件在 315~330 W,单晶组件在 340~360 W。

在对这两种规格的组件进行选择时,不能错误地认为单晶组件就一定比多晶组件的效率高,或者由 72 片电池片构成的组件就一定比由 60 片电池片构成的组件效率高,其实同样输出功率的单晶组件和多晶组件的转换效率是一样的,输出功率为 270 W 的 60 片组件和输出功率 320 W 的 72 片组件的转换效率也是一样的。

光伏组件选型还要结合市场流行趋势,以便于批量采购,同时还要结合施工现场的搬运安装条件,在条件允许的情况下,尽量选择大尺寸和高效率的产品。效率相近而规格不同的组件的单位功率价格基本相同,只是选择大尺寸组件时,组件安装费用、组件间的连接线缆数量和线路损耗能比小尺寸组件有所降低,同时,相同排列方式下大尺寸组件的支架和基础成本也会略有降低。

2)多晶与单晶组件的选择

光伏组件的正确选型对电站的发电量及稳定性都有着重要的关系,前几年广大用户投资光伏电站项目追求的是初期投资的最小化,目前广大用户更关心的是光伏电站发电量和长期收益的最大化。

一般来讲,多晶和单晶光伏组件的性能、价格都比较接近,差别不大。由于多晶光伏组件的价格要比单晶组件稍低,从控制工程造价方面考虑,选用多晶光伏组件有一定优势。多晶组件在生产过程中的耗能比单晶组件低一些,因此,采用多晶组件也相对更环保。

由于单晶光伏组件的转换效率可以做到比多晶组件稍高,通常为了在有效的面积内安装更多容量,要选用单晶光伏组件,有些场合还可以考虑选用双面发电光伏组件。另外当侧重考虑光伏发电系统的长期发电量和投资收益率时,也应该选用转换效率较高的单晶光伏组件或双面发电光伏组件,因为这类组件更具有度电成本的优势。

度电成本是指光伏发电项目单位上网电量所发生的综合成本,主要包括光伏项目的投资成本、运行维护成本和财务费用。

目前,光伏组件产品正朝着高效、高可靠性、智能化、高发电量方向发展,在光伏组件单位价格相近的情况下,应尽量优先选用高转换效率、单片峰值功率较大的组件,以提高单位发电效率,减少辅材的使用量。

1.3　光伏发电系统主要部件

1.3.1　光伏控制器

光伏控制器是离网光伏发电系统的核心部件，也是平衡系统的主要组成部分，在有些带储能装置的并网系统中，有时也会用光伏控制器来对储能系统进行充放电管理。小型系统中的控制器主要用来保护蓄电池，对蓄电池实施充放电管理，通过电子开关的形式控制蓄电池的过度充电与过度放电，实现光伏系统的供放电平衡。大中型系统中的控制器则在保护蓄电池的基础上，还担负了平衡光伏系统能量，控制蓄电池分阶段均衡充电，为蓄电池提供最佳的充电电压，快速、平稳、高效地为蓄电池充电、为整个系统供电，保证整个系统正常工作的任务。控制器可以单独使用，也可以和逆变器等合为一体，称为逆变控制一体机。常见的光伏控制器外形如图 1-23 所示。

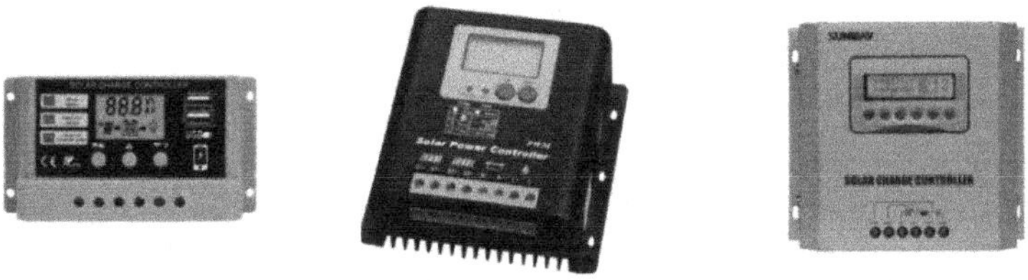

图 1-23　常见光伏控制器外形

光伏控制器应具有以下基本功能：

①防止蓄电池过充电和过放电，延长蓄电池寿命；

②防止光伏组件或光伏方阵、蓄电池极性接反；

③防止负载、控制器、逆变器和其他设备内部短路；

④具有防雷击引起的击穿的保护功能；

⑤具有温度补偿的功能；

⑥具有最大功率跟踪点功能（MPPT）；

⑦显示光伏发电系统的各种工作状态，包括：蓄电池（组）电压、负载状态、光伏方阵工作状态、辅助电源状态、环境温度状态、故障报警等。

1. 光伏控制器的分类及电路原理

光伏控制器按电路方式的不同分为并联控制电路、串联控制电路、脉宽调制（PWM）型控制电路、智能型控制电路和最大功率跟踪（MPPT）控制电路等，在实际应用中，有些控制器是上述几种电路的组合；按光伏组件输入功率和负载功率的不同可分为小功率型、中功率型、大功率型；按放电过程控制方式的不同，可分为常规过放电控制型和剩余电量（SOC）放电全过程控制型。

虽然控制器根据光伏系统的不同其复杂程度有所差异，但其基本原理是一样的。图 1-24 所示是最基本的光伏控制器电路原理框图。该电路由光伏组件、控制器、蓄电池和负载组成。开关 1 和开关 2 分别为充电控制开关和放电控制开关。开关 1 闭合时，由光伏组件通过控制器给蓄电池充电，当蓄电池出现过充电时，开关 1 能及时切断充电回路，使光伏组件停止向蓄电池供电，开关 1 还能按预先设定的保护模式自动恢复对蓄电池的充电。当开关 2 闭合时，由蓄电池给负载供电，当蓄电池出现过放电时，开关 2 能及时切断放电回路，蓄电池停止向负载供电，当蓄电池再次充电并达到预先设定的恢复充电点时，开关 2 又能自动恢复供电，开关 1 和开关 2 可以由各种开关元件构成，如各种晶体管、晶闸管、固体继电器、功率开关器件等电子式开关和普通继电器等机械式开关。

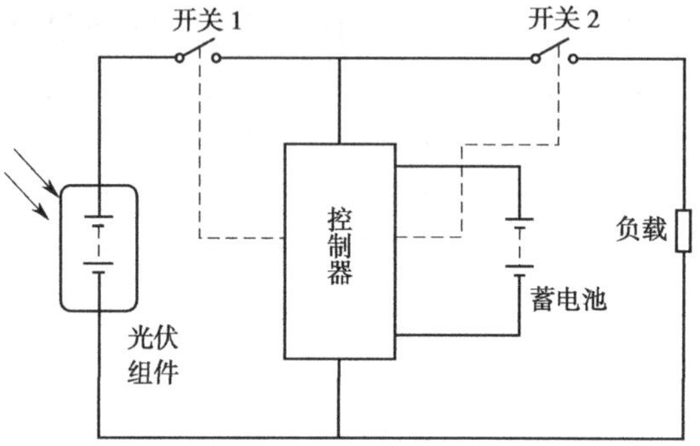

图 1-24　光伏控制器基本电路框图

2. 光伏控制器的主要技术参数

1）系统工作电压

系统工作电压也叫额定工作电压，是指光伏发电系统的直流工作电压，电压一般为 12 V 和 24 V，中大功率控制器也有 48 V、96 V、192 V 等。

2）最大充电电流

最大充电电流是指光伏组件或方阵输出的最大电流，根据功率大小分为 5 A、6 A、8 A、10 A、12 A、15 A、20 A、30 A、40 A、50 A、70 A、100 A、150 A、200 A、250 A、300 A 等多种规格。有些厂家用光伏组件最大功率来表示这一内容，间接地体现了最大充电电流这一技术参数。

3）光伏组件方阵输入路数

小功率光伏控制器一般都是单路输入，而大功率光伏控制器都是由光伏组件方阵多路输入，一般大功率光伏控制器可输入 2~4 路，最多的可接入 6 路、12 路。

4）电路自身损耗

控制器的电路自身损耗也是其主要技术参数之一，也叫空载损耗（静态电流）或最大自消耗电流。为了降低控制器的损耗，提高光伏电源的转换效率，控制器的电路自身损耗要尽可能低。控制器的最大自身损耗不得超过其额定充电电流的 1%或 0.4 W。根据电路不同自身损耗一般为 5~20 mA。

5）蓄电池的过充电保护电压（HVD）

蓄电池的过充电保护电压通常被称为充满断开或过电压关断电压，根据需要及蓄电池类型的不同，可以将其设定在 14.1~14.5 V（12 V 系统）、28.2~29 V（24 V 系统）和 56.4~58 V（48 V 系统）之间，典型值分别为 14.4 V、28.8 V 和 57.6 V。

6）蓄电池的过放电保护电压（LVD）

蓄电池的过放电保护电压也叫欠压断开或欠压关断电压，一般可根据需要及蓄电池类型的不同，设定在 10.8~11.4 V（12 V 系统）、21.6~22.8 V（24 V 系统）和 43.2~45.6 V（48 V 系统）之间，典型值分别为 11.1 V、22.2 V 和 44.4 V。

7）蓄电池充电浮充电压

蓄电池的充电浮充电压一般为 13.7 V（12 V 系统）、27.4 V（24 V 系统）和 54.8 V（48 V 系统）。

8）温度补偿

控制器一般都具有温度补偿功能，以适应不同的环境工作温度，为蓄电池设置更为合理的充电电压。控制器的温度补偿系数应满足蓄电池的技术要求，其温度补偿值一般为-20~-40 mV/℃。

9）工作环境温度

控制器的使用或工作环境温度范围随厂家不同一般在-20~50 ℃。

10）其他保护功能

（1）控制器输入、输出短路保护功能。

（2）防反充和极性反接保护功能。

（3）控制器输入端应具有防雷击的保护功能，避雷器的类型和额定值应能确保吸收预期的冲击能量。

（4）耐冲击电压和冲击电流保护。在控制器的太阳电池输入端施加 1.25 倍的标称电压持续 1 h，控制器不应该损坏。使控制器充电回路电流达到标称电流的 1.25 倍并持续 1 h，控制器也不应该损坏。

3. 光伏控制器的配置和选型

光伏控制器的配置选型要根据系统功率、系统直流工作电压、光伏方阵输入路数、蓄电池组数、负载状况以及用户的特殊要求等确定。一般要考虑下列几项技术指标。

1）系统工作电压

系统工作电压要根据直流负载的工作电压或交流逆变器的配置选型确定，一般有 12 V、24 V、48 V、96 V 和 192 V 等。组件的最大输出电压要和蓄电池的标称电压相匹配。

2）额定输入电流和输入路数

控制器的额定输入电流取决于光伏组件或方阵的输入电流，选型时控制器的额定输入电流应等于或大于光伏组件的输入电流。

控制器的输入路数要多于或等于光伏方阵的设计输入路数。小功率控制器一般只有一路光伏方阵输入，大功率控制器通常采用多路输入，每路输入的最大电流=额定输入电流/输入路数。因此，各路光伏方阵的输出电流应小于或等于控制器每路允许输入的最大电流值。

3）控制器的额定负载电流

控制器的额定负载电流也就是控制器输出到直流负载或逆变器的直流输出电流，该数据要满足负载或逆变器的输入要求。选择时要特别注意其额定工作电流必须同时大于光伏组件或方阵的短路电流和负载的最大工作电流。选择控制器时，先确定系统蓄电池组的工作电压，再用组件输出功率除以蓄电池组的工作电压，就能确定光伏控制器的工作输出电流。

4）控制器的额定功率

控制器的额定功率要和组件或方阵的输出功率接近，例如一个 48 V、30 A 的控制器，最大输出功率为 1 440 W，组件的输出功率应该选择在 1 500 W 左右。

除上述主要技术数据要满足设计要求以外，使用环境温度、海拔高度、防护等级和外形尺寸等参数以及生产厂家和品牌也是控制器配置选型时要考虑的因素。

1.3.2 光伏逆变器

将直流电能变换成为交流电能的过程称为逆变，完成逆变功能的电路称为逆变电路，而实现逆变过程的装置称为逆变器或逆变设备。光伏发电系统中使用的逆变器是一种将光伏组件所产生的直流电能转换为交流电能的转换装置。它使转换后的交流电的电压、频率与电力系统交流电的电压、频率相一致，以满足为各种交流用电负载供电及并网发电的需要。图 1-25 所示为常见逆变器的外形。

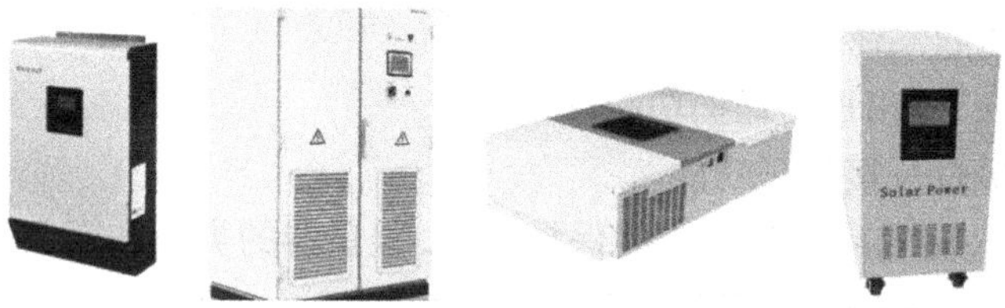

图 1-25 光伏逆变器的外形

光伏发电系统对逆变器的基本要求：

①合理的电路结构，严格的元器件筛选，具备各种保护功能；

②较宽的直流输入电压适应范围：

③较少的电能变换中间环节，以节约成本、提高效率；

④高的转换效率；

⑤高可靠性，无人值守和维护；

⑥输出电压、电流满足电能质量要求，谐波含量小，功率因数高；

⑦具有一定的过载能力。

1. 光伏逆变器的分类及电路结构原理

1）光伏逆变器的分类

逆变器的种类很多，可以按照不同方式进行分类。

按照逆变器输出交流电的相数，可分为单相逆变器、三相逆变器和多相逆变器。

按照逆变器逆变转换电路工作频率的不同，可分为工频逆变器、中频逆变器和高频逆变器。按照逆变器输出电压的波形不同，可分为方波逆变器、阶梯波逆变器和正弦波逆变器。

按照逆变器线路原理的不同，可分为自激振荡型逆变器、阶梯波叠加型逆变器、脉宽调制型逆变器和谐振型逆变器等。

按照逆变器输出功率大小的不同，可分为小功率逆变器（<10 kW）、中功率逆变器（10~100 kW）、大功率逆变器（>100 kW）。

按照逆变器隔离方式的不同，可分为带工频隔离变压器方式、带高频隔离变压器方式和不带隔离变压器方式等。

按照逆变器输出电能的去向不同，可分为有源逆变器和无源逆变器。将逆变器输出的电能向电网输送的逆变器，称为有源逆变器；将逆变器输出的电能输向用电负载的逆变器称为无源逆变器。对光伏发电系统来说，在并网光伏发电系统中使用的是有源逆变器，在离网光伏发电系统中使用的是无源逆变器。

在光伏发电系统中还可将逆变器分为离网逆变器和并网逆变器。在并网逆变器中，又可根据光伏组件或方阵接入方式的不同，分为集中式逆变器、组串式逆变器、微型（组件式）逆变器和双向储能逆变器等。

2）光伏逆变器的电路结构原理

逆变器主要由半导体功率器件和逆变器驱动、控制电路两大部分组成。目前的逆变器多数采用功率场效应晶体管（VMOSFET）、绝缘栅双极晶体管（IGBT）、MOS控制晶体管（MGT）、MOS控制晶闸管（MCT）、静电感应晶体管（SIT）以及智能型功率模块（IPM）等多种先进且易于控制的大功率器件，控制逆变驱动电路也从模拟集成电路发展到单片机控制，甚至采用数字信号处理器（DSP）控制，使逆变器向着高频化、节能化、全控化、集成化和多功能化方向发展。

逆变器的基本电路构成如图1-26所示。由输入升压电路、主逆变转换电路（简称主逆变电路）、控制电路、输出电路、辅助电路和保护电路等构成。各电路作用如下。

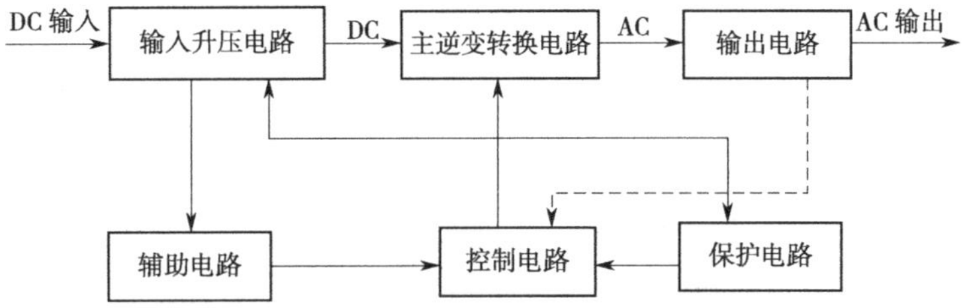

图1-26　逆变器的基本单元构成示意图

（1）输入升压电路。输入升压电路的主要作用就是为主逆变电路提供可确保其正常工作的直流工作电压。光伏发电的直流电能经过输入电路滤波后进入升压电路，带MPPT功能的输入电路将保证光伏组件或方阵产生的直流电能最大程度地被逆变器所使用。

（2）主逆变转换电路。主逆变转换电路是逆变器的核心，它的主要作用是通过半导体开关器件的导通和关断完成逆变的功能，把升压后的直流电压转换成交流电压和电流。逆变电路分为隔离式和非隔离式两大类。

（3）输出电路。输出电路主要是对主逆变电路输出的交流电的波形、频率、电压、电流的幅值和相位等进行修正、补偿、调理，使之满足使用需求。

（4）控制电路。控制电路主要是为主逆变电路提供一系列的控制脉冲来控制逆变开关器件的导通与关断，配合主逆变电路完成逆变功能。

（5）辅助电路。辅助电路主要是将输入电压变换成适合控制电路工作的直流电压。辅助电路还包含了多种检测电路。

（6）保护电路。保护电路主要用于监测逆变器运行状态，并在出现异常时，触发内部保护元件实施保护。保护电路包括输入过电压、欠电压保护，输出过电压、欠电压保护，过载保护，过电流和短路保护等。

逆变器的工作原理是通过功率半导体开关器件的导通和关断作用，把直流电能变换成交流电能。单相逆变器的基本电路有半桥式和全桥式等。在电路中使用具有开关特性的半导体功率器件，由控制电路周期性地对功率器件发出开关脉冲控制信号，控制各个功率器件轮流导通和关断，再经过变压器耦合升压或降压后，整形滤波输出符合要求的交流电。

单相逆变器电路由于受到功率开关器件的容量、零线(中性线)电流、电网负载平衡要求和用电负载性质等的限制，容量一般都在 10 kV · A 以下，大容量的逆变电路大多采用三相形式。三相逆变器按照直流电源侧滤波器形式的不同，分为电压型逆变器和电流型逆变器。电压型逆变器在其直流侧并联有大电容器，这个大电容器既能抑制直流电压的波纹，减小直流电源的内阻，使直流侧近似为恒压源，又可为来自逆变侧的无功电流流动提供通路。而电流型逆变器是在其直流侧串联有大的电感器，这个电感器既能抑制直流电流的波纹，使直流侧近似一个恒流源，又能为来自逆变侧的无功电压分量提供支撑，维持电路间电压的平衡，保证无功功率的交换。

2. 并网型逆变器的电路和技术要求

并网逆变器是并网光伏发电系统的核心部件。与离网型光伏逆变器相比，并网型逆变器不仅要将光伏组件发出的直流电转换为交流电，还要对交流电的电压、电流、频率、相位与同步等进行控制，也要解决对电网的电磁干扰、自我保护、单独运行和孤岛效应以及最大功率跟踪等技术问题，因此对并网型逆变器要有更高的技术要求。图 1-27 是并网光伏逆变系统结构示意图。

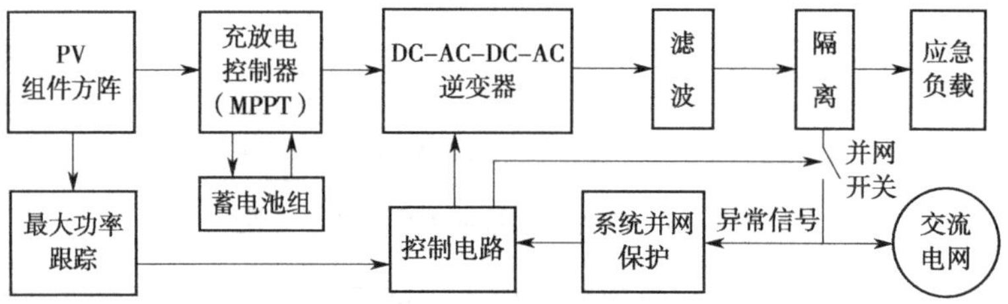

图 1-27 并网光伏逆变系统结构示意图

1)并网逆变器的技术要求

光伏发电系统的并网运行，对逆变器提出了较高的技术要求，这些要求如下。

(1)要求系统能根据日照情况和规定的日照强度，在光伏方阵发出的电力能有效利用的限制条件下，对系统进行自动启动和关闭。

(2)要求逆变器必须输出正弦波电流。光伏系统馈入公用电网的电力，必须满足电网规定的指标，如逆变器的输出电流不能含有直流分量，高次谐波必须尽量减少，不能对电网造成谐波污染。

(3)要求逆变器在负载和日照变化幅度较大的情况下均能高效运行。光伏系统的能量来自太阳能，而日照强度随气候变化，所以工作时输入的直流电压变化较大，这就要求逆变器在不同的日照条件下都能高效运行。同时要求逆变器本身也要有较高的逆变效率，一般中、小功率逆变器满载时的逆变效率要求达到 88%~93%，大功率逆变器满载时的逆变效率要求达到 95%~99%。

(4)要求逆变器能使光伏方阵始终工作在最大功率点状态。光伏组件的输出功率与日照强度、环境温度的变化有关。这就要求逆变器具有最大功率点跟踪控制(MPPT)功能，即不论日照、温度等如何变化，都能通过逆变器的自动调节实现光伏组件方阵的最大功率输出，这是保证太阳能光伏发电系统高效率工作的重要环节。

（5）要求具有较高的可靠性。许多光伏发电系统处在边远地区和无人值守与维护的状态，这就要求逆变器具有合理的电路结构和设计，具备一定的抗干扰能力、环境适应能力、瞬时过载保护能力以及各种保护功能。

（6）要求有较宽的直流电压输入适应范围。光伏组件及方阵的输出电压会随着日照强度、气候条件的变化而变化。对于接入蓄电池的并网光伏系统，虽然蓄电池对光伏组件输出电压具有一定的钳位作用，但由于蓄电池本身电压也随着蓄电池的剩余电量和内阻的变化而波动，特别是不接蓄电池的光伏系统或蓄电池老化时的光伏系统，其端电压的变化范围很大。例如，一个接 12 V 蓄电池的光伏系统，它的端电压会在 11~17 V 之间变化。这就要求逆变器必须在较宽的直流电压输入范围内都能正常工作，并保证交流输出电压的稳定。

（7）要求逆变器具有电网检测及自动并网功能。并网逆变器在并网发电之前，需要从电网上取电，检测电网的电压、频率、相序等参数，然后调整自身发电的参数，与电网的参数保持同步、一致，然后进入并网发电状态。

（8）要求在电力系统发生停电时，并网光伏系统既能独立运行，又能防止孤岛效应，能快速检测并切断向公用电网的供电，防止触电事故的发生。待公用电网恢复供电后，逆变器能自动恢复并网供电。

（9）要求具有零（低）电压穿越功能。当电网系统发生事故或扰动现象，引起光伏发电系统并网点的电压出现电压暂降时，在一定的电压跌落范围内和时间间隔内，逆变器要能够保证不脱网连续运行，甚至要求逆变器向电网注入适量的无功功率以帮助电网尽快恢复稳定。

（10）要求具有数据采集功能。主要采集光伏逆变器和光伏方阵等设备的实时运行数据，并对系统运行状态进行实时记录。

3. 光伏逆变器的主要技术参数

在光伏系统中，光伏逆变器的技术指标及参数主要受蓄电池负载和并网要求的影响，其主要技术参数如下。

1）额定输出电压

光伏逆变器在规定的输入直流电压允许的波动范围内，应能输出额定的电压值，一般在额定输出电压为单相 220 V 和三相 380 V 时，电压波动偏差有如下规定：在稳定状态运行时，一般要求电压波动偏差不超过额定值的 ±5%，在负载突变时，电压偏差不超过额定值的 ±10%。在正常工作条件下，逆变器的输出的三相电压不平衡度不应超过 ±8%。

2）负载功率因数

负载功率因数的大小表示了逆变器带感性负载或容性负载的能力，在正弦波条件下负载功率因数为 0.7~0.9，额定值为 0.9。

3）额定输出电流和额定输出容量

额定输出电流是指在规定的负载功率因素范围内逆变器的额定输出电流，单位为 A；额定输出容量是指当输出功率因数为 1（即纯电阻性负载）时，逆变器额定输出电压和额定输出电流的乘积，单位是 kV·A 或 kW。

4）额定输出效率

额定输出效率是指在规定的工作条件下，输出功率与输入功率之比，以百分数表示。一般情况下，光伏逆变器的标称效率是指纯电阻性负载80%负载情况下的效率。

5）最大效率

逆变器的最大效率是指逆变器能达到的最大效率。

6）过载能力

过载能力是要求逆变器在特定的输出功率条件下能持续工作一定的时间，其标准规定如下：

（1）输入电压与输出功率为额定值时，逆变器应连续可靠工作4 h以上；

（2）输入电压与输出功率为额定值的125%时，逆变器应连续可靠工作1 min以上；

（3）输入电压与输出功率为额定值的150%时，逆变器应连续可靠工作10 s以上。

7）额定直流输入电压

额定直流输入电压是指光伏发电系统中输入逆变器的直流电压，小功率逆变器输入电压一般为12 V、24 V、48 V，中、大功率逆变器输入电压有48 V、150 V、300 V、500 V等。

8）额定直流输入电流

额定直流输入电流是指光伏发电系统为逆变器提供的额定直流工作电流。

9）直流电压输入范围

对于离网光伏逆变器，直流输入电压允许在额定直流输入电压的90%~120%范围内变化，而不影响输出电压的变化。对于并网逆变器来说，一般直流输入电压范围都比较宽。例如160~800 V，200~1 000 V等，还有一个MPPT工作电压，范围一般也在120~600 V，450~800 V等。

10）使用环境条件

（1）工作温度。逆变器功率器件的工作温度直接影响到逆变器的输出电压、波形、频率、相位等许多重要特性。而工作温度与环境温度、海拔、相对湿度以及工作状态有关。

（2）工作环境。对于高频高压逆变器，其工作特性与工作环境、工作状态有关。光伏逆变器的正常使用条件为：环境温度-20~+50 ℃，海拔≤5 500 m。相对湿度≤93%，且无凝露。当工作环境和工作温度超出上述范围时，要考虑降低容量使用或重新设计定制。

11）电子干扰和噪声

逆变器中的开关电路极容易产生电磁干扰，容易在铁芯变压器上因振动而产生噪声。因此在设计和制造中都必须控制电磁干扰和噪声指标，使之满足有关标准和用户的要求。

12）保护功能

光伏发电系统应该具有较高的可靠性和安全性，作为光伏发电系统重要组成部分的逆变器应具有如下保护功能。

（1）输入欠电压保护。当输入电压低于规定的欠电压断开值时，即低于额定电压的85%时，逆变器应能自动关机保护和作出相应的显示。

（2）输入过电压保护。当输入电压高于规定的过电压断开值时，即高于额定电压的130%时，逆变器应能自动关机保护和作出相应的显示。

（3）过电流保护。逆变器的过电流保护，应能保证在负载发生短路或电流超出允许值时及时动作，使其免受浪涌电流的损伤。当工作电流超过额定值的150%时，逆变器应能自动保护，当电流恢复正常后，设备又能正常工作。

（4）短路保护。当逆变器输出短路时，应采取短路保护措施，逆变器短路保护动作时间应不超过 0.5 s。故障排除后，设备应能正常工作。

（5）极性反接保护。逆变器的正极输入端与负极输入端反接时，逆变器应能自动保护，待极性正接后，设备应能正常工作。

（6）防雷保护。逆变器应具有防雷保护功能，其防雷器件的技术指标应能保证吸收预期的冲击能量。

13）安全性能要求

（1）绝缘电阻。逆变器直流输入与机壳间的绝缘电阻应大于等于 50 MΩ，逆变器交流输出与机壳间的绝缘电阻也应大于等于 50 MΩ。

（2）绝缘强度。逆变器的直流输入与机壳间应能承受频率为 50 Hz，正弦波交流电压为 500 V，历时 1 min 的绝缘强度试验，无击穿或飞弧现象。逆变器交流输出与机壳间应能承受频率为 50 Hz，正弦交流电压为 1 500 V，历时 1 min 的绝缘强度试验，无击穿或飞弧现象。

4. 离网光伏逆变器的选型

离网光伏逆变器是离网光伏发电系统的主要部件和重要组成部分。为了保证光伏发电系统的长期正常运行，离网逆变器的选型除了根据光伏发电系统的各项技术指标并参考生产厂家的产品手册数据确定外，还应重点考虑下列几项技术指标。

1）额定输出功率

额定输出功率表示逆变器向负载供电的能力。额定输出功率高的逆变器可以带更多的用电负载。选用逆变器时应首先考虑具有足够的额定输出功率，以满足最大负荷下设备对电功率的要求，以及系统的扩容及一些临时负载的接入。当用电设备以纯电阻性负载为主或功率因数大于 0.9 时，一般选取逆变器的额定输出功率比用电设备总功率大 10%~15%。同时逆变器还应具有抗容性和感性负载冲击的能力。对一般电感性负载，如电动机、电冰箱、空调、洗衣机、水泵等，在启动时，其瞬间功率可能是其额定功率的 5~10 倍，此时逆变器将承受很大的瞬间浪涌电流，针对此类系统，逆变器的额定输出功率要留有充分的余量，以保证负载能可靠启动。

2）输出电压的调整性能

输出电压的调整性能表示逆变器输出电压的稳压能力。一般逆变器产品都给出了当直流输入电压在允许波动范围变动时，该逆变器输出电压的波动偏差的百分率，通常称为电压调整率。高性能的逆变器应同时给出当负载由 0 向 100%变化时，该逆变器输出电压的偏差百分率，通常称为负载调整率。性能优良的逆变器的电压调整率应小于等于 ±3%，负载调压率应小于等于 ±6%。

3）整机效率

整机效率表示逆变器自身功率损耗的大小。容量较大的逆变器还要给出满负荷工作和低负荷工作时的效率值。一般千瓦级以下的逆变器的效率应为 85%~95%，10 kW 级的效率应为 95%~97%，更大功率的效率必须在 98%~99%以上。逆变器的效率高低对光伏发电系统提高有效发电量和降低发电成本有重要影响。因此选用逆变器要尽量选择整机效率高一些的产品。

4）启动性能

逆变器应保证在额定负荷下可靠启动。高性能的逆变器可以做到连续多次满负荷启动而不损坏功率开关器件及其他电路。小型逆变器为了自身安全，有时采用软启动或限流启动措施或电路。

以上几条是离网逆变器设计和选购的主要依据，也是评价离网逆变器技术性能的重要指标。

离网逆变器的选型一般是根据光伏发电系统设计确定的直流电压来选择逆变器的直流输入电压，根据负载的类型确定逆变器的功率和相数。根据负载的冲击性决定逆变器的功率余量。逆变器的持续功率应该大于使用负载的功率，负载的启动功率要小于逆变器的最大冲击功率。在选型时还要考虑为光伏发电系统将来的扩容留有一定的余量，并可参考下列公式确定：

逆变器的功率=阻性负载功率 ×（1.2~1.5）+感性负载功率 ×（5~7）

在离网发电系统中，系统电压的选择应根据负载的要求而定，负载电压要求越高，系统电压也应尽量高。当系统中没有直流负载时，系统电压最好选择 48 V、96 V 或 144 V、192 V 等，这样可以使系统直流电流部分的电流变小，系统电压越高，系统电流就越小，从而可以使系统及线路损耗变小。

5. 并网光伏逆变器的接入方式

在并网光伏发电系统中，根据光伏组件或方阵接入方式的不同，将并网逆变器大致分为集中式逆变器、组串式逆变器和微型（组件式）逆变器三类。图 1-28 所示为各种并网逆变器的接入方式示意图。

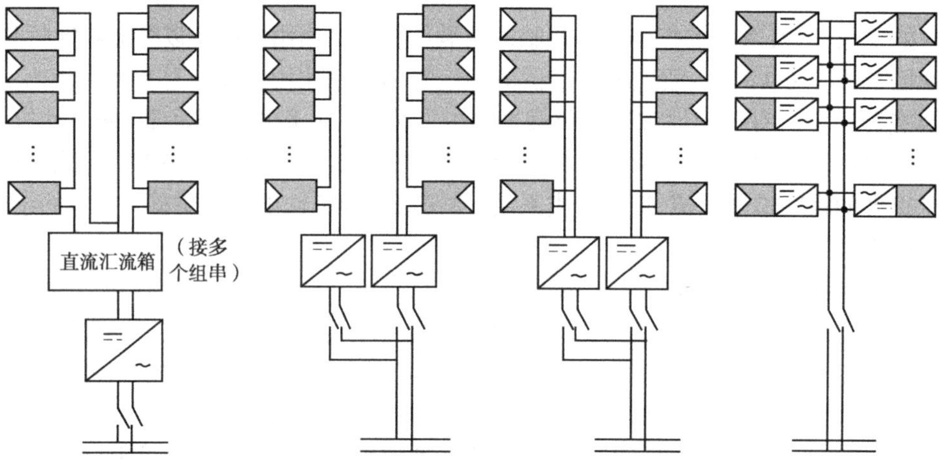

（a）集中式逆变器 （b）组串逆变器 （c）微型逆变器

图 1-28 各种并网逆变器的接入方式示意图

1）集中式逆变器

集中逆变器是把多路光伏组件串构成的方阵集中接入到一台大型的逆变器中。一般是先把若干个光伏组件串联在一起构成一个组串，然后再把所有组串通过直流汇流箱汇流，并通过直流汇流箱集中输出一路或几路后输入到集中式逆变器中，如图 1-28（a）所示，当一次汇流达不到逆变器的输入特性和输入路数的要求时，还要通过直流配电柜进行二次汇流，这类并网逆变器容量一般为 100~2 000 kW。

2）组串式逆变器

组串式逆变器是基于模块化的概念，即把光伏方阵中每个光伏组串输入到一台指定的逆变器中，多个光伏组串和逆变器又模块化地组合在一起，所有逆变器在交流输出端并联并网。如图 1-28(b)所示。这类逆变器的容量一般为 1~10 kW。

3)多组串式逆变器

多组串式逆变器是为了同时获得组串式逆变器和集中式逆变器的各自优点，在组串式逆变器基础上，形成多组串输入方式，系统将使与其相关联的几组组串共同参与工作且互不影响，从而生产更多的电能。多组串式逆变器容量一般在 10~100 kW，无论是单组串逆变器还是多组串逆变器，在业内都统称为组串式逆变器。

4)微型逆变器

微型逆变器也叫组件式逆变器或模块式逆变器。微型逆变器可以直接固定在组件背后，每一块光伏组件都对应匹配一个具有独立的 DC-AC 逆变功能和 MPPT 功能的微型逆变器。如图 1-28(c)所示。

目前，微型逆变器已经发展为一台逆变器可连接两块或四块光伏组件，形成两路或四路独立 MPPT 输入，最大输出功率可达 1 200 W，可广泛应用在各种分布式光伏发电系统中。

6. 并网光伏逆变器的选型

分布式光伏发电行业的快速发展，以及光伏发电系统及光伏电站类型的日益多样化，对光伏发电系统的设计选型提出了更高的要求，所以光伏逆变器的选型也应当体现“因地制宜、科学设计”的基本原则。

光伏逆变器的选型，从宏观上讲，要结合光伏发电工程建设各方面的实践经验，根据光伏电站建设的实际情况(如建设场地的使用环境、电站的分布情况、当地的气候条件等因素)来选用不同类型的逆变器。结合工程的实际情况选择合适的逆变器。具体来说，对于地面光伏电站、沙漠光伏电站等，集中式并网逆变器一直是主流解决方案。集中式逆变器安装数量少，便于管理，逆变器设备投入也相对较少。因此，更低的初始投资、更友好的电网接入、更低的后期运行维护成本是选择集中式逆变器的主要依据。组串式逆变器则大多应用在中小型光伏电站中，特别是分布式光伏电站及与建筑结合的光伏建筑一体化类的发电系统，而组件式并网逆变器则更适用于几千瓦以内的小型光伏发电系统，如光伏车棚、光伏玻璃幕墙等。

随着并网逆变器种类的不断丰富和应用技术水平的不断提高，并网逆变器的选型和应用也要与时俱进，灵活应用，例如在平坦无遮挡的应用场合，集中式逆变器和组串式逆变器的发电量基本持平，所以可以采用以集中式逆变器为主，以组串式逆变器为补充的组合方式；而对于较大规模的分布式屋顶电站、渔光互补、水上漂浮电站等，只要安装面平坦，无不同朝向，没有局部遮挡，考虑到安装和维护的便利性，也可以首选集中式逆变器；而组串式逆变器由于单机容量小，MPPT 数量多，配置灵活，主要用于复杂的小型山丘电站、农业大棚和复杂的屋顶等应用场合。总之逆变器的选型要以高效、可靠、低成本为原则。根据逆变器的特点，一般 8 kW 以下的系统宜选用单相组串式逆变器，8~500 kW 的系统宜选用三相组串式逆变器，500 kW 以上的系统，可以根据实际情况选用组串式逆变器或集中式逆变器。

1.3.3　光伏储能电池及器件

储能电池与储能器件是离网光伏发电系统和带储能的并网光伏发电系统不可缺少的存

储电能的部件。其主要功能,一是存储光伏发电系统的电能,并在日照量不足、夜间以及应急状态时为负载供电,或在并网系统中利用存储电能避谷调峰、减少对电网的冲击等;二是保证系统输出功率的稳定,对光伏组件的输出电压起到钳位的作用,使光伏系统输出的电压在 环境及负载容量变化的过程中不会有太大的波动;三是可以为负载提供较大的启动电流,提高系统的电能质量和供电可靠性。储存电能的方式有很多,主要方式之一就是利用各储能电池和器件来完成储能的任务。在光伏发电系统中,常用的储能电池及器件有铅酸蓄电池、锂离子电池和磷酸铁锂电池、镍氢电池,以及具有前沿性的液流电池、钠硫电池及超级电容器等,它们分别应用于太阳能光伏发电的不同场合或产品中。由于技术、性能及成本的原因,目前在太阳能光伏发电系统中应用最多、最广泛的还是铅酸蓄电池和磷酸铁锂电池。

光伏发电系统对储能蓄电部件的基本要求:自放电率低;使用寿命长;深放电能力强;充电效率高;少维护或免维护;工作温度范围宽;价格低廉。

1. 铅酸蓄电池

铅酸蓄电池的储能方式是将电能转换为化学能,需要时再将化学能转换为电能。由于组成蓄电池正极的材料是氧化铅,负极是铅,而电解液主要是稀硫酸,所以称为铅酸蓄电池。铅酸蓄电池具有电能转换效率高、循环寿命长、端电压高、安全性强、性价比高、安装维护简单等特点,是目前在各类储能、应急供电和电力启动等装置中应用最多的化学电池。

1)铅酸蓄电池的基本结构

铅酸蓄电池主要由正极板、负极板、电解质、隔板、电池槽、安全阀等组成,如图 1-29 所示。电池可组装成 2 V、6 V、12 V,电池每 2 V 为一个单位。

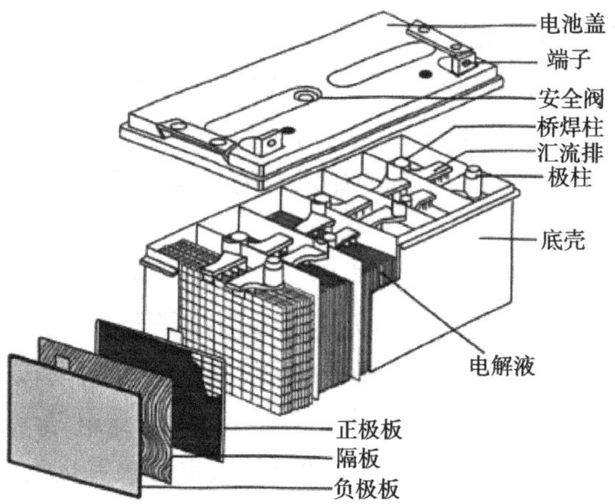

图 1-29 铅酸蓄电池结构

(1)正极板。正极板是指铅酸蓄电池的阳极板,是发生氧化反应的电极。它是以结晶紧密、疏松多孔的二氧化铅作为存储电能的活性物质,正常颜色为红褐色,铅酸蓄电池的每个单元也分为正极和负极,阳极是放电时的负极,充电时的正极。

(2)负极板。负极板是铅酸蓄电池的阴极,是发生还原反应的电极。它是以海绵状的金属铅作为存储电能的物质,正常颜色为深灰色。负极板是放电时的正极,充电时的负极。

（3）电解质。铅酸蓄电池的电解液是稀硫酸溶液；胶体蓄电池的电解质是一定浓度的硫酸和硅凝胶的胶体电解质。电解质在铅酸蓄电池中的作用是：参加电化学反应；传导溶液的正负离子；扩散极板在反应时产生的温度。电解质是影响电池容量和使用寿命的主要因素。

（4）隔板。隔板有塑料隔板、橡胶隔板、玻璃纤维（AGM）隔板、高分子微孔（PE）隔板等。隔板的作用是吸收电解液，并将正负极板隔开而互不短路。隔板可以防止极板的弯曲和变形，防止活性物质的脱落，降低电池的内阻。因此，隔板材料要有足够的机械强度和多孔性，还要有良好的绝缘性能和耐酸性、亲水性。

（5）电池槽、盖。电池槽、盖就是蓄电池的外壳。它为整体结构，壳内由隔壁分成 3 个或 6 个互不相通的单格，格子底部有突起的筋条，用来搁置极板组。筋条间的空隙用来堆放从极板上脱落下来的活性物质，以防止极板短路。外壳材料要保证电池密封，有优良的耐腐蚀、耐热和耐机械力性能。一般选用硬橡胶或 ABS 工程塑料。

（6）跨桥。跨桥的作用是并联电池单体的所有正负极板，以确保电池的容量并传导电流。跨桥的材料是耐腐蚀铅合金。

（7）安全阀。安全阀的作用是维持电池正常的内部压力，防止外界空气和杂质的进入。安全阀一般用三元乙丙橡胶制作。

（8）接线端子或引出线。接线端子或引出线的作用是实现电池与外界的连接，传导电流。接线端子的材质一般是铜材镀银，引出线一般用多股纯铜线。

2）铅酸蓄电池的工作原理

铅酸蓄电池的工作过程就是通过电化学反应将电能转化为化学能，再将化学能转化为电能的过程。铅酸蓄电池的正极（PbO_2）和负极（Pb）浸在电解液（质量分数为 37%的稀硫酸）中，在放电过程中，两个电极都变为硫酸铅（$PbSO_4$），电解液变成水，因此放电后的铅酸电池，电解液会在环境温度 0 ℃ 以下时冻结，而无法继续充放电过程。在充电过程中，两个电极上的硫酸铅变回初始状态（正极为 PbO_2，负极为 Pb），硫酸离子重新回到电解液中，生成硫酸液。

3）铅酸蓄电池的基本概念

（1）蓄电池充电。蓄电池充电是指通过外电路给蓄电池供电，使电池内发生化学反应，从而把电能转化成化学能而存储起来的操作过程。

（2）过充电。过充电的意思是指对已经充满电的蓄电池或蓄电池组继续充电。

（3）放电。放电是指在规定的条件下，蓄电池向外电路输出电能的过程。

（4）自放电。由于蓄电池中电极与电解液间的相互作用，蓄电池的能量未通过外电路放电而自行减少，这种能量损失的现象叫自放电。

（5）活性物质。在蓄电池放电时发生化学反应从而产生电能的物质，或者说是正极和负极存储电能的物质统称为活性物质。

（6）放电深度。放电深度是指电池在某放电速率下电池放电到终止电压时实际放 出的有效容量与电池在该放电速率的额定容量的百分比。放电深度和电池循环使用次数关系很大，放电深度越大，循环使用次数越少；放电深度越小，循环使用次数越多。经常使电池深度放电，会缩短电池的使用寿命。

（7）极板硫化。在使用铅酸蓄电池时要特别注意的是，电池放电后要及时充电，如果蓄电池长时期处于亏电状态，或经常充电不足，或者由于过充、蒸发等造成的水分丢失使电解液浓度异常，极板就会形成 $PbSO_4$ 晶体，这种大块晶体很难溶解，无法恢复原来的状态，会导致极板硫化无法充电。

（8）相对密度。相对密度是指电解液与水的密度的比值。相对密度与温度变化有关，25 ℃时，充满电的电池电解液相对密度值为 1.265 g/cm³，完全放电后降至 1.120 g/cm³。每个电池的电解液相对密度都不相同，同一个电池在不同的季节，电解液的相对密度也不一样。大部分铅酸蓄电池的电解液相对密度在 1.1~1.3 g/cm³ 范围内，充满电之后一般为 1.23~1.3 g/cm³。

4）铅酸蓄电池的常用技术参数

（1）蓄电池容量。处于完全充电状态下的铅酸蓄电池在一定的放电条件下，放电到规定的终止电压时所能给出的电量称为电池容量，以符号 C 表示，常用单位是安时（A·h）。通常在 C 的下角处标明放电时率，如 C_{10} 表示是 10 小时率的额定容量；C_T 表示是当环境温度为 T 时的蓄电池实测容量：C_a 表示是在基准温度（25 ℃）条件时的蓄电池容量。

蓄电池容量分为实际容量和额定容量。实际容量是指电池在一定放电条件下所能输出的电量，它等于放电电流与放电时间的乘积。额定容量（标称容量）是按照国家有关部门颁布的标准，在电池设计时要求电池在一定的放电条件下（如在 25 ℃环境下以 10 小时率电流放电到终止电压），应该放出的最低限度的电量值。

蓄电池的容量不是固定不变的，它与充电的程度、放电电流大小、放电时间长短、电解液密度、环境温度、蓄电池效率及新旧程度等有关。通常在使用过程中，蓄电池的放电率和电解液温度是影响容量的最主要因素。电解液温度高或浓度高时，容量增大，电解液温度低或浓度低时，容量减小。

（2）额定电压。蓄电池的额定电压是指蓄电池正负极之间的电势差的大小。常见铅酸蓄电池的额定电压有 2 V、4 V、6 V、12 V 几种，每个单体铅酸蓄电池的额定电压是 2 V，12 V 的蓄电池是由 6 个单体的电池串联构成的。蓄电池的实际电压并不是一个恒定的值，空载时电压高，有负载时电压会降低，当突然有大电流放电时电压也会突然下降。

（3）放电率。根据蓄电池放电电流的大小，放电率分为时间率和电流率。时间率是以放电时间表示的放电速率，是指在某电流放电条件下，使蓄电池放电到规定终止电压时所经历的时间长短，常用时率和倍率表示。根据 IEC 标准，放电的时间率有 20 小时率，10 小时率，5 小时率，3 小时率，1 小时率，0.5 小时率，分别表示为 20 h、10 h、5 h、3 h、1 h、0.5 h 等。电池的容量与放电率有关，电池的放电倍率越高，放电电流越大，放电时间就越短，放出的相应容量就越少。

电流率一般用字母 I 表示，如 I_{10} 表示是 10 小时率的放电电流（A），数值为 $0.1C_{10}$：I_3 表示是 3 小时率的放电电流（A），数值为 $0.25C_{10}$；I_1 表示是 1 小时率的放电电流（A），数值为 $0.55C_{10}$ 等。

（4）放电终止电压。放电终止电压是指在蓄电池放电过程中，电压下降到不宜再放电时（非损伤放电）的最低工作电压。为了防止电池被过放电而损害极板，在各种标准中都规定了在不同放电倍率和温度下放电时电池的终止电压。一般 10 小时率和 3 小时率放电的终止电压为每单体 1.8 V，1 小时率的终止电压为每单体 1.75 V。由于铅酸蓄电池本身的特性，即使放电的终止电压继续降低，电池也不会放出太多的容量，但终止电压过低对电池的损伤极大，尤其当放电达到 0 V 而又不能及时充电时将大大缩短蓄电池的寿命。对于光伏发电系统用的蓄电池，针对不同型号和用途，放电终止电压设计也不一样。终止电压视放电速率和需要而规定。

（5）电池电动势。蓄电池的电动势在数值上等于蓄电池达到稳定时的开路电压。电池的开路电压是无电流状态时的电池电压。当有电流通过电池时所测量的电池端电压的大小将是变化的，其电压值既与电池的电流有关，又与电池的内阻有关。

（6）浮充寿命。蓄电池的浮充寿命是指蓄电池在规定的浮充电压和环境温度下，蓄电池寿命终止时浮充运行的总时间。

（7）循环寿命。蓄电池经历一次充电和放电，称为一个循环（一个周期）。在一定的放电条件下，电池使用至某一容量规定值之前，电池所能承受的循环次数，称为循环寿命。影响蓄电池循环寿命的因素是综合因素，不仅与产品的性能和质量有关，而且与放电倍率和深度、使用环境和温度及使用维护状况等外在因素有关。

（8）过充电寿命。过充电寿命是指采用一定的充电电流对蓄电池进行连续过充电，一直到蓄电池寿命终止时所能承受的过充电总时间。其寿命终止条件一般设定在容量低于 10 小时率额定容量的 80%。

（9）自放电率。蓄电池在开路状态下的储存期内，由于自放电而引起活性物质损耗，每天或每月容量降低的百分数称为自放电率。自放电率指标可用于衡量蓄电池的储存性能。

（10）电池内阻。电池的内阻不是常数，而是一个变化的量，它在充放电的过程中随着时间不断地变化，这是因为活性物质的组成、电解液的浓度和温度都在不断变化。铅酸蓄电池的内阻很小，在小电流放电时可以忽略，但在大电流放电时，将会有数百毫伏的电压降损失，必须引起重视。

（11）比能量。比能量是指电池单位质量或单位体积所能输出的电能，单位分别是（W·h）/kg 或（W·h）/L。比能量有理论比能量和实际比能量之分，前者指 1 kg 电池反应物质完全放电时理论上所能输出的能量，实际比能量为 1 kg 电池反应物质所能输出的实际能量。由于各种因素的影响，电池的实际比能量远小于理论比能量。比能量是综合性指标，它反映了蓄电池的质量水平，也反映了生产厂家的技术和管理水平，常用比能量来比较不同厂家生产的蓄电池。该参数对于光伏发电系统的设计非常重要。

2. 锂离子和磷酸铁锂蓄电池

锂离子蓄电池的正极材料有钴酸锂、锰酸锂或镍钴锰三元锂及磷酸亚铁锂等，二氧化锰等材料为负极材料，锂电池作为优质的储能和动力电池，具有质量轻、储能容量大、放电功率大、无污染、寿命长、可深度放电等特点。在光伏发电、光伏储能、微电网系统及电动汽车、电动自行车等电动动力中将得到广泛应用。

1）锂电池的分类

锂电池按照正极材料的不同分为三元锂电池和磷酸铁锂电池；按照用途不同一般分为储能锂电池和动力锂电池。储能锂电池主要用于光伏储能、UPS 储能及电网储能等场合，这类电池内阻比较大，充放电速度较慢，一般为（0.5~1）C。动力电池主要用在新能源电动汽车、电动自行车及各种电动工具中，电池内阻小、充放电速度快，一般能达到（3~5）C，同种类价格比储能电池高 1.5 倍左右。

2)锂离子电池的结构原理

锂离子电池的结构原理如图 1-30 所示。锂离子电池作为一种化学电源，正极材料通常由锂的活性化合物组成，负极则是特殊分子结构的石墨，常见的正极材料主要成分为 $LiCoO_2$。充电时，加在电池两极的电势迫使正极的化合物释放出锂离子，穿过隔膜进入负极分子排列呈片层结构的石墨中。放电时，锂离子则从片层结构的石墨中脱离出来，穿过隔膜重新和正极的化合物结合，随着充放电的进行，锂离子不断地在正极和负极中分离与结合。锂离子的移动产生了电流。锂离子电池具有高容量、质量轻、无记忆等优点，但其主要缺点是成本高，价格贵。

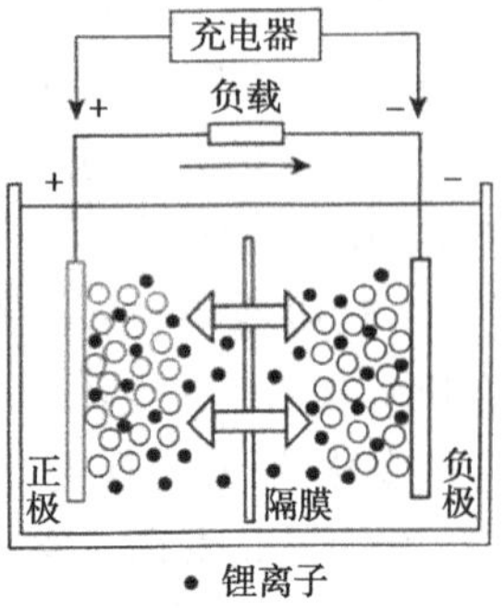

图 1-30 锂离子电池原理结构示意图

3)磷酸铁锂电池

磷酸铁锂电池是一种以磷酸铁锂为正极材料的新型锂离子电池。它具有超长寿命、使用安全、耐高温等特点，完全符合现代动力电池和储能电池的发展需要。目前磷酸铁锂电池已经广泛应用于电动自行车、电动汽车、电动工具、汽车启动、UPS 电源、通信基站、新能源储能、智能微电网等领域。磷酸铁锂电池输出电压为 3.2 V，具有良好的电化学性能，充电放电性能十分平稳，在充放电过程中电池结构稳定、无毒、无污染、安全性能好、材料来源广泛。

3. 液流电池、钠硫电池、超级电容器

1)液流电池

液流电池全称为全钒氧化还原液流电池(Vanadium Redox Battery，缩写为 VRB)，是一种新型的储能电池，是一种活性物质呈循环流动液态的氧化还原电池，其基本工作原理如图 1-31 所示。

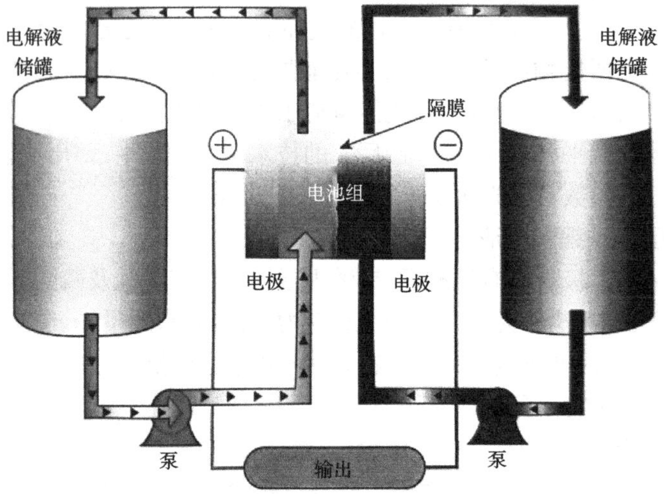

图 1-31 全钒液流电池工作原理示意图

全钒液流电池将化学能和电能相互转换，采用不同价态的钒离子硫酸溶液作为正负极的活性物质，分别储存在各自的电解液储罐中，并通过外接的输送泵将电解液输送到各自的半电池堆体内，使其在各自的储罐和电堆形成的闭合回路中循环流动，正负极之间的隔膜为离子交换膜，当电解液平行流过电极表面时，两种电解液发生电化学反应，将电解液中的化学能转化为电能，通过正负电极板收集和传导电流。这个反应过程可以逆反进行，对电池进行充电、放电和再充电。

2）钠硫电池

钠硫电池是一种以金属钠为负极、硫为正极、陶瓷管为电解质隔膜的二次电池。在一定的工作温度下，钠离子透过电解质隔膜与硫之间发生的可逆反应，形成能量的释放和储存。

电池通常都是由正极、负极、电解质、隔膜和外壳等几部分组成。一般常规二次电池如铅酸电池、镉镍电池等都是由固体电极和液体电解质构成的，而钠硫电池则与之相反，它是由熔融液态电极和固体电解质组成的，构成其负极的活性物质是熔融金属钠，正极的活性物质是硫和多硫化钠熔盐，由于硫是绝缘体，所以硫一般填充在导电的多孔的炭或石墨毡里，固体电解质兼隔膜的是一种专门传导钠离子的被称为 Al_2O_3 的陶瓷材料，外壳则一般用不锈钢等金属材料。

钠硫电池具有很长的循环使用寿命，高质量的一般能达到 20 000 次以上。还具有高能量密度、高功率密度，无自放电现象，便于现场安装，材料来源容易，价格适当等优势，使其在大容量储能领域获得广泛青睐。

3）超级电容器

超级电容器是一种介于传统电容器和蓄电池之间的新型储能器件，它通过极化电解质来储能，具有几百甚至上千法拉的超大电容量，可以进行大电流充放电，且充放电效率高。其外形如图 1-32 所示。它是一种电化学元件，但在其储能的过程中并不发生化学反应，这种储能过程是可逆的，也正因为如此，超级电容器可以反复充放电数十万次。超级电容器可以被视为悬浮在电解质中的两个无反应活性的多孔电极板，在极板上加电，正极板吸引电解质中的负离子，负极板吸引正离子，实际上形成两个容性存储层，被分离开的正离子在负极板附近，负离子在正极板附近。超级电容器具有充电速度快、功率密度大、容量大、使用寿命长、免维护、经济环保等优点，它的存储容量是普通电容器的 20~1 000 倍，同时又保持了传统电容器释放能量速度快的优点。

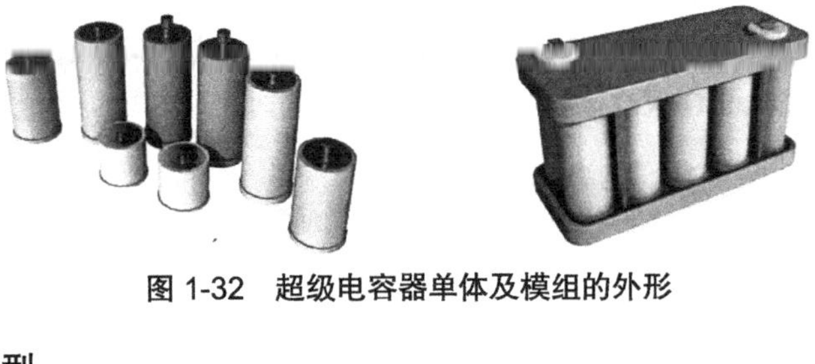

图 1-32　超级电容器单体及模组的外形

4. 蓄电池的选型

选择蓄电池时，除了要考虑蓄电池的种类和电压、电流特性等电气性能外，还要考虑蓄电池的尺寸、质量、体积、比能量、使用温度范围、投资成本、可维护性、安全性、使用寿命及可再利用等因素，并根据系统类型、储能需求及负载用电特性等来具体选择和确定。

蓄电池的选型一般是根据光伏发电系统设计和计算出的结果，来确定蓄电池或蓄电池组的电压和容量，选择合适的蓄电池种类及规格型号，再确定其数量和串并联连接方式等。为了使逆变器能够正常工作，同时为了给负载提供足够的能量，必须选择容量合适的蓄电池组，使其能够提供足够大的冲击电流来满足逆变器的需要，以应对一些冲击性负载如电冰箱、冷柜、水泵和电动机等在启动瞬间产生的很大电流。

利用下面的公式可以验证我们前面设计计算出的蓄电池容量是否能够满足冲击性负载功率的需要。

蓄电池容量 ≥5 h × 逆变器额定功率/蓄电池（组）额定电压

其中，蓄电池容量单位是 A·h，逆变器功率单位是 W，蓄电池电压单位是 V。

1.3.4 汇流箱与配电箱

1. 直流汇流箱与配电柜的原理和结构

1）直流汇流箱

直流汇流箱也叫直流防雷汇流箱或光伏防雷汇流箱。小型光伏发电系统一般不用直流汇流箱，光伏组件的输出线就直接接到了控制器或者逆变器的输入端子上。直流汇流箱主要用在使用集中式逆变器的中、大型光伏发电系统中，用于把光伏组件方阵的多路组串集中输入到汇流箱后合成一路输出，使组串分组连接，接线井然有序，便于分组检查、维护。当光伏组件方阵局部发生故障时，可以局部分离检修，不影响整体发电系统的连续工作。在大型的光伏发电系统，除了采用许多个直流汇流箱外，还要用若干个直流配电柜作为光伏发电系统中二、三级汇流之用。直流配电柜一般安装在配电室或箱式变电站内，主要是将各个直流汇流箱输出的直流电缆接入后再次进行汇流，然后再与控制器或并网逆变器连接，方便安装、操作和维护。

图 1-33 所示为直流汇流箱的电路原理图，它们由光伏直流熔断器、直流断路器、直流防雷器件、接线端子等构成，有些直流汇流箱还把防反充二极管、智能监测模块、数据无线传输扩展模块等也放在其中，形成了汇流+防雷、汇流+防雷+智能监测等各种配置的系列产品供用户选择。另外，根据输入到直流汇流箱的光伏组串的路数可以将直流汇流箱分为 4 路、8 路、10 路、12 路、16 路等几种类型。根据汇流箱是否带有智能监测功能可以将汇流箱分为普通汇流箱和智能型汇流箱。普通汇流箱一般只具有“汇流+防雷”的功能，智能汇流箱则还能监测光伏组串的运行状态，检测光伏组串汇流后的电流、电压、防雷器状态，箱体内温度状态等信息。另外，光伏汇流箱一般都标配有 RS485 接口和无线通信 ZigBee 接口，可以把测量和采集到的数据通过有线或无线组网的方式上传到监控系统。

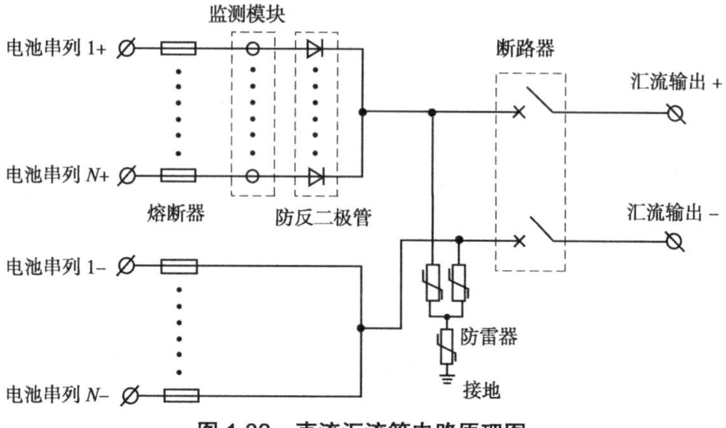

图 1-33 直流汇流箱电路原理图

2)直流配电柜

直流配电柜主要用来连接直流汇流箱与光伏逆变器,将直流汇流箱输出的直流电流进行二次汇流并输入到光伏逆变器,并提供防雷及过电流保护,监测光伏方阵的电流、电压及防雷器状态等,具有 RS-485 等通信接口。直流配电柜与直流汇流箱一样,也要配备分路断路器、主断路器、避雷防雷器件、接线端子、直流熔断器等,面板上还要有显示各直流回路的直流电压、直流电流指示表、显示屏等,其电路原理如图 1-34 所示。

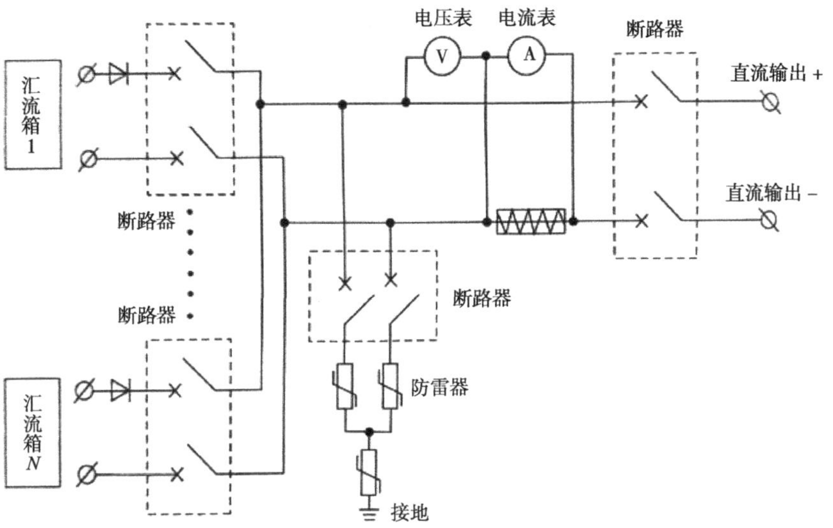

图 1-34　直流配电柜电路原理图

直流配电柜可根据需要在每个输入端或输出端配置直流电流传感器,用于监视和测量输入输出端电流;汇流输出端配置电压变送器,可监测光伏输出电压,还能监视输入输出断路器的工作状况。可配置绝缘监视模块,监测输入输出回路的绝缘情况,确保系统安全稳定运行。上述所有监视和测量的数据可通过 RS485 通信接口传至后台监测系统。

2. 直流汇流箱与配电柜的选型

直流汇流箱和直流配电柜一般都由逆变器生产厂家或专业厂家生产并提供成型产品。选用时主要考虑根据光伏方阵的输出路数、最大工作电流和最大输出功率等参数以及所需要的配置,当没有成型产品提供或成品不符合系统要求时,还可以根据实际需要自己设计制作。无论是选型还是自己设计制作,对直流汇流箱的主要技术参数和性能要求如下。

(1)机箱的防护等级要达到 IP65,要具有防水、防灰、防锈、防晒、防盐雾等性能,满足室外安装使用的要求。

(2)可同时接入 4~24 路的电池组串,每路组串的允许输入最大电流不大于 20 A。

(3)每路接入的光伏组串的最大开路电压可达到 1 000 V。

(4)每路光伏组串的正负极都配有光伏专用直流熔断器,对组件串出现故障时进行保护,熔断器配有配套的底座,方便维修人员检修,有效保护维修人员的人身安全。

(5)直流输入端要配置直流输入断路器、直流输出端要配置直流输出断路器。

(6)采用光伏专用高压防雷器对汇流后的母线正极对地、负极对地进行保护,持续工作电压(U_c)要达到 DC1 000 V。

(7)对于智能型直流汇流箱,内部装有汇流检测模块,能监测每路电池组串输入的电流、汇总输出的电压、箱体内的温度及防雷器状态、断路器状态等。

(8)智能型直流汇流箱还具备 RS485/MODBUS-RTU 、无线通信 ZigBee 接口等数据通信接口。

(9)组件串列回路数、各种功能单元模块可根据客户需要灵活配置。

3. 交流汇流箱、配电柜与并网配电箱

1)交流汇流箱

光伏交流汇流箱一般用于组串式光伏发电系统中,它是承接组串逆变器输出与交流配电柜或升压变压器输入的重要组成部分,可以把多路逆变器输出的交流电汇集后再输出,大大简化组串式逆变器与交流配电柜或升压变压器之间的连接线。同时交流汇流箱的接入,作为逆变器的输出断开点,还可以保护逆变器免受来自交流电网的危害,提高系统的安全性,保护安装维护人员的安全。

交流汇流箱有常规汇流箱和智能汇流箱两类,常规汇流箱的电路原理及内部结构如图 1-35 所示。交流汇流箱一般为 4~8 路输入,每路输入都通过断路器控制,经母线汇流和二级防雷保护后,通过断路器或隔离开关输出。系统额定电压最高为 AC400 V、AC690 V,防护等级为 IP65,可满足室外安装防水、防尘、防紫外线、防盐雾腐蚀的要求。

智能汇流箱在常规汇流箱的基础上,增加了可检测电压、电流、功率、频率等电气参数的检测装置,以及可以检测箱体内温度、烟雾、断路器通断状态等内容的装置,并可以通过 RS485 通信接口输出检测数据。

以图 1-35 中 8 汇 1 交流汇流箱(接 25 kW/380 V 逆变器 8 台)为例介绍各部件的作用。

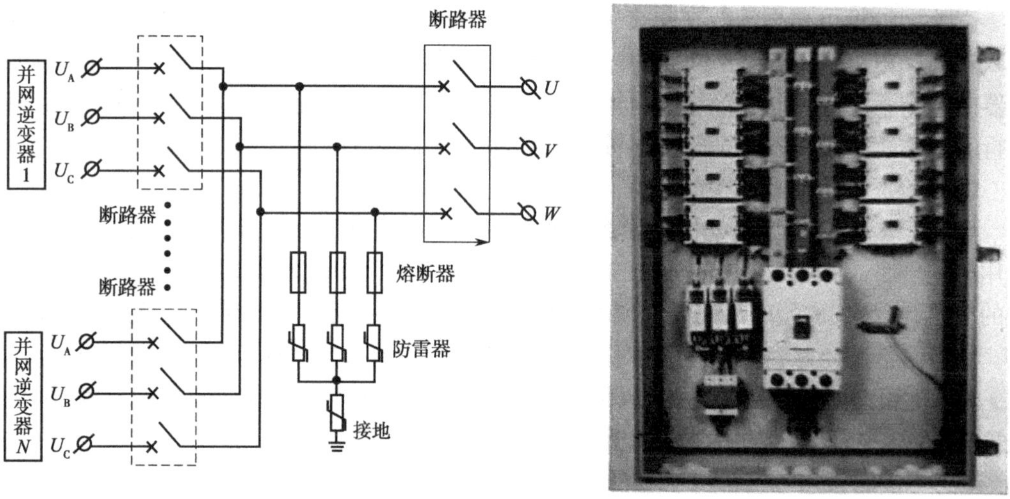

图 1-35 交流汇流箱电路原理及内部结构图

(1)输入断路器。断路器能够迅速切断故障电流。8 台逆变器的输出端直接与断路器的输入端连接,该逆变器的最大输出电流为 40 A,断路器选用规格按照逆变器最大输出电流的 1.25 倍确定,选用 50 A 的塑壳断路器。

(2)汇流输出断路器。汇流输出选用额定电流为 400 A 的塑壳断路器,输入断路器与输出断路器之间通过汇流铜排连接，输出线缆规格为 3 mm × 185 mm。

（3）在防雷浪涌保护器前端接有熔断器，熔断器选用 100 A。当防雷浪涌保护器击穿失效时，熔断器熔丝熔断，起到过电流保护作用。

（4）浪涌保护器用于抑制瞬态冲击过电压，泻放电涌能量，从而保护系统电路及设备。此处选用 U_c=750 V；I_{max}= 40 kA；I_n =20 kA；U_p≤2.6 kV。浪涌保护器下端要可靠接地。

2）交流配电柜

交流配电柜是光伏发电系统中连接在逆变器（或交流汇流箱）与交流负载或升压变压器之间的接受、调度和分配电能的电力设备，电路原理如图 1-36 所示，它的主要功能如下。

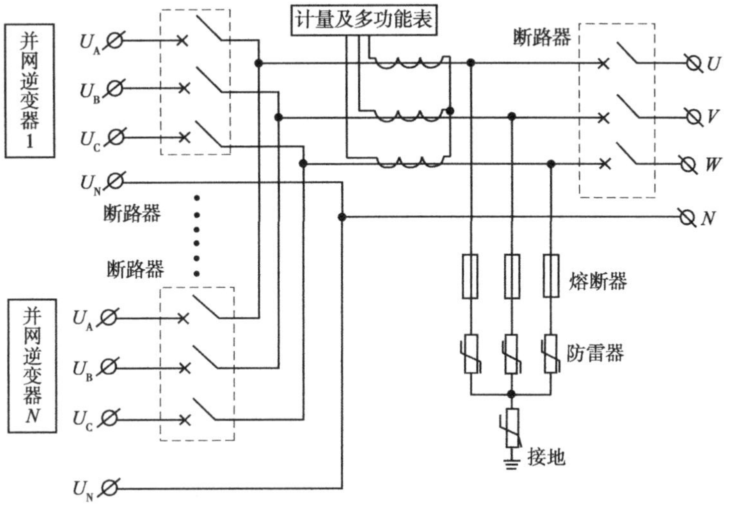

图 1-36　光伏交流配电柜电路原理图

（1）电能调度。

在离网光伏发电系统中，往往还要采用光伏/市电互补、光伏/风力互补和光伏/柴油机互补等形式作为光伏发电系统发电量不足的补充或者应急使用等，因此交流配电柜需要有适时根据需要对各种电力资源进行调度的功能。

（2）电能分配。

在离网光伏发电系统中，配电柜要对不同的负载线路设有各自的专用开关进行切换，以控制不同负载和用户的用电量和用电时间。例如，当日照很充足，蓄电池组充满电时，可以向全部用户供电，当阴雨天或蓄电池未充满电时，可以切断部分次要负载和用户，仅向重要负载和用户供电。

（3）保证供电安全。

配电柜内设有防止线路短路和过载、防止线路漏电和过电压的保护开关和器件，如断路器、熔断器、漏电保护器和过电压继电器等，线路一旦发生故障，能立即切断供电，保证供电线路及人身安全。

（4）显示参数和检测故障。

配电柜要具有三相或单相交流电压、电流、功率和频率及电能消耗等参数的显示功能，以及故障指示信号灯、声光报警器等装置。

交流配电柜主要由开关类电器(如断路器、隔离开关、负荷开关、交流接触器等)、保护类电器(如熔断器、防雷器、漏电保护器等)、测量类电器(如电压表、电流表、电度表、交流互感器等)以及指示灯、母线排等组成。交流配电柜按照负载功率大小,分为大型配电柜和小型配电柜;按照使用场所的不同,分为户内配电柜和户外配电柜;按照电压等级不同,分为低压配电柜和高压配电柜;按照结构形式不同,可分为装配式配电柜和成套式配电柜。

中小型光伏发电系统一般采用低压供电和输送方式,选用低压配电柜就可以满足输送和电力分配的需要。大型光伏发电系统大都采用高压配供电装置和设施输送电力,并入电网,因此要选用符合大型发电系统需要的高压配电柜和升、降压变压器等配电设施。

交流配电柜一般由专业生产厂家设计生产并提供成型产品。当没有成型产品提供或成品不符合系统要求时,还可以根据实际需要自己设计制作。

3)并网配电箱

并网配电箱主要用于 400 kW 以下的分布式光伏发电系统与交流电网的并网连接和控制。

并网配电箱一般有两类,一类是带电能表位置的配电箱,电力公司只需要在并网时直接将电能表安装在已有的配电箱内,进行并网连接,如图 1-37(a)所示;另一类配电箱是没有电能计量表位置的,如图 1-37(b)和(c)所示。电力公司在并网时还要安装一个包含计量电能表及必要的互感器、断路器等装置的配电箱与现有配电箱连接并网。配电箱与计量表放在一起的好处是,接线距离短,线损较少,还节省了一个箱子,检查和维修都方便,适合 30 kW 以下的系统。并网配电箱的主要功能如下。

(1)计量功能。配电箱为系统并网所需要安装的电能计量表提供 1 个或 2 个标准安装位置,对光伏发电系统的发电量、上网流量和用电量进行计量,支持具备 RS485 抄表方式的计量表。

(2)分合闸功能。用于电网电源与光伏系统电源之间的连通与断开,并可根据并网要求配置过/欠电压脱扣保护器以满足电力公司的并网要求。

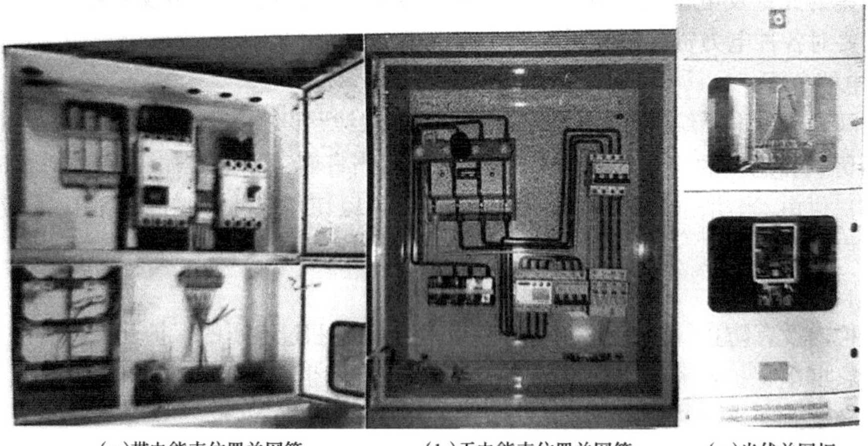

(a)带电能表位置并网箱　(b)无电能表位置并网箱　(c)光伏并网柜

图 1-37　光伏并网箱实体构造图

(3)浪涌保护。在交流输出端口安装浪涌保护器,防止雷电及过电压对光伏系统和家用电器等家庭电器设备造成损害。

（4）接地保护。对交流配电箱提供有效接地位置，提高系统的可靠性和安全性。

并网配电箱主要由配电箱箱体、刀闸（隔离）开关、自复式过/欠压保护器、断路器、浪涌保护器、浪涌保护断路器和接地端子等组成。

①配电箱箱体。

尽量选用金属箱体。在金属箱体中，镀锌板喷塑箱体性价比较高，喷塑有二次防腐的功能，不锈钢箱体性能最好。光伏配电箱户外安装要达到 IP65 等级，室内安装要达到 IP21 等级，如果是在海边或者盐雾环境比较恶劣的地区，最好选用不锈钢箱体。电表视窗的透明板采用高强度、高透明、耐候性好的 PVC 材料。

②刀闸（隔离）开关。

刀闸开关主要用于手动接通和分断交、直流电路，在电路中起隔离作用。刀闸开关在分断时，触头间有符合规定要求的绝缘距离和明显的断开点，能起到安全提示的作用。

根据并网相关要求，并网配电箱内必须有一个物理隔离器件，使电路有明显断开点，以便在检修和维护的情况下，保证操作人员的安全。这个器件叫隔离开关，一般选用刀闸开关。断路器（空气开关）虽然也能起到隔离作用，但由于结构的原因有可能被击穿或失灵，因此不宜在此使用。只有刀闸开关和隔离开关，才能明显直观地彻底断开回路。

由于刀闸开关没有灭弧能力，只能在电路没有负荷电流的情况下分、合电路，所以在送电操作时，要先合刀闸开关，后合同一回路的断路器或负荷类开关；在断电操作时，要先断开断路器或负荷类开关，后断开隔离开关。

在刀闸开关的设计选型时，一般额定电流要 ≥ 同回路主断路器额定电流，或大于回路最大负载电流的 150%。额定电压要大于回路标称电压的 1.1 倍。

③自复式过/欠电压保护器。

自复式过/欠电压保护器是常用的一种保护开关，主要应用于低压配电系统中，当线路中过电压和欠电压超过规定值时能自动断开，并能自动检测线路电压，当线路中电压恢复正常时能自动闭合。自复式过/欠电压保护器和逆变器自动过/欠电压保护功能形成双层保护，常见型号规格有 20 A、25 A、32 A、40 A、50 A、63 A 等，选型时要求自复式过欠压保护器额定电流 ≥ 主断路器额定电流。

④断路器。

断路器（俗称空开或微型断路器），在线路中主要起到过载、短路保护作用，同时起到正常情况下不频繁开断线路的作用。主要技术参数是额定电流和额定电压，额定电流取逆变器交流侧最大输出电流的 1.2~1.5 倍，常见规格有 16 A、25 A、32 A、40 A、50 A 和 63 A 等。额定电压有单相 230 V 和三相 400 V 等。

⑤浪涌保护器。

又称防雷器，当电气回路或者通信线路中因为外界的干扰突然产生尖峰电流或者电压时，浪涌保护器能在极短的时间内导通分流，从而避免浪涌对回路中其他设备的损害。选型规则为，最大运行电压 $U_c>1.15U_0$，U_0 是低压系统相线对中性线的标称电压，即相电压 220 V。单相一般选择 275 V，三相一般选择 440 V，标称放电电流选 I_n=20 kA（I_{max}=40 kA）。

⑥浪涌保护断路器。

当通过浪涌保护器的涌流大于其 I_{max} 时，浪涌保护器将被击穿失效，从而造成回路的短路故障，为切断短路故障，需要在浪涌保护器上端加装断路器或熔断器。断路器或熔断器的电流根据浪涌保护器的最大电流选择，一般 I_{max}<40 kA 的宜选 20~32 A 的，I_{max}>40 kA 的宜选 40~63 A 的。

浪涌保护器上端的保护器件可选用熔断器和断路器。熔断器的特点是有反时限特性的长延时和瞬时电流两段保护功能，分别作为过载和短路防护用，就是因雷击保护熔断后必须更换熔断体。断路器的特点是有瞬时电流保护和热过载保护，因雷击保护断开后，可以手动复位，不必更换器件。

1.3.5 升压变压器与箱式变电站

小容量的分布式光伏发电系统一般都采用用户侧直接并网的方式，接入电压等级为 0.4 kV 的低压电网，以自发自用为主，不向中高压电网馈电。容量几百千瓦以上的分布式光伏发电站往往都需要并入中高压电网，逆变器输出的电压必须升高到与所并电网的电压一致，才能实现并网和电能的远距离传输。实现这一功能的升压设备主要是升压变压器以及由升压变压器和高低压配电系统组合而成的箱式变电站。

1. 升压变压器

光伏电站使用的升压变压器是将逆变器输出的低压交流电升压到并网点处高压交流电的升压设备。升压变压器从相数上可分为单相和三相变压器；从结构上可分为双绕组、三绕组和多绕组变压器；从容量大小上可分为小型（630 kV·A 及以下）、中型（800~6 300 kV·A）、大型（8 000~63 000 kV·A）和特大型（90 000 kV·A 及以上）变压器；从冷却方式上可分为干式和油浸式变压器，也就是说两者的冷却介质不同，后者是以变压器油作为冷却及绝缘介质，前者是以空气作为冷却介质。油浸式变压器是把由铁芯及绕组组成的器身置于一个盛满变压器油的油箱中。干式变压器是把铁芯和绕组用环氧树脂浇注包封起来，也有一种现在用得多的是非包封式的，绕组采用特殊的绝缘纸再浸渍专用绝缘漆等，起到防止绕组或铁芯受潮的作用。

干式变压器因为没有变压器油，相对轻便、易搬运，大多应用在需要防火防爆的场所，如大型建筑、高层建筑等场所，可安装在负荷中心区，以减少电压损失和电能损耗。但干式变压器价格高，体积大，防潮防尘性差，而且噪声大。

油浸式变压器造价低、维护方便，具有容量大、负载能力强和输出稳定的优势。但是油冷系统有可燃、可爆风险，万一发生事故会造成变压器油泄漏、着火等，大多应用在室外场合。

光伏发电升压站主升变压器选型时，要优先选用能够自然冷却的干式、低损耗、无励磁调压型电力变压器。当无励磁调压电力变压器不能满足电力系统条件要求时，要选用有载调压电力变压器，主变压器容量要根据光伏电站的最大连续输出容量确定，就近选用标准容量产品。

升压变压器低压侧一般采用断路器自带保护，高压侧一般采用负荷开关加熔断器，作为过载及短路保护。

2. 箱式变电站

箱式变电站也叫组合式变电站、预装式变电站和落地式变电站等，主要由高压配电室、升压变压器室和操作室（低压配电室）3 个部分组成，是一种把高压开关设备、配电变压器、低压开关设备、电能计量设备和无功补偿装置等按一定的接线方案组合在一个或几个箱体内的紧凑型成套配电装置。结构如图 1-38 所示，箱式变电站是一个防潮、防锈、防尘、防鼠、防火、防盗、保温、隔热、全封闭、可移动的箱式电力设备，具有低压配电、变压器升压、高压输出的功能，一般可安装 2 000 kV · A 及以下容量的变压器。箱式变电站有无焊接拼装式、集装箱式结构和框架焊接式结构等，具有占地面积小、选址灵活、施工周期短、能深入场站中心等优点。

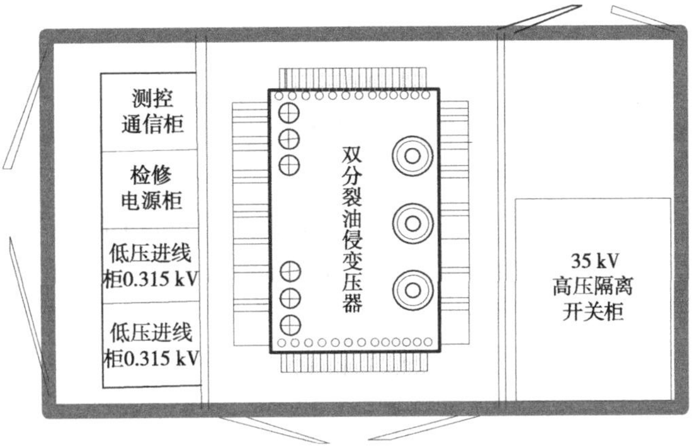

图 1-38　箱式变电站结构示意图

1.3.6　光伏电缆和连接器

1. 光伏电缆

光伏线缆是连接系统设备、进行电力传输和保障系统安全运行的主要部件，所以我们称光伏线缆为输送能量的血脉。

1）光伏线缆的分类

光伏线缆按照在光伏发电系统中的不同部位及用途可分为直流线缆和交流线缆。

直流线缆主要用于：组件与组件之间的串联连接；组串之间及组串至直流配电箱（汇流箱）之间的并联连接；直流配电箱至逆变器支架的连接。直流线缆基本在户外使用，需要具有耐潮、耐暴晒、耐热、耐寒、抗紫外线等功能，某些特殊的环境下还需要耐油、耐酸碱等化学物质的侵蚀。

交流线缆主要用于：逆变器至交流汇流箱、升压变压器之间的连接；升压变压器至配电系统之间的连接；配电系统至电网或用户之间的连接。交流线缆与一般电力线缆的使用要求基本一致。

2）光伏线缆电气连接要点

在光伏发电系统的设计、施工中，光伏线缆的电气连接要根据光伏方阵中光伏组件的串并联要求，确定光伏组件的连接方式，合理安排组件连接线路的走向，确定直流汇流箱各分箱和总箱的位置及连接方式，尽量采用最经济、最合理的连接途径。

在光伏线缆选型上，要根据光伏发电系统各部分的工作电压和工作电流，选择合适的连接电缆及附件。

对于比较重要的或大型的工程，要画出电气连接原理与结构示意图，以便在安装施工及以后的运行维护和故障检修时参考。

3）光伏线缆的选型

光伏系统使用的直流线缆，是专为光伏发电直流配电系统设计的单芯、双芯多股软线缆。由于光伏发电系统的发电效率不是很高，在实际应用时又会有不少的电能损耗在输电线路上，不能使光伏发电得到最大化的利用，因此，直流线缆的合理选用对提高光伏发电利用率，减少线路损耗至关重要。光伏直流线缆使用双层绝缘外皮，其绝缘层及护套均使用辐照交联聚烯烃材料，导体采用多股绞合镀锡软铜线，其耐压等级为 1 000 V，最高允许电压为 1 800 V，常规截面积有 1.5 mm^2、2.5 mm^2、4.0 mm^2、6.0 mm^2、10 mm^2、16 mm^2、2×35 mm^2、2×50 mm^2、2×70 mm^2、2×95 mm^2 等，要求能承载超强的机械负荷，具有良好的耐磨、耐高温、耐候特征，具有超常的使用寿命。

光伏发电系统中使用的线缆，因为使用环境和技术要求的不同，对不同部件的连接有不同的要求，总体要考虑的因素有线缆的导电性能、绝缘性能、耐热阻燃性能、抗老化抗辐射性能及线径规格（截面积）及线路损耗等。同时在系统设计安装过程中，还应优化设计，采用合理的电路分布结构，使线缆走向尽量短且直，最大限度地降低线路损耗电压，减少施工难度，实现光伏发电电能的最大利用率和线缆投入成本的最小化，具体要求如下。

（1）线缆的耐压值选择要大于系统的最高电压。如 380 V 输出的交流线缆，就要选择 450/750 V 耐压值的线缆。直流系统一般要选择耐压 1 000 V 的线缆。

（2）组件与组件之间的连接线缆，一般使用组件接线盒附带的连接线缆直接连接，长度不够时还可以使用延长线缆连接，延长线缆的截面积一般与组件自带线缆的截面积相同即可，如果是两串及多串光伏组串的并联后延长，则线缆截面积要根据实际载流量相应加大。依据组件功率大小（最大短路电流）的不同，该类连接线缆截面积有 2.5 mm^2、4.0 mm^2、6.0 mm^2 3 种规格。

（3）光伏组串或方阵与直流汇流箱之间的连接线缆，也要使用通过 UL 测试或 TUV 认证的直流线缆，截面积将根据方阵输出的最大短路电流而定。

（4）在有二次汇流的光伏发电系统中，直流汇流箱到直流配电柜之间的直流线缆，其截面积一般根据直流汇流箱的汇集路数和每一路的最大短路电流乘积的 1.25 倍确定。

（5）在有储能蓄电池的系统中，蓄电池与控制器或逆变器之间的连接线缆，要求使用通过 UL 测试或 TUV 认证的多股软线，尽量就近连接。选择短而粗的线缆可使系统减小损耗，提高效率，增强可靠性。

（6）交流线缆可按照一般交流电力线缆的选型要求选择。重点注意在光伏发电系统中存在不同的电压接入等级，一般有 0.4 kV、0.5 kV、10 kV、35 kV、110 kV 等，需根据不同的电压接入等级，选择相应电压等级的线缆。对同一电压等级的线缆，应根据流过电流的大小选择不同载流量的电缆。另外在线缆选型时，还要依据线缆的敷设方式进行选择。例如在 10 kV 及以上电压等级中，依据是否架空、是否地埋、是否走桥架、敷设距离远近等具体情况，考虑选择铜芯还是铝芯线缆，带铠甲还是不带铠甲线缆等。

2. 光伏连接器

光伏连接器是光伏方阵线路连接的一个很重要的部件，这种连接器不仅应用到接线盒上,在光伏电站中很多需要接口的地方都会大量使用到连接器,如组件接线盒输出引线接口、延长电缆接口、汇流箱输入输出接口、逆变器直流输入接口等。光伏连接器外形如图 1-39 所示,光伏连接器的每个接线盒用一对连接器,每个汇流箱根据设计一般用 8~16 甚至 24 对连接器,而逆变器也会用到 2~4 对或者更多,组件方阵组合用延长电缆也会用到一定数量的连接器,一般 1 MW 的光伏发电系统,大约会用到 3 000 套连接器。

图 1-39　光伏连接器外形图

1.4　光伏发电系统防雷接地设计

由于光伏发电系统的主要部分都安装在露天状态下,且分布的面积较大,因此存在着受直接和间接雷击的危害。同时,光伏发电系统与相关电气设备及建筑物有着直接的连接,因此对光伏系统的雷击还会涉及相关的设备和建筑物及用电负载等。为了避免雷击对光伏发电系统的损害,就需要设置防雷与接地系统进行防护。

1.4.1　雷电对光伏发电系统的危害

1. 关于雷电及开关浪涌的有关知识

雷电是一种大气中的放电现象。在云雨形成的过程中,它的某些部分积聚起正电荷,另一部分积聚起负电荷,当这些电荷积聚到一定程度时,就会产生云层与云层之间或云层与地面之间的放电现象,形成雷电。

雷电分为直击雷、感应雷。直击雷是指直接落到光伏方阵、直流配电系统、电气设备及其配线等处,以及近旁周围的雷击。直击雷的侵入途径有两条:一是上述的直接对光伏方阵等放电,使大部分高能雷电流被引入到建筑物或设备、线路上;另一条是雷电直接通过避雷针等可以直接传输雷电流入地的装置放电,产生放射状的电位分布,使得地电位瞬时升高,一大部分雷电流通过保护接地线反串入设备、线路上。

感应雷是指在相关建筑物、设备和线路的附近及更远些的地方产生的雷击,引起相关建筑物、设备和线路的过电压,这个浪涌过电压通过静电感应或电磁感应的形式串入相关电子设备和线路上,对设备、线路造成危害。

雷电除了能够产生浪涌电压和电流外,在大功率电路的闭合与断开的瞬间、感性负载和容性负载的接通或断开的瞬间、大型用电系统或变压器等断开等情况也都会产生较大的开关浪涌电压和电流,也会对相关设备、线路等造成危害。

对于较大型的或安装在空旷田野、高山上的光伏发电系统,特别是雷电多发地区,必须配备防雷接地装置。

2. 雷击对光伏发电系统的危害

(1)对光伏组件的危害。光伏组件是光伏发电系统中的核心部分,也是太阳能发电系统中价值最高的部分,但其极易遭受具有强大的脉冲电流、炽热的高温、猛烈的电动力的直击雷的冲击而导致整个发电系统瘫痪。

（2）对光伏控制器的危害。当光伏控制器遭受雷击或是过电压损坏时会出现以下情况。

①充电系统一直充电，放电系统无放电，导致蓄电池一直处于充电状态，充电过饱轻则缩短蓄电池使用寿命、使容量降低，重则导致蓄电池爆炸，造成对整个系统的损坏和人员伤亡。

②充电系统无充电，放电系统一直处于放电状态，蓄电池无法将电能储存起来，导致用户在有太阳光时设备可正常工作，无太阳光或光线不强时设备无法工作。

③对蓄电池的危害。当系统遭受雷击时，过电压入侵到蓄电池时轻则损害蓄电池，缩短电池的使用寿命，重则导致电池爆炸，引起严重的系统故障和人员伤亡。

④对逆变器的危害。如果逆变器遭受雷击损坏将会出现以下情况。

a. 用户负载无电压输入，用电设备无法工作。

b. 逆变器无法将电压逆变，导致光伏组件产生的直流电压直接供负载使用，如果光伏组件串电压过高将直接烧毁用电设备。

1.4.2 防雷措施和设计要求

（1）选择光伏发电系统或发电站建设地址时，要尽量避免放置在容易遭受雷击的位置和场合。

（2）尽量避免避雷针的投影落在光伏方阵组件上。

（3）根据现场状况，可采用避雷针、避雷带和避雷网等不同防护措施对直击雷进行防护，减少雷击概率，并应尽量采用多根均匀布置的引下线将雷击电流引入地下。

（4）为防止雷电感应，要将整个光伏发电系统的所有金属物，包括光伏组件的边框、支架；逆变器、控制器及各种汇流箱、配电柜的金属外壳；金属线管等与联合接地体等电位连接，并且做到各自独立接地。

（5）在系统回路上逐级加装防雷器件（浪涌保护器），实行多级保护，使雷击或开关浪涌电流经过多级防雷器件泄流。一般在光伏发电系统直流线路部分采用直流防雷器，在逆变后的交流线路部分，使用交流防雷器。

（6）光伏发电系统的接地类型和要求主要包括以下几个方面。

①防雷接地。包括避雷针（带）、引下线、接地体等，要求接地电阻小于 10 Ω，并最好考虑单独设置接地体。

②安全保护接地。包括光伏组件外框、支架，控制器、逆变器、配电柜外壳，蓄电池支架、电缆外皮、金属穿线管外皮等，要求接地电阻小于等于 4 Ω。

③当安全保护接地、工作接地、屏蔽接地和防雷接地 4 种接地共用一组接地装置时，其接地电阻按其中最小值确定；若防雷已单独设置接地装置时，其余 3 种接地宜共用一组接地装置，其接地电阻不应大于其中最小值。

④条件许可时，防雷接地系统应尽量单独设置，不与其他接地系统共用，并保证防雷接地系统的接地体与共用接地体在地下的距离保持在 3 m 以上。

1.5　光伏发电系统的监测系统

光伏发电系统的监控测量装置是各相关企业针对光伏发电系统开发的管理服务平台。可对光伏组件方阵、直流/交流汇流箱、逆变器、交直流配电柜、升压变压器等各种设备及电站周边环境、气象状况等进行实时监测和控制。系统监测装置通过各种样式的图表及数据快速掌握光伏系统的运行情况，用友好的用户界面、强大的分析功能、完善的故障报警确保光伏发电系统的安全可靠和稳定运行。小型并网光伏发电系统可配合逆变器对系统进行实时持续的监视记录和控制、系统故障记录与报警以及各种参数的设置，还可通过有线或无线网络进行远程监控和数据传输。中大型并网光伏发电系统的管理平台则要通过现代化物联网技术、人工智能及云端大数据分析技术等实现光伏发电系统的智能化数据监测和运维管理。

光伏发电系统监测装置的主要功能如下。

1. 实时监测功能

（1）可实时采集、监测并显示光伏发电系统的当前发电总功率、日总发电量、累计总发电量、累计 CO_2 总减排量等数据。

（2）可实时采集、查看并显示每台逆变器的运行参数，如逆变器直流侧的直流电压、电流和功率；交流侧的交流电压、电流、功率和频率；交流侧的有功功率、无功功率、视在功率及功率因素的大小；单台逆变器的日发电量、累计发电量、累计 CO_2 减排量、日运行时间、总运行时间、每日发电功率曲线等。

（3）通过光伏电站配备的环境检测系统，可实时采集和显示环境温度、环境湿度、超声波风向风速、组件温度、太阳辐射强度等参数。

（4）可实时采集并显示智能直流汇流箱工作状态及输入到汇流箱的各光伏组串支路的输入电流。

（5）可对箱式变压器及电能质量监测仪的运行数据进行查询和显示。

2. 故障信息的存储和查看功能

当光伏发电系统出现故障时，监控系统可存储和查看发生故障的相关信息、发生故障的原因及发生故障的时间。可存储和查看的故障信息主要有：电网电压过高或过低；电网频率过高或过低；直流侧电压过高或过低；逆变器过载、过温或短路；逆变器风扇故障及散热器过热、逆变器“孤岛运行”、逆变器软启动故障等；系统紧急停机、通信失败、环境温度过高等。

3. 历史数据查询功能

如气象仪数据查询、逆变器数据查询、汇流箱数据查询、箱式变压器数据查询、开关柜数据查询、电能质量监测仪数据查询、智能电表数据查询等。

4. 日常报表的统计

通过监测系统可以获得发电量报表、逆变器运行日报表、周报表、月报表等。

5. 运行图表分析

通过监测系统可以获得发电量与辐射量对比分析图表、光伏方阵输出功率与太阳辐射强度对比图表、日负荷曲线图表等。常见的监测系统运行界面如图 1-40 所示。

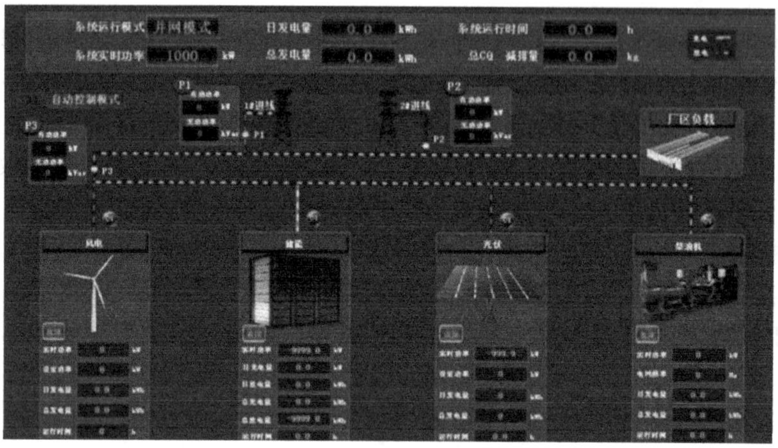

图 1-40 光伏发电监控系统显示界面

目前,用于分布式光伏发电系统的并网逆变器也都自带了监控测量系统,以监控棒或监控盒的形式直接连接到逆变器主机上,并且通过 CNR、RS485、Wi-Fi 和 GPRS 等多种通信方式进行数据传输。其中, Wi-Fi 和 GPS 监控软件可通过电脑下载,也可在手机 APP 中下载,通过电脑或手机就可以随时随地直接查看光伏发电系统的发电状况,进行实时监控。

习题

1. 什么是光伏发电? 什么是分布式光伏发电?
2. 分布式光伏发电的特点有哪些?
3. 离网光伏发电系统有哪几种形式? 各有什么不同?
4. 并网光伏发电系统有哪几种形式? 各有什么不同?
5. 新型光伏组件包括哪几种?
6. 太阳能光伏组件的组成部件有哪些?
7. 画出光伏组件的 *I-U* 特性曲线,标出峰值功率、开路电压和短路电流。
8. 简述影响光伏组件输出特性的主要因素。
9. 什么是度电成本?
10. 简述光伏控制器的基本功能。
11. 画出光伏控制器基本电路框图,并说明其工作原理。
12. 光伏发电系统中使用的逆变器具有哪些功能? 按照逆变器输出电能的去向不同,可分为哪几种?
13. 画出光伏逆变器的基本单元图,并说明各部分的作用。
14. 与离网型光伏逆变器相比,对并网型逆变器有哪些技术要求?
15. 并网光伏逆变器的接入方式有哪几种?
16. 简述储能电池与储能器件的主要功能。

17. 铅酸蓄电池的基本结构包括哪些？

18. 锂电池按照用途不同一般分为储能锂电池和动力锂电池，二者各用在什么场合？

19. 如何衡量蓄电池容量是否满足冲击性负载功率的需要？

20. 直流汇流箱主要用在哪些场合？有什么功用？

21. 简述直流配电柜的作用。

22. 交流汇流箱有哪两类？各有什么区别？

23. 并网配电箱由什么组成？各部分的作用是什么？

24. 箱式变电站主要由哪几部分组成？

25. 光伏线缆是连接系统设备、进行电力传输和保障系统安全运行的主要部件，光伏线缆如何选型？

26. 光伏发电系统的防雷措施有哪些？

27. 光伏发电系统监测装置的主要功能有哪些？

第二章　分布式光伏发电系统基础设计概要

分布式光伏发电系统的设计一般有两部分内容，一是系统的容量设计，主要是对光伏组件发电容量（发电功率）和蓄电池的电能存储容量进行设计与计算，目的就是要通过设计计算出整个系统能够满足用户用电或并网发电所需要的最大容量：二是对系统的整体构成进行电气、机械设计与配置选型等。与集中式大型地面光伏电站相比，分布式光伏电站单体容量较小，安装场所和环境各异，不宜采用相同的设计和施工模式，而应该结合分布式光伏发电系统的特点，根据具体情况分门别类，采用"准标准化设计+根据现场条件适度调整的"模式，因地制宜进行设计、配置与选型。

分布式光伏发电系统的整体配置主要是根据需要合理地配置整个系统的构成，对系统中的电力电子设备、部件、材料进行配置选型和局部设计，对相关附属设施也要进行设计与计算，目的是根据实际情况选配合适的设备、部件和材料等，与系统容量设计的结果相匹配。

图 2-1 所示为光伏发电系统的配置构成，本章首先介绍一些光伏发电系统容量设计需要了解的基本知识，然后主要介绍分布式光伏发电系统的容量设计与计算，以及光伏组件和逆变器的配置选型和电网接入的相关设计。

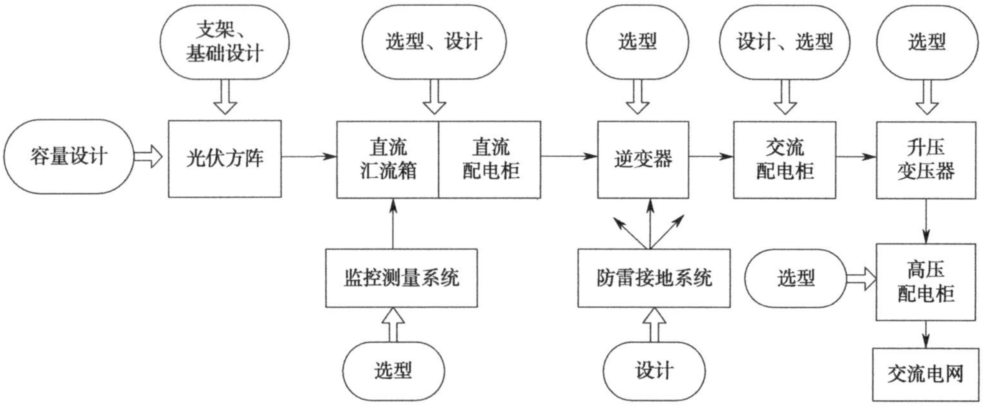

图 2-1　光伏发电系统配置构成示意图

2.1　系统的设计原则、步骤和内容

2.1.1　系统设计原则与依据

光伏发电系统的设计要本着合理、实用、高可靠和高性价比（低成本）的原则。既能保证光伏发电系统的长期可靠运行，充分满足并入电网或用户负载的用电要求，同时又能使系统的配置最合理、最经济，在保证质量、尽量美观的前提下节省投资，达到最好的投资收益效果。

1. 系统设计原则

1）美观性

在设计光伏发电系统方阵时，要充分考虑与当地自然条件相结合，与建（构）筑物的整体构造相结合，做到协调统一，美观大方。要在不改变原有地貌环境或原有建筑风格和外观的前提下，结合能够确定的安装场地面积，选择尺寸合适的光伏组件，设计光伏方阵的结构和布局。

2）高效性

系统设计时要注重各个环节的细节设计，部件配置恰当，方案设计优化，把各个环节的损耗降到最低，以保证系统整体的高效性。在确定的安装场地面积内，尽可能地选择高效光伏组件，选择合适的方阵倾斜角和方位角。地面及山坡类光伏发电系统，要尽可能地利用地理地形条件，充分利用平缓地势和各种朝向合适的缓坡，合理排布光伏方阵，提高光伏组件的利用效率，达到充分利用太阳能，提高最大发电量的目的。

3）安全性

设计的光伏系统要满足安全可靠、技术先进、经济合理和维修方便的原则。保证系统抗风、抗雪载荷的能力，屋顶类系统还要考虑屋顶的承载能力，消除各种安全隐患，保证施工过程绝对安全，保证系统安全稳定运行，不能给光伏场区或建筑物内的其他用电设备和人员带来安全隐患，同时应考虑到方便施工和利于维护检修。

4）经济性

在满足光伏发电系统外观效果和各项性能指标的前提下，充分考虑分布式光伏发电系统装机容量小、安装分散等特点，最大限度地优化设计方案，优化调整布局，合理选用各种设备、材料，把浪费消除在设计阶段，降低工程造价，为业主节约投资。同时要兼顾选型设备、部件的长期互换性、通用性，尽可能减少整个系统生命周期运行中的维修维护费用，尽可能提高设备更换的通用便利性。

2. 系统设计依据

（1）现场勘查技术参数及业主提供的技术要求。

（2）分布式光伏发电系统设计与施工应用经验。

（3）《光伏发电站设计标准（2024 年版）》（GB 50797—2024）。

（4）《光伏发电站施工规范》（GB 50794—2012）。

（5）《太阳能光伏发电设计与施工规范》（DB 44/T 1508—2014）。

（6）《光伏发电工程验收规范》（GB/T 50796—2012）。

（7）《光伏发电站防雷技术要求》（GB/T 32512—2016）。

（8）《光伏发电站接入电力系统设计规范》（GB/T 50866—2013）。

（9）《光伏发电系统接入配电网技术规定》（GB/T 29319—2024）。

（10）《光伏发电工程施工组织设计规范》（GB/T 50795—2012）。

（11）《建筑光伏系统应用技术标准》（GB/T 51368—2019）。

（12）《并网光伏电站启动验收技术规范》（GB/T 37658—2019）。

（13）《光伏发电系统效能规范》（NB/T 10394—2020）。

（14）国家现行光伏行业相关法律法规、标准和规范。

（15）一些地方性规范和标准。

2.1.2 系统设计步骤和内容

光伏发电系统的设计步骤和内容如图 2-2 所示。

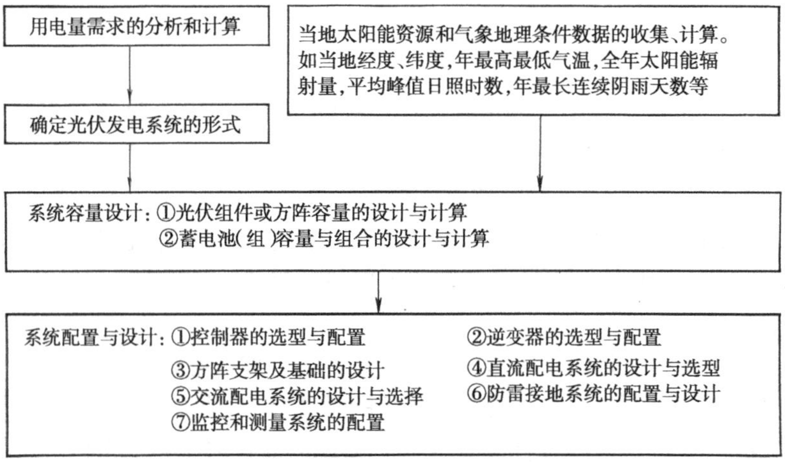

图 2-2 光伏发电系统的设计步骤和内容

光伏发电系统在基本确定可安装容量的前提下，系统设计的内容主要包括以下几项。

（1）项目地太阳辐射能资源评估和倾斜角的优化设计。一般项目采用现有资料数据确定倾斜角；大项目要通过逐月计算水平面和倾斜面辐射量等专业设计确定最佳倾斜角。最佳倾斜角的确定还要结合当地的气象条件如台风、积雪等综合评判。

（2）光伏组件选型要对市场的主流产品大致了解，针对项目类型（如屋顶类、地面类及面积尺寸）综合分析对比组件类型、尺寸、功率、价格等因素确定。

（3）光伏系统容量计算。单组串串联数、组串总串数（并联数）、直流侧总容量计算。

（4）确定系统逆变器的类型。选用集中式、组串式、组件式或者是集中式和组串式组合应用。

（5）逆变器选型。主要考虑单机功率、品牌、交流输出电压，耐压等级等因素。

（6）设计光伏方阵。确定光伏方阵组件块数、组合方式及方阵各间距计算确认。

(7)直流、交流汇流箱选型。确定输入路数、最大输入输出电流、电压等级等。

(8)电缆计算选型。各级直流电缆、交流电缆的类型、载流量、长度。

(9)基础与支架的选择和设计。

(10)防雷接地与监控系统部件、材料选型设计。

(11)电站平面布置图的布置与设计。

(12)其他系统选型设计(气象监测、辐照度监测,驱鸟器、视频安防监控、消防装置等)。

2.2　与设计相关的因素和技术条件

在设计光伏发电系统时,应当根据负载的要求和当地太阳能资源及气象地理条件,依照能量守恒的原则,综合考虑下列各种因素和技术条件。

2.2.1　系统用电负载的特性及负荷需求

在设计光伏发电系统和进行系统设备的配置、选型之前,对于离网系统来说,要充分了解用电负载的特性和用电负荷。如负载是直流负载还是交流负载,负载的工作电压是多少,额定功率是多大,是冲击性负载还是非冲击性负载,是电阻性负载、电感性负载还是电力电子类负载等。其中,电阻性负载如白炽灯泡、电子节能灯、电熨斗、电热水器等在使用中无冲击电流;而电感性负载和电力电子类负载如日光灯、电动机、电冰箱、电视机、水泵等起动时都有冲击电流或起动电流,且电动机类负载的起动电流往往是其额定工作电流的 5~10 倍。在进行控制器、逆变器及蓄电池的容量设计和设备选型时,往往要把这些负载的起动功率考虑进去,留有合理余量。逆变器的输出功率要大于负载的使用功率(含起动功率)。对于摄像监控系统,通信基站等要求严格的场合,输出功率要按所有的负载功率之和考虑。对于一般贫困家庭用户的基本生活用电而言,考虑到所有的用电负载不可能同时开启,为了节省成本,可以把总负载功率之和乘以 0.7~0.9 的系数。

从全天使用时间上分,可分为仅白天使用的负载,仅晚上使用的负载及白天和晚上连续使用的负载,以及哪些是连续工作的负载(如照明灯、电视机、电脑等),哪些是间隙工作的负载(如电冰箱、空调器、热水器等)。对于仅在白天使用的负载,多数可以由光伏组件直接供电,不需要考虑或仅需少量考虑蓄电池的配备,起到一个稳定供电的作用。对于连续工作的负载,用电量等于负载功率乘以使用时间,但对于间歇性工作负载,要估算每天的累积使用时间。例如一台 1 匹空调器的额定功率一般在 800 W 左右,也就是说满负荷工作 1 h 要消耗 0.8 kW · h 的电,但空调器的运行时间与室内外温差、房间面积、设定温度、空调器自身的能效比等因素有很大关系,一晚上运行 8 h,耗电量可能会有 3~4 kW·h 的差别。

另外,系统每天需要供电的时间有多长,要求系统能正常供电几个阴雨天,是否有其他辅助供电方式等,都是需要在设计前了解的问题和数据。

由于光伏发电系统的容量及投资与用电负荷的需求成正比,因此有些用户为了减少投资,在系统设计时往往低估用电负荷,从而出现光伏系统的发电量不足,系统不能稳定运行等情况。因此,在系统设计之前,通过一段时间的实际检测来准确确定用电负荷量是很有必要的。另外,在利用太阳能光伏发电系统供电的情况下,要尽量选用节能型电器设备,或者对一些高能耗的旧电器设备（如白炽灯泡、旧电视、冰箱、冰柜等）进行更新替换，所需要的费用，往往比增加相应的光伏发电系统容量费用要更低更划算。

对于并网发电系统，一般都采取的是全额上网或自发自用余电上网的模式，所以基本上不用考虑用电负载特性和用电需求的因素。

2.2.2 太阳辐射能资源及气象地理条件

由于光伏发电系统的发电量与太阳光的辐射强度、大气层厚度（即大气质量）、所在地的地理位置、所在地的气候和气象、地形地物等因素和条件都有着直接的关系和影响，因此在设计光伏发电系统时应考虑的太阳辐射能资源及气象地理条件有太阳辐射的方位角和倾斜角、峰值日照时数、全年辐射总量、连续阴雨天数及最低气温等。

1. 光伏组件（方阵）的方位角与倾斜角

光伏组件（方阵）的方位角与倾斜角的选定是光伏发电系统设计时最重要的因素之一。所谓方位角一般是指东西南北方向的角度。对于光伏发电系统来说，方位角以正南为 0°，由南向东向北为负角度，由南向西向北为正角度，如太阳在正东方时，方位角为-90°，在正西方时方位角为 90°，方位角决定了阳光的入射方向，决定了各个方向的山坡或不同朝向建筑物的采光状况。倾斜角是地平面（水平面）与光伏组件之间的夹角。倾斜角为 0° 时表示光伏组件为水平设置，倾斜角为 90° 时表示光伏组件为垂直设置。

1）光伏组件方位角的确定

光伏组件的方位角一般都选择正南方向，以使光伏组件单位容量的发电量最大。如果受光伏组件设置场所如屋顶、土坡、山地、建筑物结构及阴影等的限制时，则应考虑与它们的方位角一致，以求充分利用现有地形和有效面积，并尽量避开周围建筑物或树木等产生的阴影。只要在正南 ±20° 之内，都不会对发电量有太大影响，条件允许的话，应尽可能偏西南 20° 内，使太阳能发电量的峰值出现在中午稍过后某时，这样有利于冬季多发电。有些光伏建筑一体化发电系统在设计时，当正南方向光伏组件铺设面积不够时，也可将光伏组件铺设在偏东、偏西或正东、正西方向。在不同的纬度和相应的最佳倾斜角状态下，方位角偏离正南 30° 时，方阵的发电量将减少约 5%~15%，偏离正南 60° 时，方阵的发电量将减少约 15%~25%。

2）光伏组件倾斜角的确定

最理想的倾斜角是光伏组件全年发电量尽可能大，而冬季和夏季发电量差异尽可能小时的倾斜角。在离网光伏发电系统中，一般取当地纬度或当地纬度加上几度作为当地光伏组件安装的倾斜角。

但不同类型的光伏发电系统，其最佳安装倾斜角是有所不同的。在离网光伏发电系统中，例如为太阳能路灯等季节性负载供电的光伏发电系统，这类负载的工作时间随着季节而变化，其特点是以自然光线的强弱来决定负载每天工作时间的长短。冬天白天日照时间短，太阳辐射能能量小，而夜间负载工作时间长，耗电量大。因此系统设计时要考虑照顾冬天，按冬天时能得到最大发电量的倾斜角确定，其倾斜角应该比当地纬度的角度大一些。而对于主要为光伏水泵、制冷空调等夏季负载供电的离网光伏发电系统，则应考虑夏季为负载提供最大发电量，其倾斜角应该比当地纬度的角度小一些。

而在有市电互补、风光互补及风光柴互补等混合型离网光伏发电系统中，可以不再考虑季节因素对光伏组件发电量的影响，只需要考虑光伏组件全年发电量最大化，这样可以有效地利用太阳能，光伏组件可以基本按当地纬度确定倾斜角度。由于混合型系统的蓄电池容量相对较小，在太阳辐射能较强的夏季，在光伏发电占比较大的系统中，会出现蓄电池及负载无法完全储存和消纳光伏发电量的现象，导致系统能量浪费，利用效率降低，影响系统的经济性。这类系统在设计时就要根据实际用电需要适当减小光伏组件的容量或适当加大蓄电池的容量，使系统的配置更加合理，例如可以按照太阳辐射能最好的月份把光伏组件的发电量占比控制在整个系统发电量的80%~90%为佳。

并网光伏发电系统以追求全年发电量最大化来确定光伏组件或方阵的倾斜角度。也就是说，并网光伏发电系统的最佳倾斜角是系统全年发电量最大的角。理论上该倾斜角应和当地的纬度角相同，但由于部分太阳光线被大气层折射和漫散射，以及当地气象条件和现场实际情况等因素，使得光伏组件（方阵）的最佳倾斜角不一定和当地纬度角吻合，需要在满足光伏支架强度和整体稳定性的前提下，结合灰尘沉积、雨水冲刷、风力、降雪等因素做相应调整。对于因方位限制使光伏组件或方阵必须朝向东面或西面安装时，可以尽量降低安装倾斜角，以提高光伏组件或方阵的倾斜面辐照度。

综上所述，无论哪种形式的光伏发电系统，光伏组件最佳倾斜角的确定，都需要结合安装现场实际情况进行考虑，例如安装地点、屋顶角度、建筑物外观的限制，有利于积雪滑落等因素。因此，光伏组件的倾斜角可以根据实际需要在不使光伏发电量大幅度下降的前提下做小范围的调整。

2. 日照强度及辐射量

日照强度又叫光照强度或辐射度，表示单位面积上接收到的太阳辐射的瞬时强度，在光伏发电应用中，日照强度的单位有 kW/m²、mW/cm²、J/（cm²•min）等。太阳辐射到单位面积上的辐射能量称为辐射量或辐照量，单位有（kW•h）/（m²•年）、（kW•h）/（m²•月）或（kW•h）/（m²•日），这个物理量表示的是单位面积上接收的太阳能辐射量在一段时间里的累积值，也就是某段时间内的辐射总量。

3. 平均日照时数和峰值日照时数

日照时间是指太阳光在一天当中从日出到日落实际的照射小时数。

日照时数是指在某个地点，一天当中太阳光达到一定的辐照度（一般以气象台测定的120 W/m² 为标准）时一直到小于此辐照度所经过的小时数。日照时数小于日照时间。

平均日照时数是指某地的一年或若干年的日照时数总和的平均值。例如，某地 2005 年到 2015 年实际测量的年平均日照时数是 2 053.6 h，日平均日照时数就是 5.63 h。

峰值日照时数（也叫有效日照时间）是将当地的太阳辐射量，折算成标准测试条件（辐照度 1 000 W/m²）下的小时数，如图 2-3 所示。例如，某地某天的日照时间是 8.5 h，但不可能在这 8.5 h 中太阳的辐照度都是 1 000 W/m²，而是从弱到强再从强到弱变化的，若测得这天累计的太阳辐射量是 3 600（W·h）/m²，则这天的峰值日照时数就是 3.6 h。

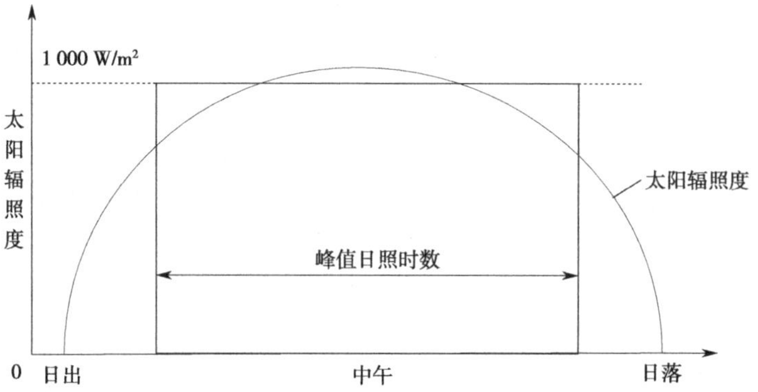

图 2-3 峰值日照时数示意图

因此，在计算光伏发电系统的发电量时一般都采用平均峰值日照时数作为参考值。

4. 全年太阳辐射能总量

在设计光伏发电系统容量时，当地全年太阳辐射能总量也是一个重要的参考数据。应通过气象部门了解当地近几年甚至 8~10 年的太阳辐射能总量年平均值。通常气象部门提供的是水平面上的太阳辐射量，而光伏组件一般都是倾斜安装的，因此还需要将水平面上的太阳能辐射量换算成倾斜面上的辐射量。

2.2.3 太阳能辐射能量换算及能耗数据

1. 太阳能不同单位辐射能量之间的换算

在计算光伏发电系统的容量时，有时会遇到用不同计量单位表示的太阳能辐射能量，如焦（J）、卡（cal）、千瓦（kW）等，为设计和计算方便，就需要进行单位换算。它们之间的换算关系为

1 卡（cal）=4.186 8 焦（J）=1.162 78 毫瓦时（mW•h）

1 千瓦时（kW·h）=3.6 兆焦（MJ）

1 千瓦时/米 ^{2} [（kW·h）/ ㎡]=3.6 兆焦/米 ^{2}（MJ/m^2）=0.36 千焦/厘米 ^{2}（kJ/cm^2）

100 毫瓦时/厘米 ^{2}[（mW·h）/cm^2]=85.98 卡/厘米 ^{2}（cal/cm^2）

1 兆焦/米 ^{2}（MJ/m^2）=23.889 卡/厘米 ^{2}（ca1/cm^2）=27.8 毫瓦时/厘米 ^{2}[（mW·h）/cm^2]

2. 太阳能辐射能量与峰值日照时数之间的换算

在计算中，有时还需要将辐射能量换算成峰值日照时数，换算公式如下。

（1）当辐射量的单位为卡/厘米 ^{2}（cal/cm^2）时，则：

年峰值日照小时数=辐射量 ×0.011 6（换算系数）

例如，某地年水平面辐射量为 139 kca1/cm^2，光伏组件倾斜面上的辐射量为 152.5 kcal/cm^2 则年峰值日照小时数为 152 500 cal/cm^2 × 0.011 6=1 769 h，峰值日照时数为 1 769 h ÷ 365=4.85 h

（2）当辐射量的单位为兆焦/米 ^{2}（MJ/m^2）时，则：

年峰值日照时数=辐射量 ÷ 3.6（换算系数）

例如，某地年水平面辐射量为 5 497.27 MJ/m^2，光伏组件倾斜面上的辐射量为 6 348.82 MJ/m^2，则年峰值日照小时数为 6 348.82 MJ/m^2 ÷ 3.6=1 763.56 h，峰值日照时数为 1 763.56 h ÷ 365=4.83 h

（3）当辐射量的单位为千瓦时/米²[（kW·h）/m²]时，则：

峰值日照时数=辐射量÷365天

例如，北京年水平面辐射量为1 547.31（kW·h）/m²，光伏组件倾斜面上的辐射量为1 828.55（kW·h）/m²，则峰值日照小时数为1 828.55（kW·h）/m²÷365=5.01 h

（4）当辐射量的单位为千焦/厘米²（kJ/cm²）时，则：

年峰值日照小时数=辐射量÷0.36（换算系数）

例如，拉萨年水平面辐射量为777.49 kJ/cm²，光伏组件倾斜面上辐射量为881.51 kJ/cm²，则年峰值日照小时数为 881.51 kJ/cm²÷0.36=2 448.64 h，峰值日照时数为 2 448.64 h÷365=6.71 h。

3. 火力发电能耗以及排放数据

我国火力发电厂每发1 kW·h电，需要消耗标准煤0.305 kg。

二氧化碳（CO_2）排放指数为0.814 kg/（kW·h）（国际能源署《世界能源展望2007》数据）。

硫氧化物（SO_X）排放指数为6.2 g/（kW·h）（脱硫前统计数据）。

氮氧化物（NO_X）排放指数为2.1 g/（kW·h）（脱氮前统计数据）。

2.3　离网系统的容量设计与计算

离网光伏发电系统容量设计与计算的主要内容是：

（1）光伏组件功率和方阵构成的设计与计算；

（2）蓄电池的容量与蓄电池组合的设计与计算。

2.3.1　设计的基本思路

离网光伏发电系统往往用于无法利用电网供电的场合，所以属于刚性消费需求。用户也分为两大类，一类是不在意投资大小，最关心的是系统供电的可靠性，这类用户主要是私人海岛业主、别墅业主、通信基站、监控系统等；另一类是偏远地区无电或电力供应不足的用户，往往想用最少的投入解决用电需求，最关心的是系统的价格。从项目规模上看，一种是针对单个用户的小项目或者单个项目的小工程，另一种是针对特定人群的大项目，如国家无电地区光伏扶贫项目。所以离网光伏发电系统的设计要针对不同的用户，采取不同的设计方案，尽量满足用户的实际需要。

在离网系统设计之前，要做好前期调研工作，首先需要先了解用户安装地点的气候条件，负载类型和用电功率，白天和晚上的用电量等。还要了解用户的预算和经济情况。离网光伏发电系统，用电是靠天气，没有100%的可靠性，这一点一定要和用户讲清楚。知道以上这些情况，就可以开始做设计了。对离网光伏发电系统来说，光伏组件的设计原则是要满足平均天气条件（太阳辐射量）下负载每日用电量的需求。也就是说，光伏组件的全年发电量要略大于或等于负载全年用电量。因为天气条件有低于和高于平均值的情况，所以设计光伏组件容量要满足光照最差、太阳能辐射量最小季节的需要。如果只按平均值去设计，势必造成全年1/3多时间的光照最差季节光伏组件发电量不足，造成蓄电池的连续亏电。蓄电池长时间处于亏电状态将造成蓄电池的极板硫酸盐化,使蓄电池的使用寿命和性能受到很大影响,整个系统的后续运行费用也将大幅度增加。设计时也不能考虑为了给蓄电池尽可能快地充满电而将光伏组件容量设计得过大,否则在一年中的绝大部分时间里光伏组件的发电量会远远大于负载的用电量,造成光伏组件的浪费和系统整体成本的过高。因此,光伏组件设计的最佳容量就是使光伏组件发电功率能基本满足光照最差季节的用电需要,就是在光照最差的季节蓄电池也能够基本上天天充满电。

在有些地区,最差季节的光照度远远低于全年平均值,如果还按最差情况设计光伏组件的功率,那么在一年中的其他时候发电量就会远远超过实际所需,造成浪费。这时只能考虑适当加大蓄电池的设计容量,增加储存电能,使蓄电池处于浅放电状态,弥补光照最差季节发电量的不足对蓄电池造成的伤害。有条件的地方还可以考虑采取风力发电与光伏发电互相补充(简称风光互补)及市电互补等措施,达到系统整体综合成本效益的最佳。

总之,离网光伏发电系统的设计,常常被人们比喻为技术和艺术的结合,在设计和计算光伏发电系统的容量时要靠技术,而和用户沟通以确定真实合理的用电量时要靠艺术,用户往往不认为自己能消耗那么多的电量。所以设计离网光伏系统时,要因地制宜,灵活掌握,综合考虑各种相关因素,不要拘泥于某一个固定公式,并要格外注意以下几点。

(1)光伏组件、控制器、逆变器、蓄电池设计时要匹配,任何一个都不能过大或者过小,新手设计时,经常会把用电量计算过大,如 1 匹空调运行 12 h,算成耗电 10 kW·h, 300 W 的冰箱运行 24 h,算成耗电 7.2 kW·h,造成蓄电池容量过大,系统成本过高。设计蓄电池容量时,最好 2 天时间就能充满。

(2)光伏离网系统输出连接负载,每个逆变器输出端电压和电流相位和幅值都不一样,有些厂家逆变器不支持输出端并联,不要把逆变器输出端接在一起。

(3)遇到有负载电动机正反转使用的场合时(如电梯等),负载电动机不能直接和逆变器输出端相连接,因为电动机在反转时,会产生一个反电动势,串入逆变器输出端时,造成逆变器中逆变元器件损坏。如果要用离网系统为这类负载供电时,建议在逆变器和电动机之间加一个交流变频器。

(4)带市电互补输入的光伏离网系统,组件的绝缘要做好,如果组件对地有漏电流,会传到市电,引起市电的漏电开关的频繁跳闸。

2.3.2 简单负载的系统容量设计方法

前文已经讲过,光伏组件的容量设计就是满足负载年平均日用电量的需求。所以,设计和计算光伏组件容量大小的基本方法就是用负载平均每天所需要的用电量(单位为 W·h 或 kW · h)为基本数据,以当地太阳辐射能资源参数如峰值日照时数、年辐射总量等为参照数据,并结合一些相关因素数据或系数进行综合计算。而蓄电池的设计主要包括蓄电池容量的设计和蓄电池组串并联组合的设计。

设计和计算光伏系统容量,有很多种方法和公式。最常用的方法一种是以峰值日照时数为依据的简单负载容量计算方法，另一种是以峰值日照时数为依据的多路负载容量计算方法。

在本公式中，光伏组件功率、用电器功率的单位都是瓦（W）；用电时间和当地峰值日照数的单位都是小时（h）；容量单位是安时；系统电压是指在系统中确定的蓄电池或蓄电池组的工作电压，单位是伏（V）。

因为光伏组件的发电量并不能 100% 地转化为用电量，在设计时要考虑光伏组件灰尘遮挡影响的转换效率，光伏控制器在充放电控制过程中的损耗以及蓄电池充放电过程中的损耗等。因此光伏组件功率计算公式中的损耗系数主要是指线路损耗，控制器、逆变器等接入损耗，光伏组件玻璃表面脏污及安装倾角不能兼顾冬季和夏季等因素造成的损耗等。损耗系数可根据经验及系统具体情况在 1.6~2 之间选取，各种损耗越大，系数取值越高。

蓄电池容量计算公式中的系统安全系数主要是为蓄电池放电深度（剩余电量）、冬天低温时放电容量减小以及逆变器转换效率等因素所加的系数，计算时也可根据经验及系统具体情况在 1.6~2 之间选取，各种影响因素越大，系数取值越高。

计算实例：某地安装一套太阳能庭院灯，使用两只 9 W/12 V 的 LED 灯做光源，每日工作 4 h，要求能连续工作 3 个阴雨天。已知当地的峰值日照时数是 4.46 h，求光伏组件的功率和蓄电池容量。

计算：将数据代入公式求光伏组件功率 P 为

$$P=(18\ \mathrm{W}\times 4\ \mathrm{h}/4.46\ \mathrm{h})\times 2=32.28\ \mathrm{W}$$

因为当地环境污染比较严重，损耗系数选 2，考虑选用一块功率 35 W 的光伏组件。

求蓄电池容量 B 为

$$B=(18\ \mathrm{W}\times 4\ \mathrm{h}/12\ \mathrm{V})\times 3\times 2=36\ \mathrm{A\cdot h}$$

本实例是直流供电系统，虽然没有交流逆变过程和损耗，但因为当地在冬季时最低温度可达到-10 ℃左右，冬季时会造成蓄电池容量减少，再加上当地环境污染的因素，系统安全系数也取了最高值 2，考虑选用一只 38 A·h/12 V 蓄电池。

2.4　并网系统的容量设计与发电量计算

分布式并网光伏发电系统以电网储存电能，一般没有蓄电池容量的限制，所以并网光伏发电系统的容量计算注重考虑的是在光伏组件方阵有效的占用面积里，怎样实现全年发电量的最大化，或者是根据用户负载的用电量，在能量平衡的条件下确定所需要的最小光伏组件方阵容量。在条件允许的情况下，光伏组件方阵的安装倾斜角也应该是全年能接收到最多太阳辐射量所对应的角度。

2.4.1　光伏组件的串并联设计

光伏组件有串联和并联两种形式，其原理示意图如图 2-4 所示。

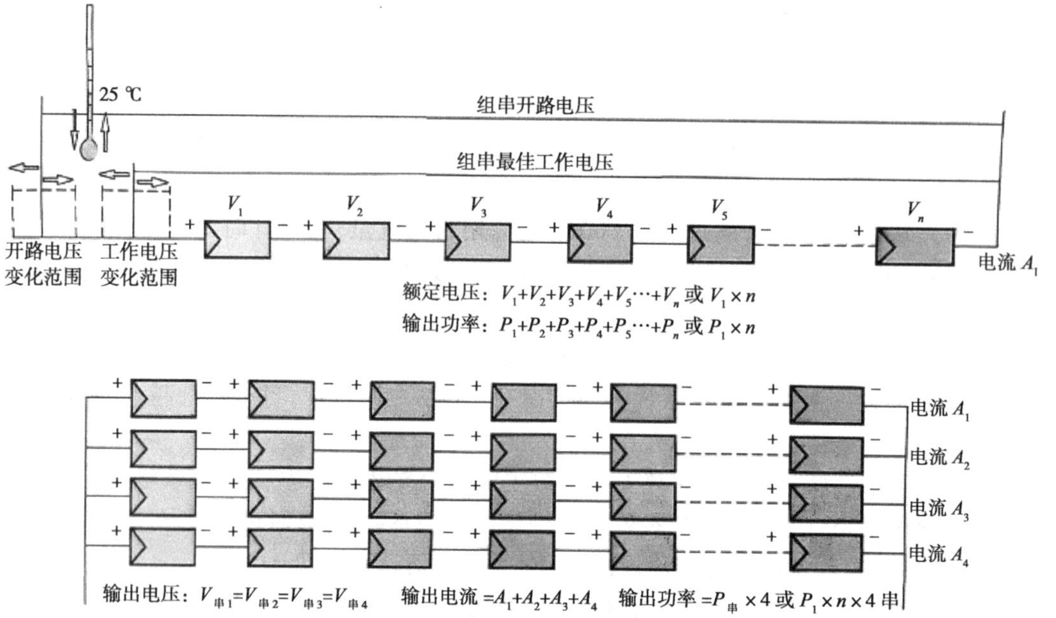

图 2-4 光伏组件串联与并联示意图

光伏组件串联就是将若干块光伏组件依次一正一负串联在一起形成光伏组串。整个光伏组串中，输出电流等于单块组件电流，输出电压为所在组件电压之和，输出功率也是所有组件功率之和。与光伏组件一样，光伏组串输出电压也具有负温度系数特性，即环境温度降低，输出电压会升高，环境温度升高，输出电压会下降。也就是说，光伏组串的输出电压会随着环境温度的变化在一定范围内变化，且变化率较大，所以是光伏组串计算中要考虑的重要因素。光伏组串的输出功率具有正温度系数特性，即环境温度升高时，输出功率会略有增大，环境温度降低时，输出功率会略有减小。因为这个系数变化影响较小，所以在组串设计时往往会忽略不计。

光伏组串的并联就是将设计好的若干光伏组串正极与正极相连接，负极与负极相连接，形成光伏方阵。当然这种并联并不一定是组串之间直接相连接，往往是通过直流汇流箱或组串逆变器后形成并联模式，光伏组串并联后，输出电压等于单串组串的端电压，输出电流是所有组串输出电流之和，输出功率也是所有组件功率之和，整个系统的输出功率（容量）等于：组件输出功率×组串串联块数×组串并联数。

1. 光伏组件的串联设计

光伏组件的串联设计主要依据所匹配逆变器的最大直流输入电压和逆变器 MPPT 电压输入范围两个参数来确定。选用的组件串最大开路电压不能超过逆变器的最大直流输入电压，组件串的最大工作电压范围不能超出逆变器的 MPPT 电压的输入范围。组件串的最大开路电压和工作电压不仅会随着太阳能辐射强度随时变化，而且还会随着环境温度的高低随时变化，因此光伏组件串的串联设计要结合这两个因素进行计算，在此基础上，光伏组件串的串联块数尽量取较高值，可以减少整个方阵的电缆使用量及电能损耗。当然，整个组串的最大开路电压也不能超过所选组件自身的最大系统电压（最大耐压）。

1）光伏组件的温度系数

在 25 ℃的标准条件下，不同光伏组件的开路电压温度系数是（-0.27%~-0.34%）/℃，短路电流温度系数是（0.048%~0.055%）/℃，也就是说环境温度低于 25 ℃时，开路电压会升高，短路电流会减小；当环境温度高于 25 ℃时，开路电压会降低，短路电流会增大。所以在进行组件串的匹配时，要考虑开路电压温度系数，防止环境温度过低时，组串开路电压超过自身的最大系统电压和逆变器的最大直流输入电压。目前不同类型光伏组件和逆变器产品的最大系统电压分别有 DC1 000 V、DC1 100 V 和 DC1 500 V 的。

2）组件串联电压与逆变器的匹配

在系统容量设计时，组件串的串联电压一定要小于光伏组件能耐受的最大系统电压。同时，必须兼顾考虑系统所在地的最低环境温度。组件串在最低温度时的开路电压，一定要小于所匹配逆变器可以接受的最大直流输入电压，并且要留有 5%~10%的余量。例如最大直流输入电压为 1 000 V 的逆变器，光伏组串的匹配电压应该在 900~950 V，最大不超过 950 V。其计算公式为

逆变器最大直流输入电压（V）≥组件开路电压（V）×组件串联数×[1+组件开路电压温度系数×（使用环境最低温度-25 ℃）]

3）MPPT 工作电压范围匹配

组件串联后的最大和最小工作电压必须在逆变器的 MPPT 工作电压范围之内。即

组串最大工作电压≤MPPT 最大工作电压

组串最小工作电压≥MPPT 最小工作电压

组串最大工作电压=组件最大工作电压（V）× 组件串联数×[1+组件开路电压温度系数×（使用环境温度-25 ℃）]

组串最小工作电压=组件最大工作电压（V）× 组件串联数×[1+组件开路电压温度系数×（组件最高温度-25 ℃）]

2. 光伏组串的并联设计

光伏组件的串联数量确定以后，光伏组串的并联匹配主要是依据所配逆变器的最大直流输入电流和逆变器的最大输入功率来确定的。

1）光伏组串并联电流与逆变器的匹配

光伏发电系统在实际运行中，由于环境温度对光伏组件输出电流的影响不是很大，所以计算时，可以不考虑温度系数对输出电流的影响，直接利用标准测试条件下的光伏组件最大工作电流数据进行计算，使经过串并联构成的光伏方阵输出的最大工作电流不超过逆变器容许的最大直流输入电流即可。计算公式为

光伏组串并联数=逆变器最大直流输入电流/光伏组件串最大工作电流

2）组件方阵安装容量与逆变器的功率匹配

有了光伏组件的串联数量和光伏组串的并联数量，就可以计算出光伏方阵的总容量，并和逆变器的最大输入功率进行匹配。

光伏方阵总容量功率（W）=光伏组件串联数×光伏组件串并联数×选定组件的最大输出功率（W）

从理论上讲，光伏方阵总容量应该与逆变器的最大输入功率相等，就算是匹配了，但实际上逆变器的最大输入功率与光伏方阵容量的配比可以根据实际环境情况等因素在一定范

围内确定,即

95% <逆变器最大输入功率/光伏方阵总容量功率<105%

另外,在设计光伏组串的串并联接入时,还需遵循以下几个原则:

①不同倾角或方位角的组串,不宜串并联到一起,或接入同一个 MPPT 回路中;

②不同输出电压或电流的组串,不宜串并联到一起,或接入同一个 MPPT 回路中;

③不同阴影遮挡情况的组串,不宜串并联到一起,或接入同一个 MPPT 回路中。

④尽量将同一环境条件,同一方向角度的光伏组串集中接入到同一台逆变器中。

3)计算举例

以用 265 W 多晶硅光伏组件设计一套 6 kW 并网光伏发电系统为例,进行以下匹配设计。所选光伏组件和光伏逆变器的技术参数见表 2-1 和表 2-2,使用的环境最低温度为-16 ℃,最高温度为 65 ℃。

表 2-1 多晶硅光伏组件技术参数

光伏组件规格	峰值功率(P_m)/W	最佳工作电压(U_{MP})/V	最大工作电流(I_{mp})/A	开路电压(U_{OC})/V	短路电流(I_{SC})/A	最大系统电压/V
156×156 60 片	265	30.8	8.61	38.3	9.10	DC 1 000(IEC)
标准测试条件	辐照度:1 000 W/m²;组件温度:25 ℃;AM:1.5。					

表 2-2 多晶硅光伏逆变器技术参数

逆变器型号	GCl-1P6K-4G
最大输入功率/kW	6.9
最大直流输入电压/V	600
MPPT 电压范围/V	100~500
启动电压/V	120
最大直流电流/A	11/11
MPPT 路数	2
额定输出功率/kW	6
最大输出电流/A	27.3
额定电网电压/V	220

用逆变器最大直流输入电压/光伏组件开路电压估算组件串联块数:600 V/38.3 V≈15.7 块,暂时确定每串组件为 15 块。考虑到过低的环境工作温度,结合温度系数后反复计算,确定组件串由 13 块组件构成:

$$38.3\ \text{V}\times 13\times[1+(-0.34\%)(-16-25)]=567.3\ \text{V}<600\ \text{V}$$

计算 13 块组件串的工作电压是否符合逆变器的 MPPT 工作电压范围。当温度在-16 ℃时,组串输出的工作电压为 $30.8\ \text{V}\times 13\times[1+(-0.34\%)(-16-25)]=456.2\ \text{V}<500\ \text{V}$

当温度在 65 ℃时,组串输出的工作电压为

$$30.8\ \text{V}\times 13\times[1+(-0.34\%)(65-25)]=345.95\ \text{V}>100\text{V}$$

计算光伏组串并联数为

22 A ÷ 8.61 A≈2.56 串，确定选择 2 串。

光伏方阵总容量为

$$13 \times 2 \times 265\ \text{W}=6\ 890\ \text{W}=6.89\ \text{kW}<6.9\ \text{kW}$$

2.4.2　光伏方阵组合、排布设计与间距计算

光伏方阵也称光伏阵列，英文名称为“Solar Array”或“PV Array”。光伏方阵是为满足高电压、大功率的发电要求，由若干个光伏组件或若干子方阵通过串、并联连接，并通过一定的机械方式固定组合在一起。光伏组件通过串、并联组合构成方阵，还需要通过防反充二极管、旁路二极管、直流线缆等对光伏组件进行电气连接，还需要配专用的、带避雷器的直流汇流箱及直流防雷配电柜等。有时为了防止鸟粪等玷污光伏方阵表面而产生“热斑效应”，还要在方阵顶端安装驱鸟器。另外整个光伏方阵还要固定在光伏支架上，因此支架要有足够的强度和刚度，整个支架要牢固地安装在支架基础上。

1. 光伏方阵的串、并联组合

光伏方阵的连接有串联、并联和串、并联混合几种方式，如图 2-5 所示，大部分光伏发电系统方阵都是由串、并联混合电路构成的。

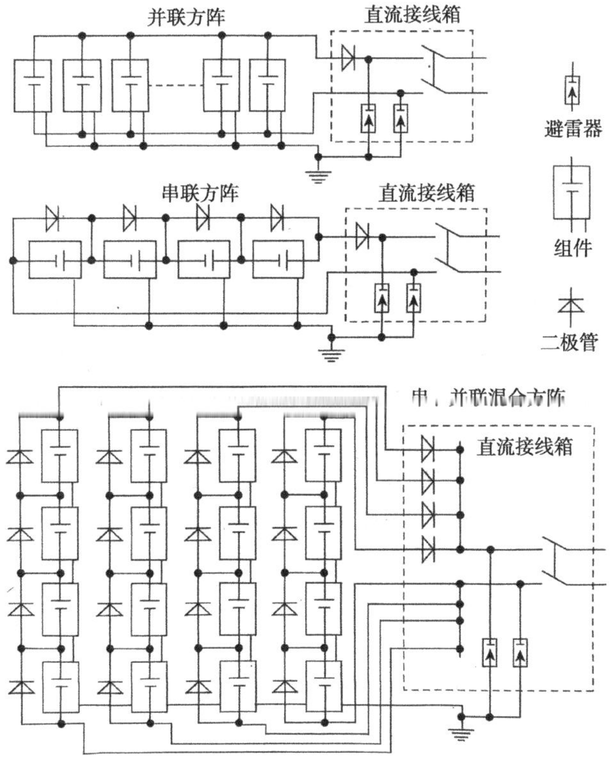

图 2-5　光伏方阵基本示意图

当每个单体的光伏组件性能一致时，多个光伏组件的串联连接，可在不改变输出电流的情况下，使整个方阵输出电压成比例地增加；而组件并联连接时，则可在不改变输出电压的

情况下,使整个方阵的输出电流成比例地增加;串、并联混合连接时,既可增加方阵的输出电压,又可增加方阵的输出电流。但是,组成方阵的所有光伏组件性能参数不可能完全一致,所有的连接电缆、插头/插座接触电阻也不相同,于是会造成各串联光伏组件的工作电流受限于其中电流最小的组件;而各并联光伏组件的输出电压又会被其中电压最低的光伏组件钳制。因此方阵组合会产生组合连接损失,使方阵的总效率总是低于所有单个组件的效率之和。组合连接损失的大小取决于光伏组件性能参数的离散性,因此除了在光伏组件的生产工艺过程中尽量提高光伏组件性能参数的一致性外,还可以对光伏组件进行测试、筛选、组合,即把特性相近的光伏组件组合在一起。例如,串联组合的各组件工作电流要尽量相近,每串与每串的总工作电压也要考虑搭配得尽量相近,最大程度地减少组合连接损失。因此,方阵组合连接要遵循下列几条原则:

(1)串联时需要工作电流相同的组件,并为每个组件并接旁路二极管;

(2)并联时需要工作电压相同的组件,并在每一条并联线路中串联防逆流二极管;

(3)尽量考虑组件连接线路最短,并用较粗的导线;

(4)严格防止个别性能变坏的光伏组件混入光伏方阵。

2. 光伏组件的热斑效应

当光伏组件的某一部分或光伏组串的某几块组件表面不清洁、有划伤、有泥沙沉积或者被鸟粪、树枝树叶、积雪、建筑物阴影、云层阴影、前后方阵之间阴影覆盖或遮挡时,被覆盖或遮挡部分所获得的太阳能辐射会减少,其相应电池片的输出功率(发电量)自然随之减少,相应组件的输出功率也将随之降低。由于整个组件的输出功率与被遮挡面积不是线性关系,所以即使一个组件中只有一片电池片被覆盖,整个组件的输出功率也会大幅度降低。如果被遮挡部分只是方阵组件串的并联部分,那么问题还较为简单,只是该部分输出的发电电流将减小,如果被遮挡的是方阵组件串的串联部分,则问题较为严重,一方面会使整个组件串的输出电流减少为该被遮挡部分的电流,另一方面被遮挡的电池片不仅不能发电,还会被当作耗能器件以发热的方式消耗其他有光照的光伏组件的能量,长期遮挡就会引起光伏组件局部反复过热,产生热斑,这就是热斑效应。这种效应能严重地破坏电池片及组件,可能会使组件焊点熔化、封装材料烧焦碳化,甚至会使整个组件寿命缩短或失效损坏。产生热斑效应的原因除了以上情况外,还有个别质量不好的电池片混入光伏组件、电极焊片虚焊、电池片隐裂或破损、电池片性能变坏等。

为了防止热斑效应对光伏组件的损伤以及对光伏发电系统发电效率的影响,在生产光伏组件时,都要在组件接线盒中各个电池串之间反向并联旁路二极管,对因各种阴影而无法正常发电的电池串或组件进行旁路导通,保证光伏发电系统基本正常发电。

3. 防反充二极管和旁路二极管

1)防反充二极管

防反充二极管也叫防逆流二极管,它的作用是在光伏方阵中,防止方阵各组串之间的电流倒送。这是因为各组串的串联输出电压不可能绝对相等,各组串电压会略有差异,或者某一组串因为故障、阴影遮蔽等使该支路的输出电压降低。高电压组串的电流就会流向低电压组串,甚至会使方阵总体输出电压降低。在各组串中串联接入防反充二极管就避免了这一现象的发生。防反充二极管一般安装在直流汇流箱的组串正极输入电路或逆变器直流输入电路中。

2)旁路二极管

当有较多的光伏组件串联组成光伏方阵或光伏方阵的一个支路时,需要在每块组件的正负极输出端反向并联1个(或2、3个)二极管,这个并联在组件两端的二极管就叫旁路二极管。

旁路二极管的作用是防止方阵串中的某个组件或组件中的某一部分被阴影遮挡或出现故障停止发电时,在该组件旁路二极管两端会形成正向偏压使二极管导通,组件串工作电流绕过故障组件,经二极管旁路流过,不影响其他正常组件的发电,同时也保护旁路组件避免受到较高的正向偏压或由于"热斑效应"发热而损坏。

旁路二极管也不是任何场合都需要的,当组件单独使用或并联使用时,是不需要接旁路二极管的。对于组件串联数量不多且工作环境较好的场合,也可以考虑不用旁路二极管。

4. 光伏方阵组合的能量损失

光伏方阵由若干的光伏组件及成千上万的电池片组合而成,这种组合不可避免地存在各种能量损失,归纳起来大致有这样几类。

(1)连接损失。因为连接电缆的本身电阻和接插件连接不良所造成的损失。

(2)离散损失。主要是因为光伏组件产品性能和衰减程度不同,参数不一致造成的功率损失。方阵组合选用不同厂家、不同出厂日期、不同规格参数以及不同牌号电池片等,都会造成光伏方阵的离散损失。

(3)串联压降损失。电池片及光伏组件本身的内电阻不可能为零,即构成电池片的PN结有一定的内电阻,造成组件串联后的压降损失。

(4)并联电流损失。电池片及光伏组件本身的反向电阻不可能为无穷大,即构成电池片的PN结有一定的反向漏电流,造成组件并联后的漏电流损失。

5. 光伏方阵的排布及间距计算

在光伏发电系统的设计中,光伏组件在支架的排列及各支架方阵在整个场区的排布设计都非常重要,既要结合整体安装容量、长期发电量及投资收益,还要考虑施工安装难易程度,线路走向及连接、维护和清洗的便利性等因素。

1)光伏组件在支架上的排列设计

在光伏方阵中光伏组件的排布有纵向排列和横向排列两种方式,如图2-6所示,根据安装现场环境的不同及光伏组件尺寸,纵向排列一般每列放置2~4块光伏组件,横向排列一般每列放置3~5块光伏组件。有些屋顶类项目,光伏方阵也有纵向单排或横向单排的情况。光伏组件采用纵向排列还是横向排列,对整个系统的发电量、支架用量和施工难度都有一定影响。当方阵光伏组件纵向排列时,如果组件最下面一排电池片不可避免地全部被前排方阵阴影遮挡时,阴影会同时遮挡组件的3个电池串,组件的3个旁路二极管会全部正向导通,将电池组串

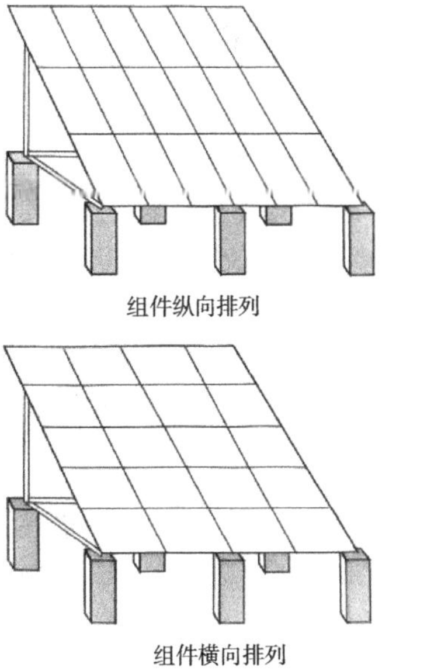

图2-6　光伏方阵组件排列示意图

短路,而使被遮挡的组件都不能发电。即便是3个旁路二极管没有导通,该组件产生的功率也会通过发热的形式消耗在被遮挡的电池片上,组件依然没有功率输出。当方阵光伏组件横向排列时,如果组件最下面一排电池片全部被阴影遮挡时,阴影只遮挡了1个电池串,则相应的旁路二极管导通,组件中另外两个电池组串仍然可以正常发电,组件还可以发出2/3的功率,如图2-7所示。所以当因场地紧张,方阵前后排间距无法调整时,或者在山地、坡地等不规则地区,光伏方阵采用横向排布的方式,可以获得更多的发电量。

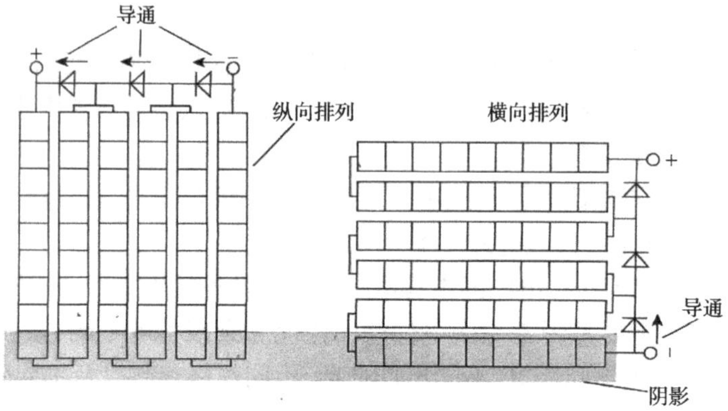

图2-7 组件排列阴影遮挡影响示意图

目前大多数发电系统都采用纵向排列的方式,这是因为纵向排列比横向排列安装施工更容易些。横向排列时,最顶端的光伏组件安装比较困难,影响施工进度。另外,横向排列时,光伏支架和基础的造价也会比纵向排列成本略高一些。

2)光伏支架的设计要求

当确定了光伏组件及外形尺寸,计算出了光伏组串的数量,以及方阵最佳倾角,光伏组件安装位置、安装方式等后,就可以进行光伏支架的选择和设计。光伏支架的设计要尽量结构简单、受力合理、牢固可靠、结实耐用,造价经济且便于施工,充分考虑承重,抗风,抗震,抗腐蚀等因素。光伏支架设计还应尽量减少焊接,优先采用铰接或螺钉固定组合连接,方便安装调节和移装拆除。

(1)屋顶类光伏支架设计要求。

屋顶类光伏支架的设计要根据不同的屋顶结构分别进行,对于瓦屋顶和彩钢板屋顶一般都设计成与屋顶斜面平行的支架,支架高度距屋顶面10 cm以上,以利于光伏组件的通风散热。也可以根据最佳倾斜角设计成前后前低后高的屋顶倾角支架,以满足光伏组件的太阳能最大接收量,如图2-8所示。

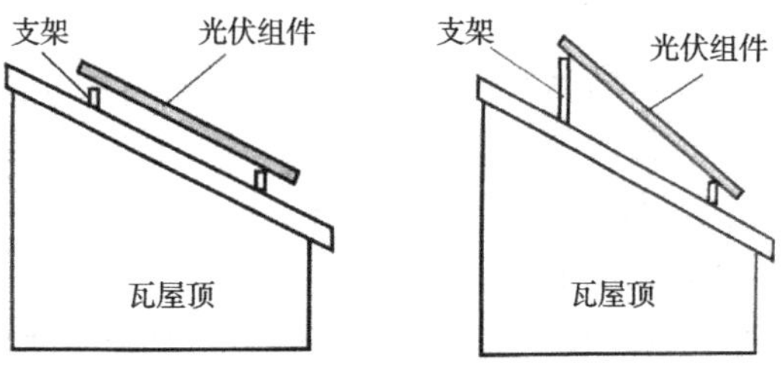

图2-8 屋顶类光伏支架设计示意图

平面屋顶一般根据屋面面积大小，可设计为全覆盖方式或者成排支架方式，无论哪种方式都要保证与屋面结构可靠连接，如把支架底座通过膨胀螺栓的方式直接固定在屋面楼板上，无法直接连接的，则需利用混凝土配重块的方式固定支架，这种方式要保证配重块符合当地最大风载量的要求。

（2）地面光伏支架的设计要求。

地面用光伏方阵支架可分为固定式、可调式和自动跟踪式等。地面安装的光伏支架要有足够的强度，满足光伏方阵静载荷（如积雪质量）和动载荷（如台风）的要求，保证方阵安全、牢固、可靠。支架应保证组件与支架连接牢固，要能抵抗 120 km/h 的风力而不被破坏。

支架设计时，为了能接收更多的地面反射辐照并考虑光伏方阵通风散热等因素，对于一般的应用场地，组件方阵下边缘离地面的高度最小不低于 0.5 m。主要考虑下面几个因素。

①要考虑当地最大积雪深度。

②高于当地发生洪水时的水位高度。

③防止下雨时泥沙溅到光伏组件表面。

④防止小动物的破坏。

⑤现场植物或荒草的生长高度。

无论是屋顶还是地面，光伏方阵的排布设计既要考虑光伏方阵前后排之间阴影的遮挡，还要考虑地面周边或建筑屋顶一些物体如树木、屋顶楼阁、电梯间等对光伏组件方阵的遮挡。在方阵排布时，除了要预留检修通道外，还要与周边的烟囱、排风机等保持足够的安全距离。前后排方阵之间的正常间距应该按照冬至日 9 点至 15 点时间段内，方阵前、后、左、右之间互不遮挡，周边物体对光伏方阵也没有遮挡为最佳，如果前后两组方阵之间的距离太小，前边的光伏方阵的阴影会把后面的光伏方阵部分遮挡。因此设计时要计算前后方阵之间的合理距离。假设光伏方阵的上边缘高度为 L_1，其南北方向的阴影长度为 L_2，太阳高度角为 A，方位角为 B，则阴影的倍率 R 为

$$R=L_2/L_1=\cot A\times\cos B$$

这个倍率也最好按冬至日这一天的数据进行计算，因为冬至这一天的阴影最长。例如，光伏方阵的上边缘的高度为 H_1，下边缘的高度为 H_2，则方阵之间的距离 M 为 $M=(H_1+H_2)\times R$。当纬度较高时，光伏方阵之间的距离应加大，相应地安装场所的面积也会增加。对于有防风要求的光伏方阵，为了减小受风面，增加抗风能力，可以根据实际情况适当降低光伏方阵的安装倾角。对于有防积雪措施的光伏方阵来说，其倾斜角度一般要增大，会造成光伏方阵的高度增加，为避免阴影的影响，相应地也会使光伏方阵之间的距离加大。

2.4.3　光伏系统发电量的计算

并网光伏发电系统的发电量计算要根据系统所在地的太阳能资源情况、系统设计、光伏组件转换效率、光伏方阵布置和各种环境条件和因素等确定后，按照下面介绍的方法计算。一是通过光伏方阵的计划占用面积计算系统的年发电量；二是通过光伏组件的安装容量计算系统的发电量，共有下列 3 个公式供参考。

1. 利用光伏方阵面积计算年发电量

年发电量（kW·h）=当地水平面年总辐射能[（kW·h）/m²]×光伏方阵面积（m²）×

光伏组件转换效率×修正系数

即 $E_p=HA\eta K$。

其中,光伏方阵面积不仅仅是指占地面积,也包括光伏建筑一体化并网发电系统占用的屋顶、外墙立面等。组件转换效率 η,根据生产厂家提供的光伏组件参数选取。

2. 利用光伏方阵安装容量计算年发电量

年发电量(kW·h)=当地水平面年总辐射能[(kW·h)/m²]×光伏方阵安装容量(kW)×修正系数

即 $E_p=HPK$。

3. 利用峰值日照时数计算年发电量

年发电量(kW·h)=当地年峰值日照小时数(h)×光伏方阵安装容量(kW)×修正系数

即 $E_p=TPK$。

4. 修正系数确定

上述三个公式,可以采用同样的修正系数,并根据具体情况进行选择。修正系数 $K=K_1K_2K_3K_4K_5K_6K_7K_8$。

K_1 为光伏组件类型修正系数。不同类型光伏组件的转换效率在不同辐照度、不同波长时会不同,该修正系数应根据光伏组件类型和技术参数确定,一般晶体硅光伏组件在不同的光照强度下,转换效率是个定值,所以系数一般取 1。

K_2 为灰尘遮挡玻璃及温度升高造成组件功率下降修正系数,一般取 0.9~0.95,该系数的取值与环境的清洁度、环境温度及组件的清洗方案等有关。

K_3 为光伏组件长期运行性能衰降修正系数,一般取 0.9。

K_4 为光伏方阵朝向及倾斜角修正系数,具体参数可参看表 2-3。同一系统有不同方向和倾斜角的光伏方阵时,要根据各自条件分别计算发电量。

表 2-3 光伏方阵朝向与地面的倾斜角的修正系数

组件朝向	太阳电池组件(方阵)与地面倾斜角			
	0°	30°	60°	90°
东	93%	90%	78%	55%
东南	93%	96%	88%	66%
南	93%	100%	91%	68%
西南	93%	96%	88%	66%
西	93%	90%	78%	55%

K_5 为光照利用率系数。有些光伏发电系统由于环境或地理条件因素,光伏方阵不可避免地会受到障碍物对太阳光的遮挡,或者光伏方阵之间的互相遮挡,造成对太阳能资源的充分利用有影响,因此光照利用率系数取值范围小于等于 1。当系统确保全年完全没有遮挡时,系数取 1;当系统能保证全年 9~16 点时段内无遮挡时,系数取 0.99。

K_6 为光伏发电系统可用率系数。光伏发电系统可利用率系数是指光伏发电系统因故障停机及检修所影响的时间与正常使用时间的比值，即 K_6=[8 760-（停机小时+ 检修小时）]/8 760，因光伏发电系统结构简单，设备部件可靠性高，一般很少出故障且维修方便，因此该系数一般取 0.99 以上。

K_7 为线路损耗修正系数，一般取 0.96~0.99。线路损耗包括光伏方阵至逆变器之间的直流线缆损耗、逆变器至配电柜、变压器或并网计量点的交流电缆损耗，以及升压变压器的空载、负载损耗。

K_8 为逆变器效率修正系数，一般取 0.95~0.98。也可根据逆变器生产商提供的欧洲效率参数确定。这里说的逆变器效率是指逆变器将输入的直流电能转换为交流电能在不同功率段下的加权平均效率。

2.4.4　光伏系统的容配比及超配设计

光伏发电系统的容配比是指光伏组件安装容量（功率）与逆变器交流额定输出容量（功率）之比，宏观说就是系统装机容量与交流并网容量之比，即容配比=系统安装容量/额定容量。其中，系统安装容量是指光伏组件的标称功率之和，单位为峰瓦（W_p）。额定容量指逆变器的交流额定有功功率之和，单位为瓦（W）。

在光伏组件与逆变器的配置设计中，我们一直按照光伏方阵容量与逆变器容量以 1∶1 的容配比进行设计，但在实际应用中，由于不同地区的太阳光照条件差异较大，再加上光伏系统组件功率的衰减、灰尘遮挡以及线路损耗的存在，为了最优化系统收益，有经验的设计工程师会把光伏组件的总容量配得比逆变器容量大一些，使系统的容配比大于 1∶1，这种情况被称为超配设计。适当的超配设计，将有利于提高系统的发电量，有利于提升系统的整体经济收益。国家能源局发布的《光伏发电系统效能规范》（NB/T 10394—2020）是我国首个正式下发的、全面放开容配比的规范，可以作为光伏系统组件容量超配设计时的主要参考依据。

1. 影响系统容配比的主要因素

合理的容配比设计，需要结合具体项目的情况综合考虑，其主要影响因素包括辐照度、系统损耗、组件安装角度等方面。

1）不同区域辐照度不同

我国太阳能资源分为四类地区，不同区域辐照度差异很大。即使在同一资源地区，不同的地方全年辐射量也有较大差异。例如同是 1 类资源区的西藏噶尔地区和青海格尔木地区，噶尔地区的全年辐射量为 7 998 MJ/m²，比格尔木地区的 6 815 MJ/m² 高 17%，意味着相同的系统配置，即相同的容配比下，噶尔地区的发电量比格尔木地区高 17% 。若要达到相同的发电量，可以通过改变容配比来实现。

2）系统损耗

在光伏发电系统中，能量从太阳辐射到光伏组件，经过直流电缆、汇流箱、直流配电箱等到达逆变器，当中各个环节都有损耗。如图 2-9 所示，直流侧损耗通常在 7% ~12%，逆变器损耗约 1%，总损耗约为 8%~13%（此处所说的系统损耗不包括逆变器后面的变压器及线路损耗部分）。也就是说，在组件容量和逆变器容量相等的情况下，由于客观存在的各种损耗，逆变器实际输出最大容量只有逆变器额定容量的 90%左右，即使在光照最好的时候，逆变器也没有满载工作,从而降低了逆变器和系统的利用率。

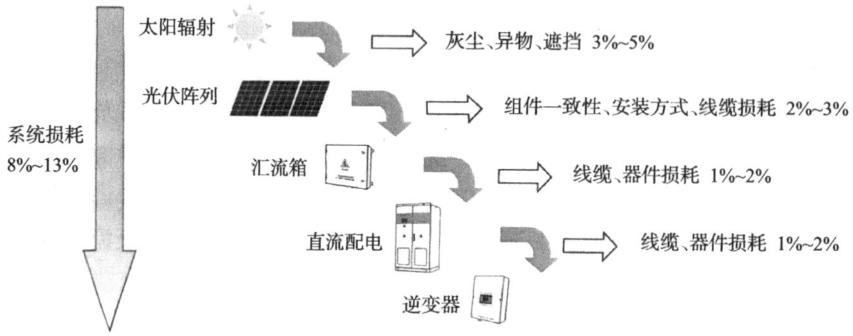

图 2-9 光伏系统各环节损耗构成示意图

3)组件安装角度

不同倾斜角安装的组件所接收到的辐照度不同,如某些分布式屋顶多采用平铺的方式,则在使用相同容量的组件时,实际输出容量比有一定倾斜角的要低一些。

2. 组件超配设计的方式

提高组件容配比分为补偿超配和主动超配两种方式,补偿超配就是通过提高组件容量,补偿各种原因引起的系统损耗,使光伏方阵的实际输出最大容量能满足逆变器按最大输入功率满负荷工作的需要。主动超配就是在进行了补偿超配的基础上,进一步提高光伏方阵的容量,提高光伏系统满载工作的时间。当然主动超配时,逆变器系统在中午光照较好时段可能会发生一定时间内的限功率运行,但整个光伏系统在寿命周期运行中可使 LCOE(度电成本)达到最低值,即收益最大化。

1)补偿超配

由于光伏系统中的系统损耗客观存在,通过适当提升组件配比,补偿能量在传输过程中的系统损耗,使得逆变器可达到满功率工作的状态,这就是光伏系统补偿超配方案设计思路。

2)主动超配

在补偿超配使得逆变器部分时间段达到满载工作后,继续增加光伏组件容量,通过主动延长逆变器满载工作时间,在增加的组件投入成本和系统发电收益之间寻找平衡点,实现 LCOE 最小,这就是光伏系统主动超配方案设计思路。

在主动超配的情况下,由于受到逆变器额定功率的影响,在组件实际功率高于逆变器额定功率的时段内,系统将以逆变器额定功率工作;在组件实际功率小于逆变器额定功率的时段内,系统将以组件实际功率工作。最终所产生的系统实际发电量曲线可能将出现“削顶”现象。

采用主动超配方案设计,系统会存在部分时间段内处于限发工作,此段时间内逆变器控制组工作偏离实际最大功率点。但是,在合适的容配比值下,系统整体的 LCOE 是最低的,即收益是增加的。

补偿超配、主动超配与 LCOE 的关系是: LCOE 随着容配比的提高不断下降,在补偿超配点,系统 LCOE 没有到达最低值,进一步提高容配比到主动超配点,系统的 LCOE 达到最低。再继续提高容配比后，LCOE 则将会升高。因此，主动超配点是系统最佳容配比值。

3. 超配设计对逆变器的要求

1）逆变器需要有良好的散热能力

由于组串逆变器主要应用于屋顶及山地等复杂环境分布式电站，环境温度高，散热条件相对较差，特别是夏天受光照热辐射，会导致彩钢瓦或水泥屋顶环境温度比地面电站至少要高 10 ℃。在此类场景下，提高容配比会导致逆变器满载及过载的运行时间加长，因此逆变器需要具备良好的、可靠的热管理能力。高效的散热能力是逆变器稳定、不降额运行的保障。在选择逆变器时，散热方式的选取上也需要慎重，实际测试表明，对于几十 kW 的电力电子设备，长期工作在满载状态下，智能风扇散热效果更优。

2）逆变器需要有更强的过载能力

一方面，当组件可输出能量在扣除直流侧线损之后，仍然大于逆变器的额定功率，具备过载能力的逆变器，可以尽可能地减少限发时间，减少发电量损失。另一方面，随着越来越多的用户使用逆变器替代电站的 SVG 功能，具备过载能力的逆变器可以在响应无功调度的同时，输出超过额定容量的有功功率。

提高容配比，可以把逆变器的性能和光伏发电系统的整体效率发挥到最佳。当然也要考虑提高发电效率产生的收益与增加设备投入之间的优化平衡。

对于组件方阵朝向各异的山地光伏电站，以及屋顶情况复杂的分布式光伏电站，当有些组件方阵不朝向正南时，倾斜角度不是最佳倾角时，都可以结合实际情况灵活进行超配设计。

2.5　并网系统的电网接入设计

2.5.1　并网要求及接入方式

1. 并网要求

1）对并网点的要求

分布式光伏发电系统根据容量及并网电压等级要求，可以实施单点并网或多点并网，并网点要设置在易于操作、可闭锁且具有明显开断点的位置，以确保电力设施检修维护人员的人身安全。

2）系统接入功率

分布式光伏发电系统接入电网功率应根据接入电压等级、接入点实际情况控制。具体能够接入多大功率要根据电网实际运行情况、电能质量控制、防孤岛保护等方面进行论证。对于接入公共电网，接入的总容量要控制在所接主变、配变接入侧线圈额定容量的 80 %以内。T 接方式接入 10/20 kV 公用线路的光伏系统，其总容量宜控制在该线路最大输送容量的 30%以内。

2. 电压等级

光伏发电系统接入电压等级的确定，既要满足地区电力网络的需要，也要根据光伏电站的容量、规划、一次性投资和长期运营费用等因素综合考虑。光伏发电并网电压接入等级可根据装机容量进行初步选择，一般 8 kW 及以下容量可接入 220 V 电网；8~400 kW 可接入 380 V 电网；400~6 000 kW（6 MW）可接入 10 kV（20 kV）电网：5 000 kW（5 MW）~30 000 kW（30 MW）可接入 35 kV 电网。总之，光伏发电接入电压等级应根据接入电网的要求和光伏发电站的安装容量，经过技术经济比较后，结合下列条件选择确定。

（1）光伏发电站安装总容量小于等于 1 MW 时，如果能以自发自用就地消纳为主，并网电量基本不上网，可采用 0.4 kV 电压等级，不能就地消纳时，也可采用 10 kV 等级。总容量小于等于 1 MW 的光伏电站，大多数是分布式电站，当自发自用能就地消纳，并网电量基本不上网时，为降低造价和运营费用，优先采用 0.4 kV 等级单点或多点并网。

（2）光伏电站安装总容量大于 1 MW，在 30 MW 以内时，可以根据情况采用 10~35 kV 电压等级。母线电压在 10 kV、20 kV 和 35 kV 3 种等级中选择，主要取决于其综合技术经济效益和光伏电站周边电网的实际情况。

3. 并网接入方式

我国的电网形式有 TN-S、TN-C、TN-C-S、TT 和 IT 等 5 种，如图 2-10 所示，光伏发电系统并网接入时，要根据不同的电网形式对光伏逆变器的交流输出形式做相应匹配或内部设置调整。对于 TT 类的电网形式，在光伏逆变器接入并网时，零地电压有效值必须小于 20 V。

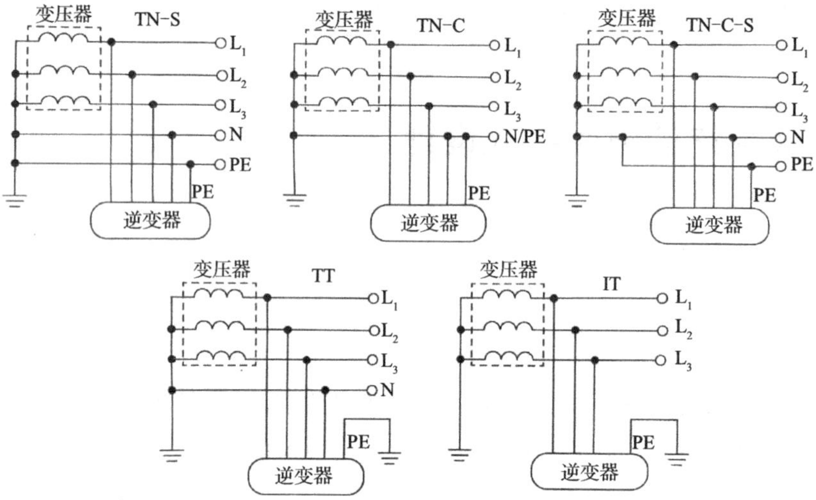

图 2-10　5 种电网形式

光伏发电系统接入电网一般有专线接入方式、T 接接入方式和用户侧接入方式 3 种，如图 2-11 所示。

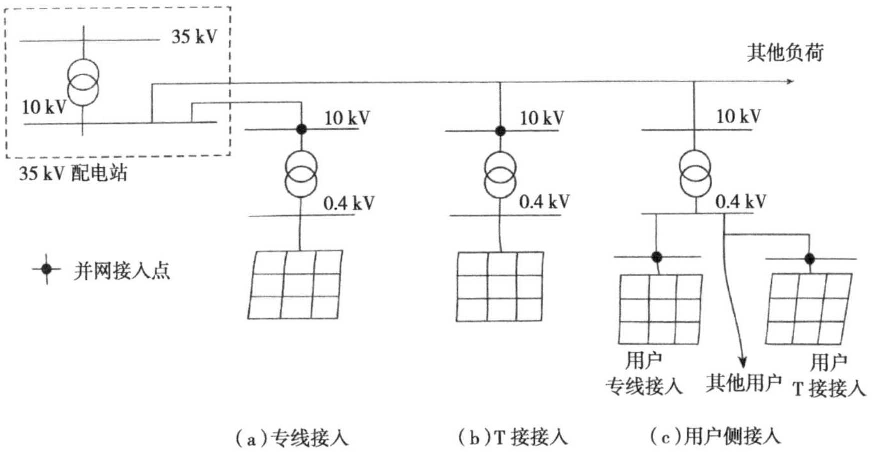

图 2-11　电网接入方式示意图

4. 并网接入线缆导线截面选择

光伏发电系统并网接入导线截面积的选择应遵循以下原则。

(1)光伏发电并网接入导线截面积选择需根据所要输出的容量、并网电压等级选取,并考虑光伏发电系统发电效率等因素。

(2)光伏发电并网接入导线截面积一般按持续极限输送容量选择。

(3)应结合并网地配电网规划与建设情况选择适合的导线。一般 380 V 并网线缆可选用 70 mm^2、120 mm^2、150 mm^2、185 mm^2、240 mm^2 等截面积;10 kV 并网线缆可选用 70 mm^2、185 mm^2、240 mm^2、300 mm^2 等截面积:10 kV 架空线缆可选用 70 mm^2、120 mm^2、185 mm^2、240 mm^2 等截面积:20 kV 架空线缆可选用 185 mm^2、240 mm^2、300 mm^2 等截面积。

2.5.2　并网计量电能表的接入

1. 电能计量接入要求

光伏发电系统要在发电侧和电能计量点分别配置、安装专用电能计量装置,电能计量装置要校验合格,并通过电力公司认可或发放投入使用。光伏发电系统接入电网前,应明确上网电量和使用电网电量的计量点,计量点原则上设置在产权分界的光伏发电系统并网点。每个计量点都要装设电能计量装置,其设备配置和技术要求要符合 DL/T 448—2000《电能计量装置技术管理规程》以及相关标准和规范等。

中型以上光伏电站的同一计量点应安装同型号、同规格、同精确度的主、副电能表各一套,主、副表应有明确的标识。

电能表一般采用静止式多功能电能表,技术性能符合 DL/T 614—2007《多功能电能表》的要求,至少应具备双向有功和四象限无功计量功能、事件记录功能,要配置有标准通信接口,具备本地通信和通过电能信息采集终端远程通信的功能。

图 2-12 和图 2-13 所示为光伏发电自发自用、余电上网和全额上网系统接入示意图,单相、三相余电上网和单相、三相全额上网系统接入示意图,供设计时参考。

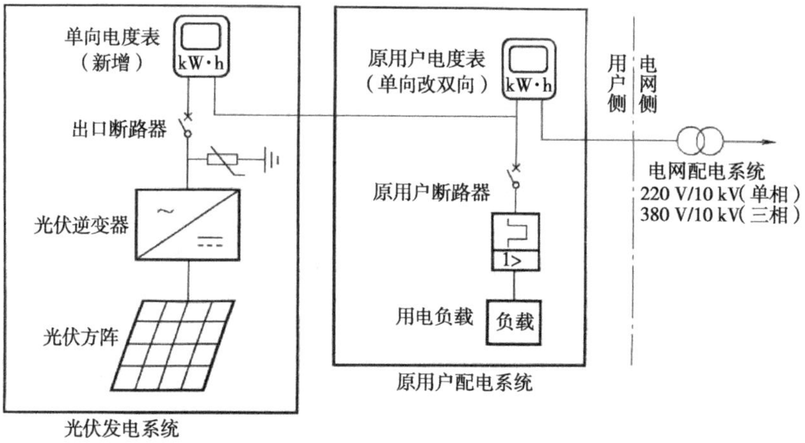

图 2-12　自发自用、余电上网系统计量表接入示意图

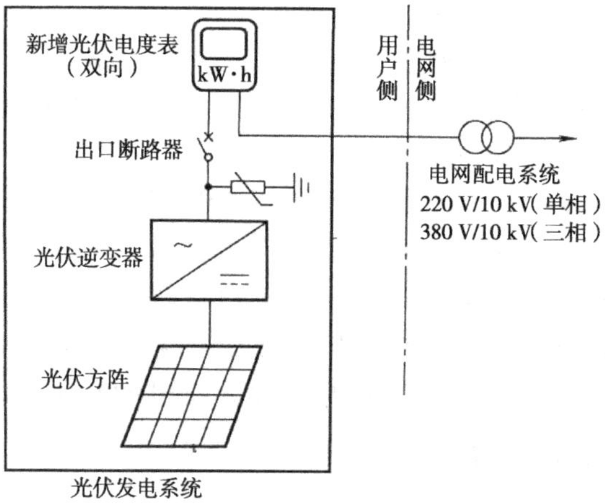

图 2-13　全额上网系统计量表接入示意图

2. 电能表接线方式

（1）对于低压供电，负荷电流在 50 A 及以下时，宜采用直接接入式电能表；负荷电流在 50 A 以上时，宜采用经电流互感器接入式的接线方式。

（2）接入中性点绝缘系统的电能计量装置，应采用三相三线有功、无功电能表。接入非中性点绝缘系统的电能计量装置，应采用三相四线有功、无功电能表或 3 只感应式无止逆单相电能表。

（3）接入中性点绝缘系统的 3 台电压互感器，35 kV 及以上的宜采用 Y/y 方式接线；35 kV 以下的宜采用 V/v 方式接线。接入非中性点绝缘系统的 3 台电压互感器，宜采用 Y_0/y_0 方式接线，其一次侧接地方式和系统接地方式相一致。

（4）对三相三线制接线的电能计量装置，其 2 台电流互感器二次绕组与电能表之间宜采用四线连接。对三相四线制连接的电能计量装置，其 3 台电流互感器二次绕组与电能表之间宜采用六线连接。

图 2-14 是几种电能表内部接线图。

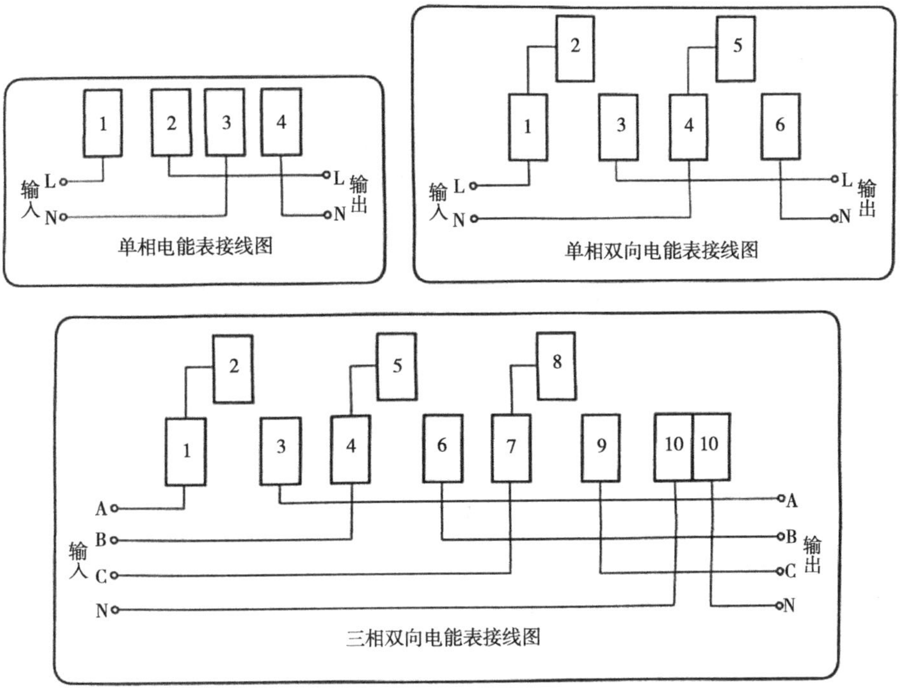

图 2-14　几种电能表的内部接线图

2.6　分布式家用光伏方案典型设计

分布式家用光伏是指 10 kW 以下，安装在家庭屋顶，通过 220 V 并网或者 380 V 并网的项目，大部分采用自发自用余量上网的方式，最大装机容量为上一级变压器容量的 25%。

2.6.1　场地和材料的选择

1. 选择合适的安装场地

家庭屋顶一般采用瓦片结构和水泥结构，安装方在推销光伏或者接到用户申请时，要去现场考察，因为并不是每家屋顶都适合安装光伏。首先要确定屋顶的承载量能不能达到要求，太阳能电站设备对屋顶的承载要求大于 30 kg/m^2，一般近 5 年建的水泥结构的房屋都可以满足要求，而 10 年以上的砖瓦结构的房屋就要仔细考察了，其次要看周围有没有阴影遮挡，即使是很少的阴影也会影响发电量，如热水器、电线杆、高大树木等，公路旁边及房屋周边工厂有排放灰尘的，组件容易被玷污，影响发电量。最后要看屋顶朝向和倾斜角度，组件朝南并在最佳倾斜角时发电量最高，如果朝北则会损失很多发电量。

2. 选择合适的光伏组件

光伏组件有多晶硅、单晶硅、薄膜三种技术路线，各种技术都有优点和缺点。在同等条件下，光伏系统的效率只和组件的标称功率有关，和组件的效率没有直接关系。组件技术成熟、国内一线和二线品牌的组件生产厂家质量都比较可靠，客户需要选择可靠的渠道去购买。光伏组件有60片电池和72片电池两种，分布式光伏一般规模小，安装难度大，所以推荐用60片电池的组件，尺寸小，质量轻，安装方便。

3. 选择合适的支架

根据屋顶的情况，可以选择铝支架、C型钢支架、不锈钢支架等，并考虑光伏支架的强度、系统成本、屋顶面积利用率等因素。在保证系统发电量降低不明显的情况下（降低不超过1%），尽可能降低光伏方阵倾斜角度，减少受风面以增加支架强度，减少支架成本，提高有限场地面积的利用率。漏雨是安装光伏电站过程中需要注意的问题，做好防水工作，光伏电站才安全。光伏支架安装在屋顶支撑着组件，连接着屋顶。它的设计多采用顶上顶的方式，不会对屋面原有防水进行穿孔、破坏。压块采用预制构件，不用现场浇筑，可以避免太阳能支架安装对屋面防水层的硬性破坏。

4. 光伏方阵串并联设计

分布式光伏发电系统中太阳能电池组件电路相互串联组成串联支路。串联连线用于提升直流电压至逆变器电压输入范围。应保证太阳能电池组件在各种太阳辐射照度和各种环境温度工况下，都不超出逆变器电压输入范围。

5. 电缆的选择

在家用光伏系统中建议采用铜电缆。因为光伏组件MC4接头，光伏逆变器输出接线端子，并网开关的接线端子都是用铜芯做的，如果用铝线，铜铝直接连接，就会形成一种化学电池即电化学腐蚀。这样就会引起铜铝之间接触不良。当有电流流过时，将使接头部位温度升高，而温度升高更加速了接头腐蚀，增加了接触电阻，造成恶性循环，直至烧毁。逆变器的输出防水接头，其线径也是按铜线来设计的，如果采用铝线则需要大一型号的线。

2.6.2 3 kW户用光伏发电系统配置设计方案

常用家用光伏系统，单相一般是3~8 kW，三相一般是4~10 kW。在条件允许的情况下，推荐使用三相并网，因为在同等条件下，三相并网比单相并网投资少，发电量高。

3 kW并网光伏发电系统是家庭用户屋顶最常用的系统配置，3 kW系统配置的光伏组件一般选用最大发电功率265 W、270 W或275 W的多晶硅光伏组件12块串联构成一串光伏组串，送入光伏逆变器两个端口中的任意一对端口。所以3 kW光伏发电系统实际容量根据所选用光伏组件最大发电功率的不同分为3.18 kW、3.24 kW或3.3 kW。

1. 系统配置及线路连接

3 kW光伏发电系统设备、材料配置一览见表2-4。

表2-4　3 kW光伏发电系统设备、材料配置表

序号	名称	规格型号	单位	数量
1	光伏组件	多晶硅组件（265 W、270 W、275 W）	块	12
2	组串逆变器	与系统容量相配套（3 kW、5 kW）	台	1
3	并网配电箱	含：小型空开32 A 2P 2只；过欠压保护器220 V 1只；浪涌保护器20 kA 2P 1只；刀闸开关60 A 1只	台	1
4	支架	与屋顶结构相配套	套	1

续表

序号	名称	规格型号	单位	数量
5	光伏直流线缆	PV1-F 1×4 mm²	米	40
6	组串连接器	MC4	对	4
7	数据采集棒	直插式 WiFi 或 GPRS 传输	只	1
8	交流线缆	ZR-YJVR 3×4 mm²	米	20
9	接地线缆	BVR 1×4 mm²	米	10
10	接地线缆	BVR 1×16 mm²	米	40
11	接地扁钢	镀锌扁钢,40×4(mm),长 6 m	根	4
12	接地极	镀锌角铁,L50×50×5(mm),长 2.5 m	根	2
13	线缆槽	50 mm×25 mm,铝合金线槽	米	20
14	PVC 管	ϕ25/30 mm	米	40
15	其他辅材	膨胀螺栓、扎带、管槽固定件、铜鼻子等	按需配置	

3 kW 光伏发电系统的线路连接如图 2-15 所示。

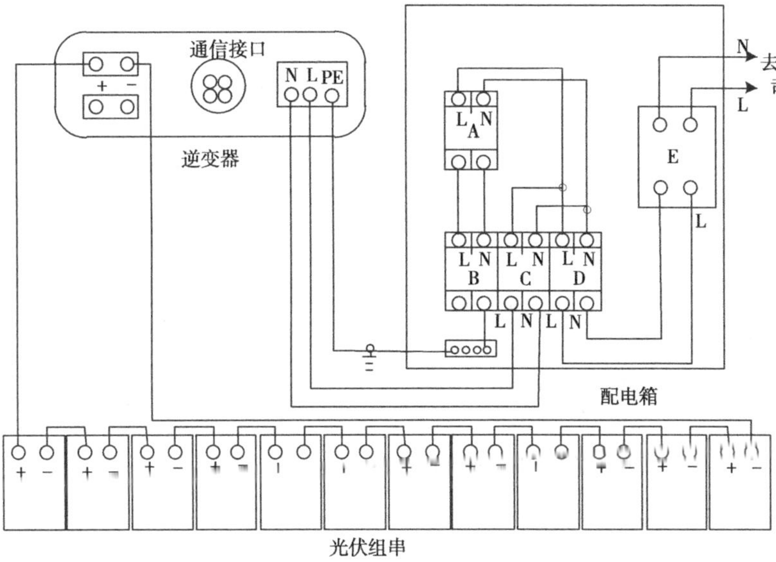

图 2-15　3 kW 光伏发电系统线路连接示意图

2. 系统计量方案

家庭分布式光伏发电以自发自用、余电上网的方式为主,其电能计量要求设置两套电能计量装置,实现光伏发电量、上网电量和用户用电量的分别计量,其计量接线方式如图 2-16 所示。其中电能表 2 需要选择支持正反向计量功能,具备电压、电流、功率、功率因数等的测量和显示功能。光伏系统总发电量由电能表 1 进行计量,用户使用电量和余电上网电量由电能表 2 进行计量,那么用户自发自用电量=总发电量−余电上网电量。

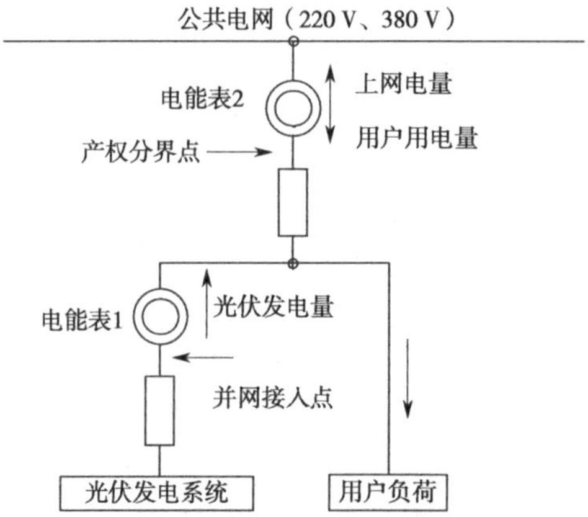

图 2-16　家庭分布式光伏发电计量接线方式

3. 并网配电箱配置

用户光伏发电系统都需要配置一套并网配电箱，并网配电箱一般有两种，如图 2-17 所示，一种是带电能表位置的配电箱。电力公司只需要在并网时直接将电能表安装在已有的配电箱内，进行并网连接；另一种配电箱是没有电能计量表位置的，电力公司在并网时还要安装一个包含计量电能表及必要的断路器等装置的配电箱与现有配电箱连接并网。

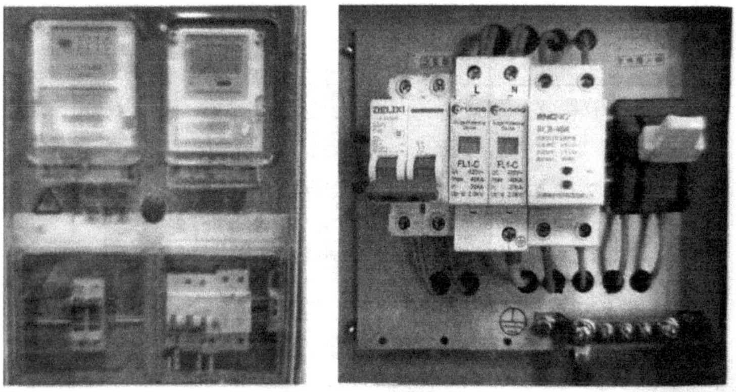

图 2-17　户用光伏发电系统配电箱实体图

4. 对并网断路点的要求

（1）分布式电源并网点应安装易操作、具有明显开断指示、具备开断故障电流能力的断路器。断路器可选用微型、塑壳型或万能断路器，要根据短路电流水平选择设备开断能力，并应留有一定余量。

（2）分布式电源以 380/220 V 电压等级接入电网时，并网点和公共连接点的断路器应具备短路速断、延时保护功能和分励脱扣、失电压跳闸及低压闭锁合闸等功能，同时应配置剩余电流保护功能。

习题

1. 光伏发电系统设计的内容主要包括哪些？

2. 在设计光伏发电系统和进行系统设备的配置、选型之前，对于离网系统，如何考虑用电负载的特性和用电负荷？

3. 如何解释日照强度及辐射量？

4. 设计离网光伏系统时，要综合考虑各种相关因素，并要格外注意哪些问题？

5. 光伏组件串联时，输出电流、输出电压和输出功率的大小分别与组件有何关系？

6. 光伏组件的输出电压和输出功率具有什么特性？

7. 什么是 MPPT？

8. 光伏组件串联后的最大和最小工作电压与逆变器的 MPPT 电压之间存在什么关系？

9. 光伏组串的并联匹配主要依据哪些参数确定？

10. 在设计光伏组串的串并联接入时，应遵循哪些原则？

11. 方阵组合连接要遵循哪些原则？

12. 什么是光伏组件的热斑效应？

13. 在生产光伏组件时，为什么要在组件接线盒中各个电池串之间反向并联旁路二极管？

14. 屋顶类光伏支架设计要求应满足哪些要求？

15. 光伏系统的年发电量的计算有哪些方法？

16. 在光伏发电系统中，能量从太阳辐射到光伏组件，经过直流电缆、汇流箱、直流配电箱等到达逆变器，当中各个环节的损耗主要有哪些？

17. 超配设计对逆变器的要求有哪些？

18. 光伏发电系统接入电压等级的确定与哪些因素有关？

19. 我国的电网形式有哪几种？ 各有什么不同？

第三章　分布式光伏电站前期工作

3.1　敏感因素分析

在“碳中和”“碳达峰”的背景下，光伏发电产业受到国家和地方层面政策的大力支持，技术更新快，成本不断下降，处于快速发展阶段。我国太阳能资源丰富，但可用于建设光伏项目的城镇土地资源稀缺，因此以建筑物屋顶为建设场地的屋顶分布式光伏发电站产业迅速发展。分布式光伏项目相对集中式光伏电站更贴近电力用户，节省输配电成本，提高能源效率。自 2013 年以来，国家为推进分布式发电项目的发展，相继颁布了加大电量补贴、简化审批程序、创新金融服务、减免部分税收等政策，以积极支持分布式光伏项目的应用。

在实际项目前期开发过程中，还存在着诸多问题，如屋顶产权纠纷、业主稳定用电难、电费计算结算收费难、合同能源管理履约难、屋顶业主倒闭、前期工作不深入导致项目投资收益不达预期等问题。通过对分布式光伏项目前期影响因素的分析研究，提出对开发分布式光伏项目时着重需要考虑的主要商务注意事项，对当前分布式光伏电站的建设成本、经济效益和项目敏感性因素进行了探讨，以期为投资者在项目的前期开发和投资决策时提供参考。

3.1.1　光伏项目电价构成

分布式光伏项目可采用“自发自用，余电上网”和“全额上网”两种并网模式，每种模式的电价构成也不一样。根据 2022 年 4 月 8 日，国家发展改革委价格司发布的《关于 2022 年新建风电、光伏发电项目延续平价上网政策的函》，2022 年，对新核准陆上风电、新备案集中式光伏电站和工商业分布式光伏项目，延续平价上网政策，上网电价按当地燃煤发电基准价执行。因此，3 种不同的并网模式电价构成如下。

（1）“自发自用，余电上网”并网模式电价分两部分：“自发自用”电量电价=用户电价（与用户商定价格）+省/市/县级度电补贴；“余电上网”电量电价=当地燃煤发电基准电价+省/市/县级度电补贴。如图 3-1 所示。

图 3-1　“自发自用，余电上网”模式

（2）"全额上网"并网模式电价比较简单，即上网电价=当地燃煤发电基准电价+省/市/县级度电补贴。如图 3-2 所示。

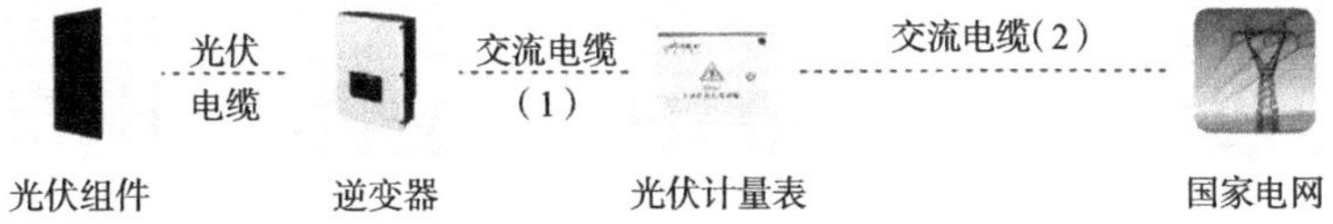

图 3-2　"全额上网"模式

由不同光伏并网模式的电价构成可知，影响光伏电量电价的因素有以下几个方面。①分布式光伏项目的并网模式。多数情况下，"自发自用，余电上网"并网模式电价最高，"全额上网"电价最低。"自发自用，余电上网"模式由于直接在用户侧并网，建设成本要比"全额上网"模式低，因此，建议尽量采用"自发自用，余电上网"的并网模式；②地方光伏补贴政策。近几年光伏发电技术有了快速的发展，光伏系统成本持续下降，光伏发电成本已基本具备平价上网的条件。自发自用和余电上网模式结算流程见表 3-1。

表 3-1　两类模式下结算流程

两类模式下结算流程		
结算流程	自发自用	余电上网
结算双方	用电企业&光伏电站持有方	光伏电站持有方&电网公司
结算方式	用电企业向光伏电站持有方支付电费，光伏电站持有方向用电企业开具发票，税率 13%	光伏电站持有方向电网公司开具发票，电网公司向光伏企业支付电费。供用电协议，一般是三方协议
结算周期	一般为每个月结算	双方可协商
抄表时间	一般为每个月月底，逆变器停机后	一般为每个月月底
抄表方式	一般为人工抄表，也可采用双方认可的远程抄表方式	电网公司后台远程抄表，每个月月初 10 号之前出数（光伏户号相关联）
确认方式	抄表后，生成电费结算单，双方签字确认无误后支付费用，开具发票	电网公司一般不会主动发送上网电量结算单，需要电话联系获取数据或者到营业厅索取电费单

3.1.2　太阳辐照资源分析

太阳辐照是光伏发电的基础，决定了光伏发电项目的发电量。中国气象局正式发布《中国风能太阳能资源年景公报（2022 年）》（以下简称《公报》）。《公报》由中国气象局风能太阳能中心组织编制，全面分析了 2022 年全国风能太阳能资源情况和相对于近 10 年、30 年平均资源量的变化情况。整体上，我国属太阳能资源丰富的国家之一，全国总面积 2/3 以上地区年日照时数大于 2 000 h。我国太阳能资源地区性差异较大，呈现西部地区大于中东部地区，高原、少雨干燥地区大，平原、多雨高湿地区小的特点。2022 年，全国平均年水平面总辐照量约 1 563.4 千瓦时/平方米，为近 30 年最高值，与近 30 年（1992 至 2021 年）平均值相比偏大 3%，较近 10 年平均值偏大 3.6%，较 2021 年偏大 4.7%。全国平均光伏发电年最佳斜面总辐照量约 1 815.8 千瓦时/平方米，较近 30 年偏大 2.3%，较近 10 年偏大 2.9%，较

2021 年偏大 3.8%。如图 3-3 所示。

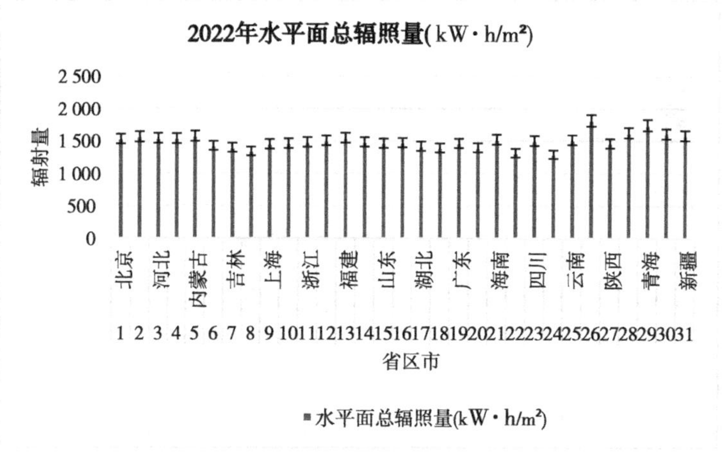

图 3-3 全国太阳能资源监测评估(数据来自中国气象局政府门户网)

根据以上数据分析可知,我国太阳能资源分布情况如下。

1. 全国平均年水平面总辐照量较常年偏大

2022 年,全国太阳能资源总体为偏大年景。全国平均年水平面总辐照量为 1 563.4 kW·h/m^2,为近 30 年最高值,较近 30 年平均值偏大 45.3 kW·h/m^2,较近 10 年平均值偏大 54.0 kW·h/m^2,较 2021 年偏大 70.0 kW·h/m^2。

2. 水平面总辐照量西部地区大于中东部地区

我国太阳能资源地区性差异较大,呈现西部地区大于中东部地区,高原、少雨干燥地区大,平原、多雨高湿地区小的特点。

根据我国太阳能资源总量等级划分标准,新疆大部、西藏、西北、西南西部、内蒙古大部、华北、华中大部、华东大部、华南大部地区年水平面总辐照量超过 1 400 kW·h/m^2,其中,西藏大部、青海中部及北部局部地区年水平面总辐照量超过 1 750 kW·h/m^2,为太阳能资源最丰富区;新疆大部、内蒙古大部、西北中部及东部、华北、华东、华南东部等地年水平面总辐照量 1 400~1 750 kW·h/m^2,为太阳能资源很丰富区;东北东部、四川东部、重庆、贵州、湖南西部、广西北部及东部等地年水平面总辐照量 1 050~1 400 kW·h/m^2,为太阳能资源丰富区。全国年水平面总辐照量几乎全大于 1 050 kW·h/m^2,基本无太阳能资源一般区。

3. 水平面总辐照量西部较常年偏小、东部偏大

全国年水平面总辐照量距平分布有地区性差异,总体来看,西部地区较常年偏小,东部地区较常年偏大。

与近 30 年水平面总辐照量平均值相比,新疆北部、西藏东南部、黑龙江、吉林、辽宁等地偏大,山西、陕西、山东等局部地区明显偏大,河北、北京、天津、陕西南部、山西、四川东部、重庆、云南北部、贵州、广西、湖南、湖北、河南、安徽、江西、广东、福建、浙江、江苏等地异常偏大。

新疆西南部及东部、青海中部及西部、四川西部、云南西部、内蒙古西部偏小;新疆南部、西藏西部、青海中部、内蒙古西北部明显偏小;西藏西部等地异常偏小。

从各省(区、市)分布来看,甘肃、内蒙古、宁夏、海南年水平面总辐照量与近 30 年均值较接近，云南、辽宁、黑龙江、吉林偏大，山东明显偏大，河北、山西、四川、北京、陕西、江苏、天津、上海、广西、河南、广东、浙江、福建、安徽、贵州、湖北、江西、湖南、重庆异常偏大，新疆、青海偏小，西藏明显偏小。

3.2 建设条件分析

3.2.1 工商业建筑资料

光伏项目建设所需的工商业建筑资料见表3-2。

表3-2 工商业建筑资料表

序号	名称	备注
1	营业执照复印件	
2	房产证复印件	项目备案
3	土地证复印件	
4	建筑施工图	项目设计
5	建筑结构图	建筑载荷分析
6	建筑电气图	项目设计

3.2.2 屋顶情况

对工商业屋顶的考察需注意以下几个方面。

（1）屋顶产权的明晰性和业主长期稳定的存续性。优先选择企业实力较强或行业发展前景好的业主进行合作，尽量避开有腐蚀性、油污气体及烟尘排放的屋顶建设，不在火灾风险等级为甲、乙类的厂房、仓库等屋顶建设。

（2）建筑物周围及屋顶上附属建筑物的阴影遮挡。如有遮挡，在组件排布设计时需排除阴影遮挡面积，设计标准为冬至日9点到15点，光伏阵列无阴影遮挡。

（3）屋面朝向，以朝南为最佳，日照时间最长，同等装机容量下，发电量最大。

（4）屋顶类型，可分为混凝土屋顶和彩钢瓦屋顶，混凝土屋顶通常采用最佳倾角安装，彩钢瓦屋顶一般沿屋面平铺。按最佳倾角安装则对太阳能辐照利用率最高，沿屋面平铺安装，则装机容量较大，可根据项目特征，优化安装方案。

（5）如果是彩钢瓦屋面，需观察彩钢瓦的使用年限，表面锈蚀情况，彩钢瓦的类型（主要有角驰型、直立锁边型、梯形等），根据彩钢瓦类型，设计导轨的安装方式。

（6）屋面防水。如果屋面有渗漏现象，应在安装组件导轨前，先做防水处理。

（7）根据屋面与并网点之间的相对位置，合理设计光伏电缆走向，优化电缆用量，减少传输损耗，节省建设成本。

（8）评估屋面荷载。混凝土屋面设计荷载一般在200 kg/m²，都能满足光伏系统的荷载要求。彩钢瓦屋面需根据建筑结构图重新核算载荷。

(9)厂房周边环境。厂房周边道路交通便利情况,是否有足够空间吊装光伏设备等。

3.2.3 企业配电情况分析

主要考察企业内部变压器容量和企业周边电网输送线路电压等级及线路接入容量,结合项目装机容量,确定最佳并网模式。

3.2.4 企业用电情况分析

拉取企业近一年用电清单,了解企业的用电量和电价水平,分析企业对光伏发电项目所发电能的消纳能力,探索光伏项目最佳收益率的运营模式。

3.2.5 相关规范、政策分析

屋顶分布式电站的发展,离不开国家相关政策的推动;反之,针对分布式光伏电站的政策调整必将对屋顶分布式光伏的建设产生重大影响。例如2016年8月1日国家出台的屋顶分布式电站结构国家标准就导致2017年新开发的电站每瓦成本增加0.3元以上。新屋顶分布式结构标准出台后,影响的不仅仅是电站建设成本,在法律责任以及保险理赔方 面也带来了巨大影响。在法律责任方面,自2017年新开发的屋顶分布式项目, 如果违反国家相关强制性标准的要求,在分布式光伏电站设计中不进行建筑可靠性鉴定,或者不遵循现行国家标准,即可能面临行政处分;如果因此造成质量安全事故,还会面临严重的行政处罚和刑事责任,相关企业负责人将会受到惩罚。

2017年新开发的分布式电站在保险理赔风险保障方面也进一步受到了影响,对于违反国家法律、行政法规中的禁止性规定、设计错误、原材料缺陷或工艺不善引起的损失和费用等将列为保险合同免责的事由,在发生事故后保险公司有权不予赔偿。

3.2.6 地方保护政策分析

尽管国家相关政策规定,地方不得出台针对光伏项目投资的地方保护政策,但在实际操作中,仍然有不少地方政府出台相关限制性政策。例如合肥市投资光伏电站项目,必须采购当地产品名录内的组件和逆变器,否则无法享受合肥市0.25元(kW·h)的度电补贴。

3.2.7 当地自然条件分析

调取项目所在地近5年大雪、大风、地震等气象数据,根据可能出现的异常天气现象,在项目建设和运维期间,采取相应的防范措施。对于沿海地区的屋顶分布式光伏项目,要充分考虑台风影响,增加光伏阵列和电气设备的防风等级。

3.3 分布式光伏电站的前期选址与项目申报

分布式光伏电站在设计和施工建设前需要进行一些前期的准备和考察工作,这些工作包括光伏电站项目地址的选择,项目现场的调查与踏勘,项目相关资料的收集整理,项目前期的可行性分析和申报等。

3.3.1 光伏电站项目的整体要求和相关条件

选择分布式光伏电站项目建设地址应根据国家可再生能源中长期发展规划和地区经济发展规划要求，结合项目建设当地自然条件、气候条件、接入电网条件、交通运输状况及周边规划与设施建设等因素综合考虑。在确定建设地址前，要对拟建项目地址的土地资源性质、地形地貌状态、水文地质条件、自然灾害因素、气候条件、电网接入条件、交通运输条件、周边环境影响、土地占用拆迁等因素进行调查和踏勘。屋顶类光伏发电系统还要对屋顶产权、屋顶建筑结构、屋顶承重能力等进行调查。

3.3.2 土地资源性质

在分布式光伏发电项目如地面电站、渔光互补、农光互补、林光互补、工商业屋顶等项目建设中，往往要涉及征地、土地租赁、设施屋顶租赁、建筑屋顶租赁等事项，在开始这些工作之前，有必要对土地资源的性质做一些了解。

土地根据所有权分为国家所有和集体所有两类。城市市区的土地属于国家所有。农村和城市郊区的土地，除由法律规定属于国家所有的以外，属于农民集体所有，宅基地和自留地、自留山，也属于农民集体所有。土地根据用途不同可分为农用地、建设用地和未利用地三类。农用地是指直接用于农业生产的土地，包括耕地、林地、园地、牧草地、农田水利用地、养殖水面等；建设用地是指建造建筑物、构筑物的土地，包括城乡住宅和公共设施用地，工矿用地，能源、交通、水利、通信等基础设施用地，旅游用地，军事设施用地等。建设用地是付出一定投资（土地开发建设费用），通过工程手段，利用土地的承载能力或建筑空间，为各项建设提供的土地。未利用地是指农用地和建设用地以外的土地，主要包括荒草地、盐碱地、沼泽地、沙地、裸土地、岩石地等。

分布式光伏电站建设所用土地一般应该是利用建设用地，也可以因地制宜地利用各种废弃土地、荒山荒坡、荒草地、盐碱地、沼泽地、沙地、滩涂、鱼塘、湖泊、煤矿沉陷区、农业大棚等作为分布式光伏电站的建设用地和场所。在电站建设中要节约用地，不破坏原有水系，做好植被保护，尽量减少土石方开挖量，减少房屋拆迁。在选择地址时要与当地政府土地局、林业和草原局、规划局、招商局等相关部门确认土地性质。另外最终确定的地址范围，还需要得到当地环保部门的环境评价认可。

为节约土地资源，大力发展分布式光伏发电产业，国家还鼓励对具备条件的建筑屋顶（含附属空闲场地）资源，屋顶面积大、用电负荷大、电网供电价格高的开发区和大型工商企业屋顶资源，火车站（含高铁站）、高速公路服务区、飞机场航站楼、大型综合交通枢纽建筑、大型体育场馆和停车场等公共设施的屋顶资源应充分加以利用。当然这些建构筑物占用的土地也应该有相应的合法手续，以保证不是非法建筑。

3.3.3 地形地貌及水文地质条件

光伏电站选择站址的地形地貌主要包括地形的朝向，坡度起伏程度，沟壑及岩壁等地表形态占可选地址总面积的比例，农田、林地等非建设用地与可选地址的交错情况，有无矿产和文物压覆的情况等，其主要选择要点如下。

（1）要选择在地势平坦的位置和北高南低的坡度位置，站址的东西方向坡度不宜过大。

(2)站址应避免选择在林木较多、地下线路较多的地方。

屋顶类光伏电站的建筑,主要朝向应该是南北朝向或接近南北朝向,要避开周边障碍物对光伏组件的遮挡。

(3)在选择站址时,还要充分考虑所选地域的水文地质条件,例如地质灾害隐患、冬季冻土深度、一定地表深度下的岩层结构及土质的化学特性以及防洪排涝状况等。

(4)山区要避开有山洪、泥石流、危岩、滑坡的地段和地震断裂带等地质灾害易发区。

(5)江河湖海边以及低洼地、滩涂内的光伏电站要注意有防洪设施,其堤坝高度要根据当地 30 年内历史最高水位加 0.5 m 的安全超高确定。

(6)容易有积水的地域,要根据积水深度加高光伏方阵支架的安装高度,并做好相应的排水设施,防止光伏支架和支架基础长时间在积水中浸泡。

(7)当光伏电站站址选择在煤矿采空区影响范围内时,还应进行地质灾害危险性评估,综合评价地质灾害危险程度,提出评价意见,采取相应的防范措施。

(8)地表形态和地表土质对光伏支架基础的形式、强度及施工方案设计都有影响。复杂的地表形态和岩层土质会造成基础土建的施工难度和成本增加。

(9)北方地区存在冬季冻土的现象,冻土层的深度、上冻和解冻特点对光伏支架基础施工有直接影响。

3.3.4 气候条件

对于光伏电站来讲,太阳能资源、空气质量、风力和积雪等各种气候条件都会对光伏电站的发电效率有直接的影响。

1. 太阳能资源

太阳能资源的数量一般以到达地面的太阳能总辐射量来表示,太阳能资源的丰富程度对光伏电站建成后的发电效率和投资收益率有着决定性的影响,我国把太阳能资源的分布划分为 4 类地区或者称 4 个等级。另外,电站选址应尽量选择开阔无遮挡的位置,在没有选择余地时,要采取措施尽量减少遮挡并对遮挡物对太阳能资源的影响进行估算。

2. 空气质量

空气质量因素包括空气透明度、空气中的尘埃悬浮量及空气中的盐雾含量等。当空气透明度低时,会造成太阳能辐射量因被反射和散射而下降,从而直接影响光伏电站的发电量。空气中的尘埃除了影响太阳能辐射量外,还会沉积在光伏组件表面,形成遮挡,严重时还会在组件表面形成难以清洗的沉积物,直接影响光伏组件的发电效率和长期的系统发电量。空气中的盐雾一是对金属光伏支架有腐蚀性,日积月累,会降低光伏支架的结构强度和减少使用寿命,二是极易在光伏组件表面形成盐分沉积,同样造成对光伏组件发电效率的影响。盐雾在沿海地区比较常见,在此类地区进行光伏电站选址,需要考虑防盐雾措施。

3. 风力和积雪

风力和积雪都是影响光伏支架设计强度的主要因素,在有灾害性风力的地域如沿海地区,要充分考虑台风的影响,不适宜建设光伏电站或增加相应的防风等级。在北方冬天有积雪的地区,特别是内蒙古东部和东北地区,要考虑光伏支架对过厚积雪的承载力。在光伏支架的设计计算中要计算光伏支架的固定载荷、风载荷和雪载荷。固定载荷主要承受光伏组件及支架等的自身质量。风载荷主要承受从光伏支架及组件前面或后面所受的风的压力,保证光伏支架不会因风力太大而弯曲、变形、倾倒,光伏组件不被刮跑。雪载荷主要承受积雪质量对光伏支架及组件或其他构筑物的压力。

3.3.5 电网接入条件

光伏电站的站址选择时应充分考虑电站达到规划容量时接入电力系统的出线条件。

落实当地电力系统的电力平衡情况和电网规划情况及光伏发电量的就近消纳情况,避免项目建成后的“弃光”“限电”情况发生,

落实站址附近的接入条件,尽可能以较短的距离、合适的电压等级接入附近的变电站。并对可用于接入系统的变电站的容量、预留间隔和电压等级等进行了解。

一般容量大些的分布式地面电站离可以用来接入电力系统的变电站都较远,会造成输电线路造价高和输电线路损耗大,是对电站建设投资经济性产生负面影响的两个因素,而接入电力系统电压等级高低与上述因素也有直接关系。

要初步了解站址建设的施工用电和电站用电的来源、方式和路线。

3.3.6 交通运输条件

在站址选择时要充分利用现有的道路交通条件,既要考虑施工时项目大型设备(如大功率逆变器、升压变压器等)运输进场的需要,还要考虑将来运行维护、检修时的交通便利。电站站址要尽可能选择在已有或已经规划的航空、铁路、公路、河流等交通线路上,这样可以减少交通运输的困难和投资,加快建设并降低运输成本。如在荒山荒坡等有些场合没有现成的道路利用或只有山间小路时,就要考虑修建道路的可行性和所需要的费用在电站整体投资中占的比重。当光伏方阵靠近主要道路布置时,还应考虑光伏组件表面玻璃光线反射对道路行车安全的影响。

3.4 光伏电站的站址踏勘与选择

近年来,随着光伏产业政策的推动,分布式光伏电站的建设正处于热火朝天、方兴未艾的状态。适合建设光伏电站的土地和屋顶资源也越来越少,光伏电站的选址工作也越来越受到重视。下面将讲述光伏电站站址踏勘与选择的工作步骤和工作内容。

3.4.1 站址踏勘的总体要求

光伏电站建设项目的站址踏勘,是为了查明准备建设地点的各种相关因素和条件而进行的沟通、询问、调查、观察、勘察、测量、测试、测绘、鉴定、研究和综合评价的工作。其目的是为光伏电站建设的站址选择和工程设计与施工提供科学、可靠的依据和基础资料。站址踏勘工作的深度和质量是否符合有关技术标准的要求,站址选择得是否合适,对光伏电站工程建设的质量和成本有直接影响,站址踏勘工作的总体要求如下。

站址踏勘是光伏电站工程建设第一位的工作,在光伏电站规划设计建设的整个过程中,必须坚持先踏勘、后设计、再施工原则。没有符合要求的站址踏勘数据资料,就不能确定具体站址区域或位置,更不能进行设计和施工。

站址踏勘阶段的划分应与设计阶段相适应。各阶段的内容和深度要求,应按照有关规范、规程及相关技术标准的规定,结合光伏电站工程建设的特点以及模拟电站的实际情况确定。

站址踏勘的方法和工作量,主要应依据工程类别与规模、踏勘阶段、站址工程地质复杂程度和研究状况、工程经验、建筑物和构筑物的等级及其结构特点、地基基础设计与施工的特殊要求等加以确定。

3.4.2 站址踏勘的步骤与内容

1. 站址踏勘的一般分为准备阶段、现场踏勘阶段、后续确认阶段 3 个步骤

1)准备阶段

从开始工作到进行现场踏勘之前为准备阶段,这一阶段的主要工作是收集已有资料,了解相关政策,与业主进行沟通,准备踏勘用具,制定踏勘提纲等。

2)现场踏勘阶段

由业主、建设方、设计方等相关人员组成踏勘小组,进行现场勘察。主要工作是现场调查、绘制草图、实景拍照、点位勘察测试、大致范围确定等。

3)后续确认阶段

这一阶段主要是确定经济合理的站址方案。要以拟建电站的主要要求及技术参数为依据, 进行资料分析,确定站址可用土地位置、面积和地形图,确定并网接入方案,确定运输路线,编制工程踏勘图表或踏勘结论报告等。对于地理环境、地质条件比较复杂的位置,站址踏勘可能需要反复进行。

2. 站址踏勘的主要工作内容

1)准备阶段

除屋顶式光伏电站外,地面类光伏电站的场址一般都在相对偏远的地方,去一趟现场往往比较耗费时间和人力,因此,在去现场之前一定要把准备工作做好。首先要跟业主进行简单沟通,了解业主之前做了哪些工作,业主的要求和想法,并了解几个问题:

(1)项目场址的具体地点,最好能有经纬度;

(2)场址面积大概多大,计划做多大规模;

(3)场址的大概地形地貌和水文地质条件;

(4)场址附近是否有可接入的升压变电站,多大电压等级,有无间隔等。

其次要了解当地政府在站址附近的建设规划和对光伏发电项目有没有相应的鼓励和补贴政策。所在地是否有建成的光伏电站项目,收益如何,是否有在建的项目,进展到什么程度等。如果可以的话,最好能做一个室内的宏观选址。如果业主能提供项目地点的经纬度,则利用卫星地图软件,看一下周边的地形地貌,对场址情况做到大概心中有数。再利用当地的太阳能资源数据,计算出拟建规模的发电量,并按大致的投资水平估算一下项目的收益情况后通报业主。最后,要准备踏勘设备、工具和软硬件。如手持 GPS 设备;装有卫星图片地图软件、高斯坐标转换软件和 CAD 的笔记本电脑,照相机等。

2)现场踏勘阶段

屋顶电站和平坦地面电站的现场踏勘相对比较简单,在此主要介绍山地场址现场踏勘需要注意的几个问题。

观察山体的山势走向，是南北走向还是东西走向？山体应是东西走向，必须有向南的坡度。另外，周围有其他山体遮挡的不予考虑。可以按两个山体距离高于山体高度 3 倍以上来粗略估计。

山体坡度大于 25° 的一般不考虑。山体坡度太大，后续的施工难度会很大，施工机械很难上山作业，土建工作难度也大，项目造价会大大提高。另外，未来的维护（清洗、检修）难度也会大大增加。同时，在这样坡度的山体上开展大面积的土方开发（如挖电缆沟等），可能水土保持审批就过不了。

目测基本地质条件。虽然准确的地质条件要做地质勘探，但基本地质条件可以大概目测一下，最好目测有一定厚度的土层。也可以从一些断层或被开挖的断面，看一下土层到底有多厚，土层下面是什么情况。如果目测到土层半米以下是坚硬的大石头，那将来基础的工作量就会特别大。有些情况是肉眼就可以看到的，比如有大块裸露岩石的地面一般不能用，否则平整工作量太大。

上述几个问题解决后，用 GPS 设备围着现场几个边界点打几个点，基本圈定站址范围。同时，要从各角度看一下站址内的地质情况。因为光伏站址需要面积很大，从一个边界点根本看不了全貌，很可能会忽略很多重要因素而给以后的建设施工造成麻烦。这些重要因素包括：沟壑、坟头、农民自己开荒的地、一两间快倒塌的小房子、羊圈和牛圈等。

3）后续确认阶段

（1）确定站址面积。将现场打的点在卫星图片地图软件上大致落一下，看一下这个范围内及其周围的卫星照片，同时测一下面积，大概估算一下可以做的容量。一般 1 MW 占地面积为 10 000~13 000 m^2（15~20 亩），山地面积利用率更低，占地面积更大，1 MW 占地面积甚至达到 24 000~30 000 m^2（40~45 亩）。

（2）确定可以接入的变电站。根据站址面积大致估计出规模以后，就要考虑用多高的电压等级送出。要调查一下，距离项目站址最近的升压变电站的电压等级、容量，最好能调查到该变电站的电气资料，确定一下是否有剩余容量可以使用。如果可以接入，要考察一下站址与变电站之间的距离以及输送路线，在输送路线中是否有铁路、高速公路、水库等影响线路输送的情况。输电线路的造价也很高，如果项目规模不大，送出距离又远，那投资收益率就可能很不理想。

（3）确定站址范围土地性质。上述工作都做好以后，就要去当地国土资源局、林业和草原局查一下站址范围的土地性质。这项调查是非常必要的。因为往往一块看中的站址土地哪里都好，土地性质很可能不合适。很多时候，往往看着是荒地，但在地类图里面是农田或者包含有农田。看着没有树，在地类图里面却是林地。如果调查不清楚就盲目开展后续工作，会造成很多无效劳动和人力物力浪费。

除了确定土地性质，最好还要和当地政府了解一下站址周边是否有建设规划，将来对电站是否造成影响。下面是站址踏勘中容易遇到的几个问题。

（4）站址实际可利用面积太小。在站址踏勘过程中，站在山头，遥望远方，看着好像一大片的都能用，但经过深入踏勘，打坐标点，实际一算，往往可利用面积却很小，这是最容易遇到的一个问题。

（5）地形地势不对。有句话叫“只缘身在此山中”。当置身山脚下时，虽然能看得清山体大致的走向，但是无法看清山体的全貌，实际上只能看清一小部分。因此，很多时候，觉得这个山坡就是朝南的，但是用卫星图片地图软件鸟瞰一下，却发现大部分是东南、西南方向，甚至有基本朝东或朝西的。另外，用卫星图片地图软件也可以看清整地的地貌，对宏观选址是非常有用的。

另外，有时候还需要在整个打点范围看一圈，看看是不是山外有山。如果山外有山，就很容易造成山体的遮挡。

不合适的丘陵地。一些小丘陵地，看似很平缓，实际全是一个个小山包，有的山包之间甚至有大沟。如果有一个 5° 的北向倾角，那阵列间距就要增加 50%以上。因此，光伏电站项目只能用向南的山坡，最多再用一下坡度不大的、向东或者向西的山坡。如果全是一个个小山包，那光伏方阵就太分散，一分散，所有的投资都要增加。所以，建设光伏电站的场地，最好是连绵成片的山体。

3.4.3 屋顶电站的站址考察

随着分布式光伏发电市场的发展，产权明晰的优质屋顶逐渐成为稀缺资源，越来越多的实体工商企业也开始重视自己的屋顶资源。分布式屋顶光伏电站建设不同于地面电站，前期不需要办理土地、规划等手续，但分布式屋顶电站也有其自有的特点，如何充分地利用可用屋顶，在有限的空间内实现容量、发电量、收益率的最大化，就需要认真做好前期考察，通过实地勘察、收集屋顶相关资料，为后续的方案设计及投资收益分析做好基础准备。对屋顶电站的勘察主要有以下几个方面，如厂房建设年限、屋顶荷载、屋面状况、电网接入距离、用电负荷、合作模式等。

现场勘查要携带的工具有激光测距仪、水平仪、指南针或手机指南针 APP、10 米以上钢卷尺和记录本、笔等。

1. 屋顶情况

要考察屋顶产权的明晰性和业主长期稳定的存续性，还要考察屋顶的设计使用寿命年限等。工厂类企业屋顶还要考察厂房的使用功能。

优先选择企业实力较强或行业发展前景好的业主进行合作，尽量避开有腐蚀性、油污气体及烟尘排放的屋顶建设，绝对不在火灾危险等级为甲、乙类的厂房、仓库等屋顶建设。

临时性的建筑物、构筑物一般都不能考虑建设光伏电站。使用寿命已经超过 10 年，并且屋顶彩钢板锈蚀严重或者防水层破坏、漏水的屋顶也应该谨慎选择。

另外要询问和调查在准备安装光伏系统的建筑屋顶周围特别是南面是否有高层楼建设规划。建筑周边环境也是需要考察的内容。例如建筑周边道路交通是否便利，是否有足够空间吊装光伏设备等。

1)屋顶面积

屋顶面积直接决定光伏发电项目的容量，是最基础的元素，确认屋顶上是否存在附属建筑物，如风楼、风机、电梯房、女儿墙、广告牌等，设计时需要避开阴影遮挡，如有遮挡，在光伏组件排布设计时需要避开阴影遮挡的面积，设计要求是要保证冬至日 9 点到 15 点之间，光伏方阵不被阴影遮挡。

2)屋面朝向和角度

屋面朝向以朝南为最佳，日照时间最长，同等装机容量下，发电量最大。屋面朝向决定着光伏支架、光伏组件、光伏方阵及汇流箱等的布置原则，比如东西走向的屋面，背阴面是否安装方阵，如果安装方阵是否需要设置倾角等。组件串联时阴阳两面尽量避免互连，汇流箱及逆变器直流输入尽量为同一屋面朝向的方阵。屋顶倾斜角度可以通过测量屋面宽度和房屋宽度进行计算。

3）屋顶类型

屋顶类型一般分为彩钢板、瓦片、混凝土屋顶等。彩钢板屋顶的光伏方阵一般都是沿屋面平铺，彩钢板分为直立锁边型、咬口型（角驰式，龙骨呈菱形）、卡扣型（暗扣式）、固定件连接（明钉式，梯形凸起）型。前两种类型彩钢屋顶一般都有专用转接件做支架连接，后两种类型彩钢屋顶需要在屋顶打孔固定连接支架。考察屋顶时需要观察彩钢板的使用年限及表面锈蚀程度。

瓦片屋顶也需要使用专用支架挂钩件与屋顶支撑件固定。勘察时要对瓦片尺寸和厚度进行测量，便于决定支架系统挂钩等零件尺寸的选取。要掀开部分瓦片查看屋顶结构，注意测量记录主梁、檩条的尺寸和间距，便于确定支架挂钩的固定位置。因为瓦房顶组件支架系统的挂钩一般都是安装固定在檩条上的。

混凝土屋顶的光伏方阵一般都按照最佳倾角安装，需要制作支架基础，基础与屋顶可以做成配重块形式加钢拉索结构，如风力过大地区可以考虑部分基础与屋顶采用植筋连接或结构胶连接等浇筑连接，并做好屋顶破坏面的防水处理。采用什么形式主要考虑屋顶的抗风载能力及屋顶设计荷载等因素。

4）屋顶防水工程

如果屋顶有渗漏现象，应在施工前先对屋顶做防水处理。

5）屋顶荷载

屋顶荷载可分为永久荷载和可变荷载。永久荷载也称恒荷载，主要是指屋顶结构的自重荷载。在项目前期考察时，需要着重查看建筑设计说明中恒荷载的设计值，或通过业主获取房屋结构图纸资料进行计算，并落实除屋顶自重外，是否额外增加其他荷载，如管道、吊置设备、屋顶附属物等，并落实恒荷载是否有余量能够安装光伏电站。光伏电站安装在屋顶后，需要运营 25 年，屋顶荷载是需要重点了解和确认的内容。混凝土屋顶的荷载一般都在 200 kg/m^2，都能满足光伏系统的荷载要求，彩钢板屋顶需要根据建筑结构图重新评估或核算荷载。

可变荷载是考虑极限状况下暂时施加于屋面的荷载，分为风荷载、雪荷载、地震荷载、活荷载等，是不可以占用的。特殊情况下，活荷载可以作为分担光伏电站荷载的选项，但不可以占用过多，需要做具体分析。如果荷载确实不够，需要考虑屋顶的加固。

2. 建筑间距及配电并网设施

在同一个建设区域内，建筑数量越多，间距越大，意味着电气设施如电缆、逆变器、变压器等的投资要增加，要评估和考虑投资收益。

区域内现有的配电设施及高压输电线路是光伏电站选择并网方案的根据之一，主要考察内容有：区域内电力变压器容量、变比、数信、母联、负荷比例等；区域内计量表位置、配电柜数量、母排规格、开关型号等；区域周边电网输送线路电压等级及线路接入容量等。区域内是否有独立的配电室，配电室有没有多余的空间，如没有，是否有空余房间或空地安装新增加的变配电设备。考察时优先选择现有变压器总容量大，负荷比例大的用户。

对于小型屋顶系统用户，要重点查看进户电源是单相还是三相，单相输出的光伏发电系统宜接入到三相中用电量较多的一相上。条件允许时最好用三相逆变器或三个单相逆变器并网。查看业主的进线总开关的容量，光伏发电系统的输出电流不宜大于户用开关的容量。另外在铺设线路方便节约的前提下，确定逆变器和并网配电柜的安装位置，并要考虑通风散热和防雨防晒问题。

3. 业主用电消纳情况

分布式光伏发电项目以自发自用、余电上网为核心，鼓励就地消纳。对业主来说，在现行补贴政策下，自发自用量越大，收益越大。因此需要考察业主建设区域的用电量及用电价格。例如，区域内每月、每日的平均用电量，白天用电量、用电高峰时段及其比例。区域内的用电价格，白天用电加权价格或峰谷用电时间分布等，分析区域内对光伏发电所发电量的消纳能力，确定光伏发电项目的最佳收益运行模式，作为光伏系统安装容量和上网方式的参考。

4. 开发建设模式

开发建设模式主要是根据上述考察内容信息，以及与屋顶业主商谈的结果，确定电站项目开发建设的具体合作方式。目前主流的开发模式主要有屋顶租赁模式、电价优惠供应模式、合资合作模式等，要通过综合考虑投资收益及业主意愿确定。

另外，与分布式地面电站类似，除考察上述因素外，还应考察电站建设期间设备采购和运输成本、当地人工成本、运营维护难度、建设区域周边社情等。

总之，光伏电站是需要长期运营的项目，项目前期开发要从长远利益考虑，需要顾及包括项目后期运营收益等的各种因素，需要把工作做到最细致处，通过数据采集，最后实现量化分析，最终确定项目是否可行。

3.4.4 光伏电站的安全规划

分布式光伏电站的规划设计与大型地面光伏电站有很大不同，地面光伏电站单纯以发电为目标，仅作为发电电站运行，所发电力通过升压后直接送入到输电网。而分布式光伏发电大多是接入到配电网，发电和用电并存，并且需要尽可能地就地消纳。分布式光伏电站需要依附居民住宅、工业厂房、仓库、商业大楼、学校、市政建筑、农业大棚以及村边的空闲地面（例如光伏扶贫项目）等，这些建筑物载体里及附近一般都住有大量人口，还可能配装有相关的精密仪器设备或存放有易燃物质。光伏电站在这些环境中运行，首要前提就是不影响这些建筑物原有的正常生产、生活功能，对人员、生产、物资等没有安全隐患。

这些可能造成的安全隐患主要有：一是新增加的发电设备和线路对人或家畜可能造成的触电隐患；二是周边环境因素、雷电因素以及光伏发电系统自身质量引起的火灾隐患。因此，分布式光伏电站在规划设计和设备选型时，要把这些因素考虑进来。

1. 做好空间规划

分布式发电系统载体建筑大多空间资源宝贵，空间使用成本高。为防止非专业人员接触发电设备及线路，最大限度地避免安全事故发生，电站规划必须要有专门的空间区域放置光伏组件和逆变器、配电柜等发电设施，最好把所有设备都放置在一般人员无法接触到的地方，如高墙面、屋顶、原建筑的配电室等。

2. 充分利用光伏发电设备的智能化运维自检功能

分布式光伏发电系统应用于城乡环境及建筑屋顶，诸如鸟粪等自然和人为的不可预见的影响因素太多，使得光伏组件光斑高温、短路等火灾隐患出现的概率更高，分布式光伏发电所处环境易燃物较多，一旦发生火灾，所造成的人员及财产损失不可估量。因此除了要有基本的消防安检措施外，在设备选型时，特别要选择具有自我检测、识别异常光伏组串或部位，能主动停止异常光伏组串工作的功能，降低火灾发生的可能性。现在，光伏逆变器、直流汇流箱等设备，都具备或可以加装这一智能化自检自控功能。在设备选型时，还要特别关注所选用设备的品质和产品认证情况。

3.5 分布式光伏电站的项目申报

分布式光伏电站项目因装机容量小、投资规模小、并网等级低等特点，不仅具有较大的应用市场，其申报审批手续办理也相对简单。分布式光伏发电项目也分为多种类型，其手续办理过程也有所区别。特别是国家能源局发布的相关文件，对分布式光伏发电项目做了更细致的区分，同时规定对屋顶分布式光伏发电项目及全部自发自用的地面分布式光伏发电项目不限制建设规模，各市发改部门随时受理项目备案，电网企业及时办理并网手续，项目建成后即纳入补贴范围。

国家能源局《分布式光伏发电项目管理暂行办法》明确规定：对于分布式光伏发电项目，免除发电业务许可、规划选址、土地预审、水土保持、环境影响评价、节能评估及社会风险评估等支持性文件，以 35 千伏及以下电压等级接入电网的分布式光伏发电项目，由地级市或县级电网企业按照简化程序办理相关并网手续，并提供并网咨询、电能表安装、并网调试及验收等服务。

3.5.1 分布式光伏发电项目申报流程及资料

分布式光伏发电项目并网申报的基本流程如图 3-4 所示，主要体现在投资主体的不同，分为自然人和法人，也就是说是以个人名义申报还是以单位名义申报，但总的手续大体相同。所不同的是，法人投资项目需要先立项备案，才能组织施工。自然人投资项目也不是不需要备案，而是由电网公司统一集中代办。

1. 自然人投资项目

对于自然人利用自有宅基地及其住宅区域内建设的 380/220 V 分布式光伏发电项目，不需要单独办理立项手续，只需要准备好支持性资料，到当地（市级）供电公司营销部（或政务大厅）提交《分布式电源项目接入申请表》，供电公司受理后，根据当地能源主管部门项目备案管理办法，按月集中代自然人项目业主向当地能源主管部门进行项目备案，并于项目竣工验收后，办理项目立户手续（银行卡），负责电费及补贴发放。

2. 项目实施过程中涉及的主要资料文件

（1）项目申请人的身份证及复印件、户口本等有效身份证明。

（2）房屋、场地产权证明（房产证、购房合同或屋顶租赁合同、土地证明等）。

（3）对于利用公共屋顶申报的光伏项目，还需要小区物业或业主委员会及同一建筑范围内(整栋楼或单元)的全体业主出具的同意建设证明，以及建筑物、设施的使用或租用证明，申请人办理银行账户手续(新办或者确定的银行卡)。

(4)用电申请书。

(5)居民分布式光伏发电系统申请书。

(6)分布式光伏发电电力接入系统方案。

(7)低压非居民用电登记表。

(8)分布式光伏发电项目备案表。

(9)低压供电方案答复单。

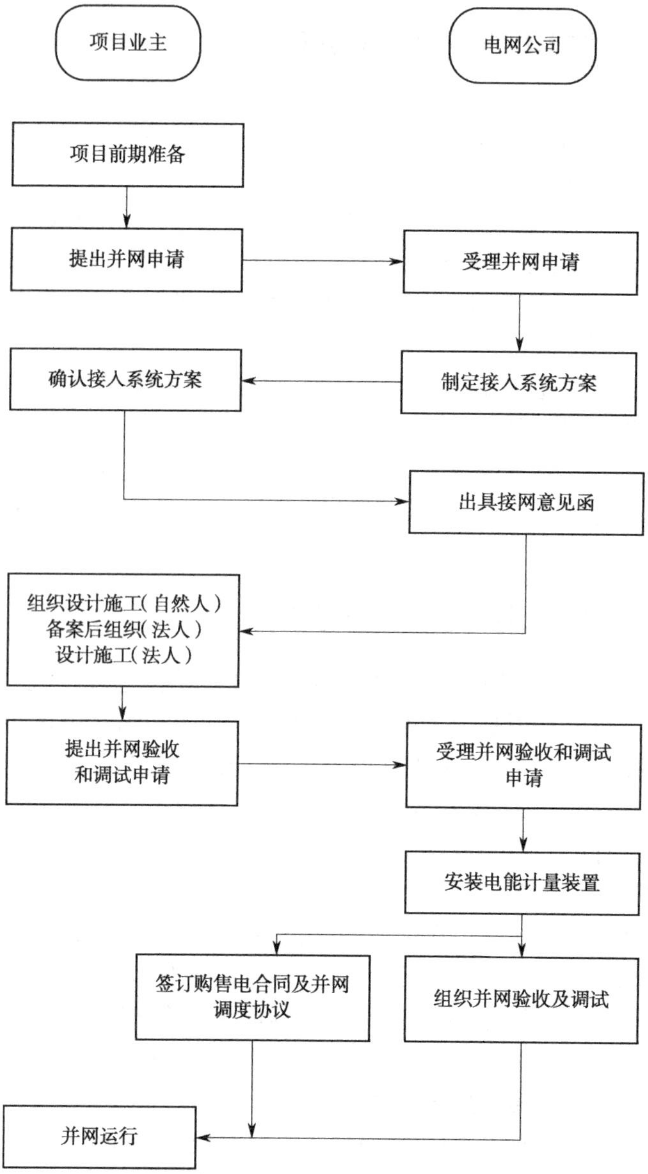

图 3-4　分布式光伏发电项目并网申报流程

（10）光伏组件检测报告、合格证。

（11）并网逆变器检测报告、合格证。

（12）并网验收和并网调试申请书。

（13）客户受电工程竣工验收单。

（14）分布式光伏发电项目发用电合同。

3. 法人投资项目

法人投资的分布式光伏发电项目，与其他大型光伏发电项目手续基本相同，需要先备案后施工。备案资料基本如下。

（1）经办人身份证原件及复印件和法人授权委托书原件（或法定代表人身份证原件及复印件）。

（2）董事会决议。

（3）项目立项的请示，县区初审意见。

（4）企业法人营业执照、土地证（非直接占地项目，需提供所依托建筑的土地证）、房产证等项目合法性支持性文件；如建筑物非项目单位所有，需要提供房屋租赁协议或合同能源管理协议。

（5）政府投资主管部门同意项目开展前期工作的批复（有些地区要求）。

（6）规划部门选址意见（规划局）。

（7）节能审查意见（地方发展改革委）。

（8）发电项目前期工作及接入系统设计所需资料。

（9）屋顶抗压、屋顶面积可行性证明。

（10）项目申请报告（或可研报告）。

（11）登记备案申请表。

（12）分布式光伏发电电力接入系统方案；经客户确认后出具接入电网意见函。

（13）自行委托有相应设计资质的单位进行接入工程设计，并将设计材料提交当地电网公司审查。

（14）光伏组件检测报告、合格证。

（15）并网逆变器检测报告、合格证。

（16）并网验收和并网调试申请书。

（17）客户受电工程竣工验收单。

（18）分布式光伏发电项目发用电合同。

（19）法人单位账户手续。

3.5.2　分布式光伏发电项目开展步骤与内容

1. 企业备案初步审查

地方发展改革委与地方供电公司确定分布式光伏项目备案初步审查制度。

凡是企业申请的项目，先由业主到地方发展改革委相关部门办理项目的备案初审意见，业主通过初审后将初审意见和相关的申请资料报到供电公司营业窗口，资料满足并网受理要求后供电公司受理。

个人居民项目由供电公司代为前往能源主管部门备案，居民可直接到营业厅申请，目前有些地方要求必须有房产证方可备案，所以无房产证的个人项目，公司会告知其补办房产证后方可受理。

1）受理申请与现场勘查

供电公司营业厅负责受理分布式光伏项目业主提出的并网申请，协助用户填写《分布式电源项目前期申请表》，接受相关支持性文件，审核项目并网申请材料，审查合格后方可正式受理。

2）企业项目支持性文件

（1）经办人身份证原件及复印件和法人授权委托书原件（或法定代表人身份证原件及复印件）。

（2）企业法人营业执照、土地证、房产证等项目合法性支持性文件。

（3）项目地理位置图（标明方向、邻近道路、河道等）及场地租用相关协议。

（4）对于合同能源管理项目，需提供项目业主和电能使用方签订的合同能源管理合作协议以及建筑物、设施的使用或租用协议。

（5）政府投资主管部门同意项目开展前期工作的批复。

（6）其他项目前期工作相关资料。包括项目供用电情况和用户变电所电气一次主接线图等。

3）个人项目支持性文件

（1）经办人身份证、户口本原件及复印件。

（2）房产证等项目合法性支持性文件。

（3）对于利用居民楼宇屋顶或外墙等公共部位建筑安装分布式电源的项目，应征得物业、业主委员会或居民委员会或同一楼宇内全体业主对项目安装的书面同意意见。

4）现场勘查并配合

供电公司在正式受理申请后会组织公司经研所等有关部门开展现场勘查，为编制接入系统方案做准备，项目业主应安排相应工作人员给予配合，并提供所需的现场电气图样等。现场勘查的服务时限是自受理并网申请之日起 2 个工作日内完成。

5）接入系统方案制定与评审

（1）接入系统方案制定。

受理后供电公司经济技术研究部门将依据国家、行业及地方相关技术标准，结合项目现场条件等实际情况，免费编制《分布式电源项目接入系统方案》，并通过内部评审后出具“接入系统方案项目（业主）确认单”，10 kV 以上项目为“接入电网意见函”，连同接入系统方案送达业主，并提请业主验收并盖章确认。双方各持一份，项目业主确认接入方案后，即可开展项目备案和工程建设等后续工作。供电公司对接入方案制定与审查的服务时限是自受理并网申请之日起 20 个工作日（多点并网的为 30 个工作日）内完成。

（2）接入系统方案的主要内容。

分布式电源项目的建设规模（本期、终期）、开工时间、投产时间。系统一次和二次方案及主设备参数、产权分界点设置、计量关口点设置、关口电能计量方案等。其中系统一次方案包括：并网点和并网电压等级（对于多个并网点项目，项目并网电压等级以其中的最高电压为准）、接入容量和接入方式、电气主接线图、防雷接地要求、无功补偿配置方案；

互联接口设备参数等；系统二次方案内容包括保护、自动化配置要求以及监控、通信系统要求。

(3)接入系统方案评审。

制定完成接入系统方案后，还要出具接入系统方案评审意见。一般 220/380 V 分布式电源的接入系统方案，由地市供电公司营销部(客户服务中心)负责组织相关部门进行审定并出具评审意见。10 kV、35 kV 分布式电源(对于多点并网项目，按并网点最高电压等级确定)的接入系统方案，由地市供电公司发展部负责组织相关部门进行审定，出具评审意见和接入电网意见函并转入地市供电公司营销部(客户服务中心)。接入系统方案评审和出具意见函的工作时限一般为 5 个工作日。

6)并网工程设计与建设

(1)设计文件审查。

对于 380(220) V 多点并网或 10 kV 并网的项目，企业用户在正式开始接入系统工程建设前，需要自行委托有相应设计资质的单位进行接入系统工程设计，并将设计材料提交供电公司审查。

设计审查所需要的资料有：①设计单位资质复印件；②接入工程初步设计报告、图纸及说明书；③隐蔽工程设计资料；④高压配电装置一、二次接线图及平面布置图；⑤主要电气设备一览表；⑥继电保护、电能计量方式等。

供电公司依据国家、行业、地方、企业标准，接受相关支持性资料文件，对企业用户的接入系统设计文件进行组织审查，出具、答复审查意见。协助用户填写“设计资料审查申请表”，出具“设计资料审查意见书”。若审查不通过的项目，由供电公司提出修改意见，若需要变更设计，应将变更后的设计文件再次送审，通过后方可实施。设计文件审查的服务时限是自收到设计文件之日起 5 个工作日内完成。

(2)工程建设施工

企业用户根据接入方案答复意见和设计审查意见，自主选择具有相应资质的施工单位实施分布式光伏发电本体工程及接入系统工程。工程应满足国家、行业及地方相关施工技术及安全标准。承揽工程的施工单位应具备政府主管部门颁发的承装(修、试)电力设施许可证、建筑业企业资质证书、安全生产许可证等。

施工中接入用户内部电网的分布式项目内容，所涉及的工程由项目业主投资建设，接入引起的公共电网改造部分内容由供电企业投资建设。

电源项目接入如涉及公共电网的新建(改造)的，项目业主在启动发电项目建设后，持项目建设承包(施工)合同、主要设备的购货合同等材料联系供电公司客户经理，由客户经理组织公司相关部门实施公共电网的新建(改造)工程。

7)并网验收与调试申请

(1)并网验收及调试相关资料。光伏发电本体工程及接入系统工程完工后，企业用户可到供电公司营业厅提交并网验收及调试申请，供电公司将协助项目业主填写“并网验收及调试申请表”，接受并审核验收及调试所需要的相关材料，相关资料具体要求见表 3-3。

表 3-3 并网验收及调试相关资料

序号	资料名称	380 V 项目	10 kV 项目	35 kV 项目
1	光伏发电项目政府审核备案文件	要	要	要
2	施工单位资质复印件:承装(修、试)电力设备许可证;建筑企业资质证书;安全生产许可证	要	要	要
3	接入系统方案及评审意见	要	要	要
4	主要电气设备技术参数、形式认证报告或质检证书;组件、逆变器、变电设备、断路器、刀闸等设备	要	要	要
5	并网验收申请	要	要	要
6	并网前单位工程调试报告或记录,验收报告或记录	要	要	要
7	并网前设备电气试验,继电保护装置整定记录,通信设备、电能计量装置安装调试记录	要	要	要
8	并网启动调试方案	—	—	要
9	项目运行人员名单及专业资质证书复印件	—	—	要

注:光伏组件、逆变器等设备,需取得国家授权的有资质的检测机构出具的检测报告。

资料齐全后供电公司将会组织人员进行电能计量装置的安装,并与客户按照平等自愿的原则签订《发用电合同》,对项目开展验收。对于 10 千伏以上的项目还需要签订《电网调度协议》约定发电用电相关方的权利和义务。这些工作的服务时限是自受理并网验收及调试申请之日起 5 个工作日内完成。

供电公司组织相关人员为客户免费进行并网验收调试,并网验收合格的,出具《并网验收意见书》,调试后直接并网运行。对并网验收不合格的,将提出整改方案进行整改,经再次进行调试通过后,出具《并网验收意见书》,没有通过验收的项目不可并网运行。并网验收调试的服务时限是自表计安装完毕及合同、协议签署完毕之日起 1 个工作日内完成。不同省市、地区的并网流程会略有差异。

(2)合同签订。

1 类,适用于接入公用电网的分布式光伏发电项目,为双方合同(常规电源)。

2 类,适用于发电项目业主与用户为同一法人,且接入高压用户内部电网的分布式光伏发电项目,为双方合同。

3 类,适用于发电项目业主与用户为同一法人,且接入高压用户内部电网的分布式光伏发电项目,为双方合同。

4 类,适用于发电项目业主与用户为不同法人,且接入高压用户内部电网的分布式光伏发电项目,为三方合同。

5 类,适用于发电项目业主与用户为不同法人,且接入低压用户内部电网的分布式光伏发电项目,为三方合同。

8)计量与结算

(1)计量。

分布式光伏项目所有的并网点以及与公共电网的连接点均应安装,具有电能信息采集功能的计量装置,以分别准确计量分布式电源项目的发电量和用电客户的上、下网电量。

(2)结算。

分布式光伏上、下网电量分开结算,不得互抵,电价执行国家相关政策。供电公司为获得国家电价补贴的分布式电源项目提供补贴计量和结算服务,在收到财政部门拨付的补贴资金后,按照国家政策规定,及时支付给项目业主。

在合同签订完毕正式生效且项目正式并网运行后,供电公司负责对分布式光伏发电、上网电量进行采集和计算,向分布式光伏业主发布预、终结算单,企业性质的分布式电源结算电费发票由电源业主每月按时开具并交给公司电费部门,个人性质的结算发票由公司电费部门代为开具。

9)分布式电源接入电网系统设计要求

供电公司在编制分布式光伏接入系统方案时,要按照国家、行业、地方及企业相关技术标准,并参照《分布式电源接入配电网相关技术规范》《分布式电源接入系统典型设计》等文件制定接入方案。参考标准为:8 kW 及以下光伏发电系统可接入 220 V 电网;8~400 kW 光伏发电系统可接入 380 V 电网;400 kW~6 MW 光伏发电系统可接入 10 kV 电网;5~30 MW 以上光伏发电系统可接入 35 kV 电网。最终并网电压等级会根据电网条件,通过技术经济比选论证确定。若高低两级电压均具备接入条件,优先采用低电压等级接入。当采用 220 V 单相接入时,会根据当地配电管理规定和三相不平衡测算结果确定最终接入的电源相位。

3.6 光伏电站建设用地的申请办理

3.6.1 光伏电站建设用地报批程序

分布式光伏电站也会遇到建设用地审批的问题,其申请和批复程序主要有:预审(包括选址)、农转用和征用、两公告、登记、县政府同意补偿方案批复、供地等,具体程序如图 3-5 所示。

1. 预审

到用地科办理,须提供下列材料。

(1)用地预审申请表。

(2)预审的申请报告(内容包括拟建设项目用地基本情况、拟选址情况、拟用地规模和拟用地类型、补充耕地基本方案)。

(3)需审批的项目还应提供项目建议书批复文件和项目可行性研究报告(两者合一的只要可行性研究报告)。

(4)规划部门选址意见:标注用地范围的土地利用总体规划图。

(5)企业营业执照或法人单位代码证(报省、部审批的还需提供地质灾害评估报告和矿产压覆情况表)。

2. 办理征地手续

用地单位凭预审意见到征地事务所办理征地手续。

3. 办理转用手续

用地单位向规划科提出转用申请并提交下列材料。

(1)建设用地预审意见。

(2)征地手续。

(3)立项文件。

(4)建筑总平面图。

(5)环评报告。

(6)规划用地许可证和红线图。

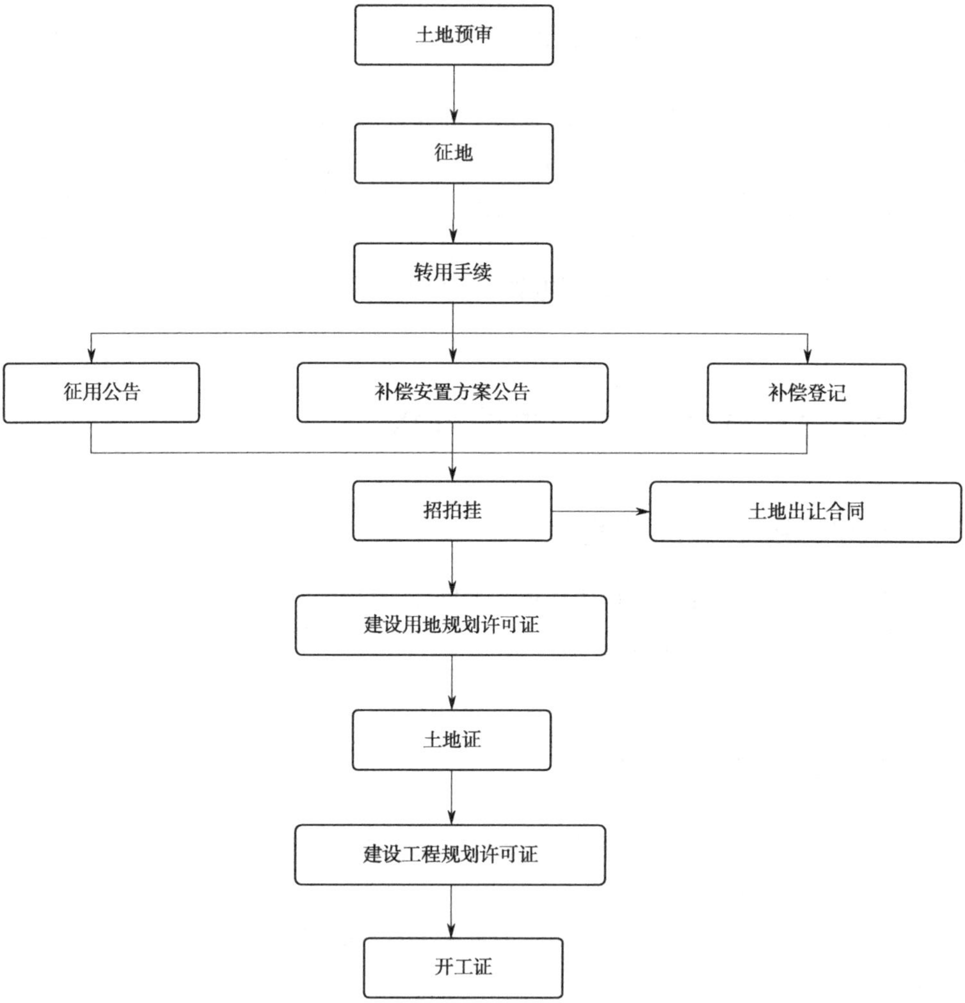

图 3-5 光伏电站建设用地报批程序示意图

(7)较大和特殊项目的特定条件。

(8)办理集体土地使用需提供使用集体土地说明。

(9)违法用地需提供处罚文件、处罚补办意见。

4. 用地单位到审批中心窗口缴纳农转用有关规费

略。

5. 上报上级审批

略。

6. 颁布征地公告

收到省政府批文后，县政府颁布征用土地公告，告知土地征用位置、范围、面积及补偿方法。

7. 颁布征地补偿安置方案公告

征地公告颁布张贴 15 天后无异议的，颁布征地补偿安置公告。

8. 补偿登记

征地补偿安置方案公告颁布 15 天后无异议的，征地事务所负责做好征地补偿登记后，发放征地费。

9. 具体项目审批

用地单位向县行政中心国土资源窗口提出具体建设项目用地申请，提交下列材料。

(1)建设用地申请表。

(2)用地预审意见。

(3)土地评估报告文本。

(4)农转用审批材料、“二公告、一登记”及征地补偿方案批复材料。

(5)建筑总平面图。

(6)征地红线图。

(7)项目批准文件。

(8)初步设计批复。

(9)建设用地规划许可证。

(10)环评报告。

(11)违法用地需再提交《处罚决定书》和上级部门同意补办意见。

10. 缴纳出让金和规费

略。

3.6.2 单位申请土地的登记程序

1)初始登记

土地登记申请书；单位的营业执照或法人代码证、法定代表人身份证明和个人身份证明。委托代理人、申请人的，还应当提交授权委托书和代理人身份证明。

2)土地权属来源证明

建设用地呈报表或说明书、建设用地许可证、土地出让合同或划拨土地批准书、征地协议书或征地公告等规划用地许可证、用地红线图，计划部门立项文件。房地产开发项目还需提交县土地测绘所出具的用地面积和建筑面积的证明。老城征收：房开公司土地证(未发证提交建设用地呈报表或说明书、建设用地许可证、土地出让合同或划拨土地批准书、规划用地许可证、用地红线图)。老城拆迁安置协议及定位公证书、购房发票或购房证、原土地证或土地登记注销文件。

历史遗留的无用地审批文件的，应提交主管部门的证明，用地协议或村委会意见等有效证件。

其他应当提交的证明材料。

3)变更登记

因国有土地使用权类型、用途及使用年限发生变化引起的变更:县政府及土地行政主管部门批准文件、出让合同或合同变更协议、出让金缴纳凭证、原国有土地使用证。

(1)企业改制变更:原企业国有土地使用证、县级以上政府批准文件、出让合同、出让金缴 纳凭证、国有土地使用权转让审批表。

(2)房地产转让变更:原国有土地使用证、国有土地使用权转让审批表、土地使用权转让协议。

(3)因单位合并,分立及更名引起的变更:原国有土地使用证、主管部门批准文件、协议。

(4)因地址名称更改引起的变更:原国有土地使用证、县地名办或民政部门批准文件。

(5)因出售公房引起的变更:原国有土地使用证、公房出售批准文件、售房合同、变更后产权证、国有土地使用权转让审批表。

(6)因处分抵押财产而取得土地使用权引起的变更:原国有土地使用证、法院民事裁定书和执行书、拍卖或转让协议、国有土地使用权转让审批表。

(7)变更登记除提交上述有关材料外,还需提交初始登记中1-2项有关材料。

习题

1. 分布式光伏项目的两种并网模式是什么? 各自的电价构成有何不同?
2. 影响光伏电价的主要因素有哪些?
3. 2022年中国太阳辐照资源的总体特征是什么? 西部地区与东部地区的辐照量差异如何?
4. 工商业屋顶分布式光伏项目在选址时需重点考察哪些屋顶条件?
5. 分布式光伏项目申报流程中,法人投资与自然人投资的主要区别是什么?
6. 光伏电站选址时需规避哪些自然灾害隐患?
7. "全额上网"模式的电价构成有何特点? 为何建议优先选择"自发自用,余电上网"模式?
8. 太阳辐照资源分析中,哪些地区属于"太阳能资源最丰富区"?
9. 光伏项目申报时需提交哪些关键支持性文件?(列举至少3项)
10. 分布式光伏电站规划中,如何防范火灾隐患?
11. 光伏项目选址时,地形地貌的哪些特点需重点关注?
12. 简述分布式光伏项目并网验收的主要步骤。
13. "水平面总辐照量距平分布"在2022年表现出哪些区域性差异?
14. 分布式光伏电站建设中,彩钢瓦屋顶需特别注意哪些问题?
15. 光伏电站用地报批程序中,"预审"阶段需提交哪些材料?

第四章　分布式光伏电站建设

4.1　分布式光伏发电系统施工组织与管理

分布式光伏发电项目在完成前期的开发、设计、招标等各种工作后，就要进入建设施工阶段。本章主要介绍分布式光伏发电系统（电站）项目的施工组织设计与施工现场管理等工程施工组织与管理的内容，并提供具体案例供参考。

4.1.1　分布式光伏发电系统的施工组织设计

光伏发电系统的项目施工建设首先要进行施工组织设计。施工组织设计是以施工项目为对象编制的，用以指导施工的技术、经济和管理的综合性文件。施工组织设计作为项目施工的指导性文件，在编制过程中对施工管理目标、施工组织部署、施工进度计划及工期保证措施、施工技术措施、施工质量目标和保证措施、文明施工和安全生产防护措施、施工机械配置、施工合理化建议和降低成本措施等予以要求和规范，以保证项目工程组织和施工的科学性和可行性，达到技术先进、经济合理、安全实用、资源节约和环境友好的目的。在此将以国家标准《光伏发电工程施工组织设计规范》（GB/T 50795—2012）的具体要求为依据，结合具体案例讲解光伏发电系统的施工组织设计的具体编制方法。

1. 施工组织设计的基本要求

（1）确定施工组织设计方案时，应综合分析光伏发电工程的装机规模、建设条件、现有施工水平和工程特点等。

（2）应满足光伏发电工程合理的建设期限要求和实现工程各项技术经济指标的要求。严格执行项目建设程序，充分发挥项目建设单位的技术优势，精心施工，科学管理，保证施工质量。

（3）严格执行基本建设程序和施工程序，应对工程的特点、性质、工程量大小等进行综合分析，科学合理安排施工顺序。采用工种流水作业法组织施工，保证施工的连续性和均衡性，充分发挥人力、物力作业能力。

（4）应注重各施工段的综合平衡，调整好各时段的施工强度，平衡劳动力用量，均衡连续施工。

（5）充分利用先进的机械设备，减轻劳动强度，提高劳动生产率，加快工程施工进度。

（6）做施工总布置的设计时，应充分考虑相关建（构）筑物、场地和设备的永久性和临时性，减少临时用地和临时设施建设。

（7）做施工总进度的设计时，应重点研究和优化关键路径，合理安排施工计划，制定季节性施工措施。加强工程进度的科学性、计划性的管理,合理安排机械、材料、劳动力的进退场。

(8)施工组织机构的设置和施工人员的配备应当符合光伏发电工程建设的要求。

(9)施工组织设计应有利于提高工程质量、加强职业健康安全和环境保护管理,确保施工安全。

(10)文明施工。要确保整个施工过程在保证质量和职业健康安全的前提下实现现场文明,环境整洁及工程顺利完成的目的。

2. 施工组织设计的主要编制依据

(1)相关法律法规、规章、规范、规程和技术标准等。

(2)光伏发电工程主体设计方案。

(3)主要工程量和工程投资概算。

(4)主要设备及材料清单。

(5)主体设备技术文件及新产品的工艺性试验资料。

(6)工程施工合同及招、投标文件和已签约的与工程有关的协议。

(7)拟进场的施工机械设备清单。

(8)齐全的现场情况调查(勘察)资料。

(9)项目施工单位制定的有关管理制度。

3. 施工组织设计的主要内容

(1)工程任务情况及施工条件分析。包括编制依据、工程规模、工程特点、工期要求、建设地点及环境特征、参建单位等。

(2)从施工角度论证项目建设方案的可行性。

(3)根据当前社会综合施工水平,排定项目工程工期,合理安排施工程序和交叉作业,确定节点进度计划。

(4)从施工的全局出发,根据工程所在地区域地形地质条件,进行施工总平面布置,选择主体施工方案和施工设备、机具。

(5)论证工程总体施工方案和主要施工方法。包括项目组织机构设置与项目分包计划;内部道路施工设计与计划;供水供电以及通信方案计划;施工总平面布置图及其说明等。以及各分项工程的施工方法、施工工艺与技术措施;特殊季节施工措施;采用的新技术、新材料、新工艺、新设备等。

(6)合理确定各种物资资源和劳动力资源的需求量及其配置。包括劳动力、主要材料、机械设备进场数量及时间配置计划表。

(7)根据工程量、排定的工程工期、选择的施工方案和拟投入的劳动力资源等,为编制工程概算提供必要的资料。

(8)提出施工所需要的交通运输方案。

(9)提出与施工有关的组织、技术、质量、职业健康安全、环保和节能等措施。包括质量目标、质量保证体系、实现质量目标的主要措施与办法;特殊情况下的赶工措施;安全目标、安全管理体系;重大危险源的识别与相应技术措施;应急预案;重要环境因素的识别与相应技术措施。

4.1.2 施工现场资料管理

施工资料是在施工过程中形成的应当归档保存的各种图纸、表格、文字、音像制品等技术文件的总称，是工程建设及竣工交付使用的必备条件，也是工程进行检查验收、管理、使用、维护、改建和扩建的重要依据。施工资料主要分为施工技术管理资料和施工质量验收资料两大部分。

1. 施工技术资料的主要内容及管理

（1）在工程项目施工和服务过程中需要及时查找和整理归档的技术档案。

①设计图纸、制造厂设备技术资料、图纸会审纪要等。

②施工用料、设备清单及其计划表。

③施工作业指导书编制计划、施工作业指导书及交底记录。

④项目开工报告。

⑤设计修改单及其反馈单。

⑥工程联系单、工作联系单及其反馈单和往来信函传真等。

⑦监理工作联系单及监理月报、周报等。

⑧建筑安装交接签证单。

⑨施工技术记录及其签证。

⑩不合格项报告和验证记录。

⑪施工技术小结。

⑫项目竣工交接签证书。

（2）资料员负责收集、整理、保管下列资料。

①施工技术文件（包括施工图纸、竣工状态的图纸技术资料、设计变更和材料代用单、图纸会审和技术会议纪要等）。

②物资采购、验收、贮存和发放记录。

③设备及生产厂家相关资料。

④施工安装记录、分布式运转和系统调试记录。

⑤材料试验报告和质保书。

⑥设备检验记录和质保书。

⑦检查、试验和验证记录。

⑧不符合项报告和验证记录。

⑨人员培训、考核和资格评定记录。

2. 竣工资料的编制要求

（1）竣工资料格式统一，内容完整，数据准确，字迹清楚，图样清晰，图表整洁，签字、盖章、日期齐全完整，书写工整并用碳素墨水手签。印章用红色印泥，必须完整。

（2）工程文件都要原件归档。施工技术记录、工程签证单、试运记录、材料半成品试验报告、设计修改通知单（含工程联系单）等表和数据均应用耐久性强的书写材料书写，如碳素笔、钢笔等，纸张采用A4幅面耐久性强、韧性大，能够长期保存的纸张。

（3）有关记录、检验、签证、质量验评表等的表示应符合相应标准要求。其表格必须铅印或激光打印，复印、复写件无效。空白幅面应以下空白来标识。空白栏目统一采用/或其他形式来填空。

（4）复印、打印文件及照片的字迹、线条和影像的清晰及牢固程度应符合设备标定质量的要求。

（5）不装订的案卷，应在每份文件材料的右上角加盖档号章。

（6）除监理文件由监理单位单独组卷外，其余所有工程施工中形成的竣工文件全部由施工单位组卷，非施工单位产生的文件由建设单位提供合格的原件交给施工单位进行组卷。

3. 竣工资料主要内容

项目工程竣工资料一般由开工管理类资料、安全管理资料、质量管理资料、技术管理资料、试验检测资料、施工过程质量检验执行记录、施工过程质量评定资料、竣工验收类资料等几个分册构成。各个分册的主要内容构成如下所示。

（1）开工管理类竣工资料主要内容见表4-1。

表4-1 开工管理类竣工资料主要内容

序号	文件材料题名	备注
1	中标通知书	
2	施工合同	
3	项目部成立文件	
4	工程开工报审表	
5	《项目管理实施规划（施工组织设计）》	
6	承包商资质报审表（附：相关资质证书复印件）	
7	施工项目部管理人员资格报审表（附：相关证件复印件）	
8	主要测量计量器具、试验设备检验报审表（附：相关检验证书复印件）	
9	特殊工种、特殊作业人员报审表（附：相关资格证书复印件）	
10	施工进度计划报审表（附：施工进度计划表）	
11	施工质量验收及评定范围划分报审表（附：1. 土建工程施工质量验收及评定范围划分表 2. 电气安装工程施工质量验收及评定范围划分表）	
12	主要施工机械、工器具、安全防护用品（用具）报审表（附：相关产品合格证、质量检验证书复印件）	
13	光伏强制性条文执行计划报审表（附：强制性条文执行计划）	
14	主要材料及构配件供货商报审表（附：相关供货商企业资质及产品检验报告、合格证明文件等）	

（2）“安全管理”竣工资料主要内容见表4-2。

表4-2 “安全管理”竣工资料主要内容

序号	文件材料题名	备注
1	安全组织机构图报审表（附：安全组织机构图）	
2	安全应急预案报审表（附：安全应急预案）	

续表

序号	文件材料题名	备注
3	施工安全管理制度报审表(附:1. 安全防护装备管理制度;2. 安全工作例会制度; 3. 安全施工检查制度;4. 安全施工教育培训制度; 5. 安全施工责任制度;6. 防火、防爆安全管理制度 7. 危险点辨识度及预控措施;8. 文明施工及环境保护管理制度; 9. 安全文明施工实施细则;10. 安全保障措施; 11. 安全奖惩制度;12. 安全设施管理制度; 13. 安全用电管理制度;14. 交通安全管理制度)	

(3)“质量管理”竣工资料主要内容见表 4-3。

表 4-3　“质量管理”竣工资料主要内容

序号	文件材料题名	备注
1	质量管理制度报审表(附:质量管理制度)	
2	质量通病防治措施报审表(附:质量通病防治措施)	
3	质量保证措施报审表(附:质量保证措施)	

(4)“技术管理”竣工资料主要内容见表 4-4。

表 4-4　“技术管理”竣工资料主要内容

序号	文件材料题名	备注
1	一般施工方案(措施)报审表(附:光伏支架基础施工方案)	
2	一般施工方案(措施)报审表(附:支架组件安装施工方案)	
3	一般施工方案(措施)报审表(附:电气设备安装施工方案)	
4	一般施工方案(措施)报审表(附:电力电缆终端制作施工方案)	
5	一般施工方案(措施)报审表(附:电缆敷设施工方案)	
6	一般施工方案(措施)报审表(附:施工技术交底)	
7	施工安装技术文件记录	
8	安全质量交底记录	

(5)“试验检测”竣工资料主要内容见表 4-5。

表 4-5　“试验检测”竣工资料主要内容

序号	文件材料题名	备注
1	试验(检测)单位资质报审表(附:相关单位及检测人员资质)	
2	试品试件试验报告报验表(附:混凝土配合比试验报告)	
3	试品试件试验报告报验表(附:混凝土试块抗压强度检验报告)	
4	试品试件试验报告报验表(附:灌注桩静载荷试验检测报告)	

（6）“施工过程质量检验执行记录”竣工资料主要内容见表 4-6。

表 4-6 “施工过程质量检验执行记录”竣工资料主要内容

序号	文件材料题名	备注
1	工程材料/构配件/设备进场报审表（附：相关厂家产品检验报告、合格证、到货数量清单等）	
2	主要设备开箱申请表（附：主要设备/材料开箱检查记录表）	
3	施工强制性条文执行记录表	

（7）“施工过程质量评定”竣工资料主要内容见表 4-7。

表 4-7 “施工过程质量评定”竣工资料主要内容

序号	文件材料题名	备注
1	土建工程开工报审表	
2	土建工程施工过程评定资料（含隐蔽工程） （附：1. 分项工程质量报验申请单；2.****分项工程质量验收评定表； 3.****检验批质量验收记录表）	
3	土建工序交接表（附：土建工程自检记录）	
4	电气安装工程开工报审表 （附：1. 分项工程质量报验申请单；2.****分项工程质量验收评定表； 3.****检验批质量验收记录表）	
5	电气安装施工过程评定资料	
6	单位工程质量验收报审表 单位工程质量验收评定表	
7	调试报告报审表 单位工程调试报告	

（8）竣工验收类竣工资料主要内容见表 4-8。

表 4-8 竣工验收类竣工资料主要内容

序号	文件材料题名	备注
1	监理初检申请表 （附：初检—施工班组质量自检报告—项目部复检报告）	
2	公司级专检申请表（附：工程质量专检报告）	
3	初步竣工验收申请表（附：施工班组、项目部、公司级专检报告）	
4	工程竣工报审表（附：竣工报告）	
5	工程竣工验收证明书	

4.2 电站的设计

4.2.1 分布式光伏电站的安装形式

分布式光伏电站的安装形式多样，主要取决于安装地点的地理条件、建筑物结构以及可用空间等因素。常见的安装形式如下。

1. 屋顶安装

利用建筑物的屋顶空间，如工厂厂房、商业建筑、住宅等。这种安装形式不占用额外的土地资源，且易于接入建筑物的电力系统。屋顶安装需要考虑屋顶的承重能力、朝向、倾斜角度等因素，以确保光伏系统的最佳性能（图 4-1）。

2. 地面安装

在开阔的地面区域建设光伏电站，适用于土地资源丰富且日照条件良好的地区。地面安装可以自由选择最佳的朝向和倾斜角度，但需要考虑土地的平整度、排水系统以及与电网的连接距离等因素（图 4-2）。

图 4-1　屋顶安装示意图

图 4-2　地面安装示意图

3. 水面安装

利用湖泊、水库、鱼塘等水面资源，通过浮体或桩基支撑光伏组件。水面安装具有不占用土地、散热效果好等优点，但需要考虑水位变化、风浪影响以及对水生态环境的影响等因素（图 4-3）。

4. 农业大棚安装

在农业大棚的顶部或侧面安装光伏组件，实现农业生产和光伏发电的双重利用。这种安装形式需要考虑大棚的结构强度、光照条件以及对农作物生长的影响等因素（图 4-4）。

图 4-3 水面安装示意图

图 4-4 农业大棚安装示意图

4.2.2 光伏阵列倾角及发电量计算

光伏阵列的倾角是影响发电量的重要因素之一。光伏系统的发电量跟组件的朝向(方位角)与倾角有很大关系,一般来说,正南朝向和最佳倾角条件下系统发电效率最高。合理的倾角设计可以最大限度地提高光伏组件对太阳辐射的接收量,从而提高发电效率。倾角的确定需要综合考虑当地的纬度、季节变化、日照时长等因素。

1. 方位角(朝向)

方位角是指组件方阵的垂直面与正南方向的夹角(以正东为 90°,以正西为-90°)。

2. 倾斜角

倾斜角指组件方阵平面与水平地面的夹角,组件的最佳倾斜角与当地的地理纬度有关,当纬度较高时,相应的倾斜角也大。方位角与倾角示意图如图 4-5 所示。

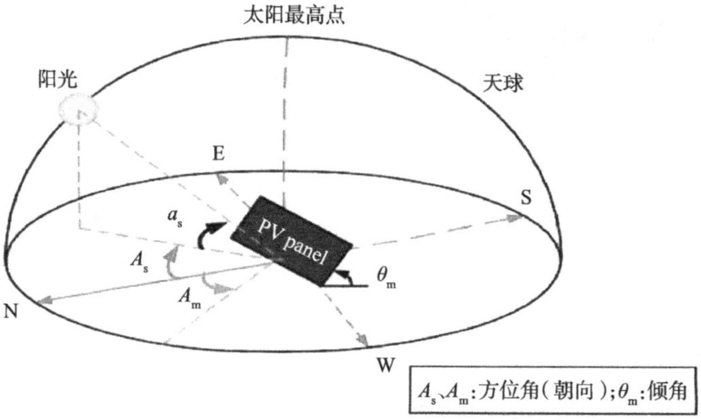

图 4-5 方位角与倾角示意图

表 4-9 是以北纬 30° 地区为例,方位角及倾角对于系统发电量影响程度示意。

表 4-9　方位角与倾角对于系统发电量的影响

		朝向（方位角）												
		西	西南					南	东南					东
		−90°	75°	60°	−45°	30°	15°	0°	**15°**	**30°**	45°	**60°**	75°	90°
水平倾角	0°	90 89	90 91	90 92	90 94	90	90	90	90	90	90 94	90	90	90 90
	10°					95	95	95	96	95		93 94	91	88 86
	20°	87	90	93	96	97	98	98	98	97	96	94		
	30°	86	89	93	96	98	99	100	100	98	96	92	91	
	40°	82 78 74	86	90	95	97	99	100	99	98	96		90 88	84
	50°		84 79	88	92	95	96	96	97	97	93 89	89 86	85	80 76
	60°		74	84	87	90	91 92		93	93			81	
	70°	69		78 72	82 75	85 77	86		87 86	87	84		80 70	76
	80°	63	68				79	80	80	79	77	74	69	65
	90°	56	60	64	67	69	71	71	71	71	69		65 58	62

3. 安装方位角和倾角对于发电量的影响

在光伏系统中，组件安装朝向和倾角差异对系统发电量影响颇大，以北京（东经 116°20′、北纬 39°56′）为例，通过 PVsyst 仿真发现其最佳倾角为 39° 左右，最佳方位角为 0°，倾角和方位角变化影响情况参考如下（图 4-6）。

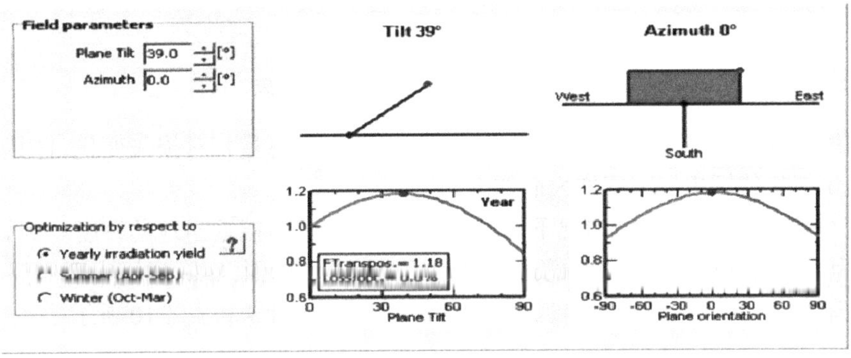

图 4-6　PVsyst 模拟方位角与倾角对发电损失的影响

1）朝向（方位角）变化对于发电量影响

若光伏组件的安装方向不朝向正南，而是与正南存在一定夹角（从−90°～90° 变化；正东为 90°，正西为−90°）时，发电量的变化如图 4-7 所示。

从图 4-7 可知，当方位角从−90°～90° 变化时，发电量变化有如下特点。

方位角朝东、朝西变化，对发电量的影响相同；即朝东、朝西安装，发电 量相对损失变化相近。

发电量相对损失曲线变化为抛物线，即方位角由 0° 逐渐朝东或朝西变大时，发电量损失速度加快。

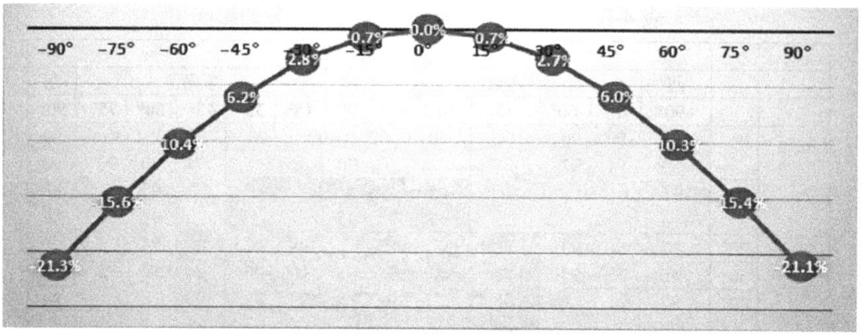

图 4-7　方位角 v.s. 发电量相对损失

方位角与正南夹角在 ±15° 内变化，发电量相对损失在 1%以内。

2）倾角变化对于发电量的影响

每一个地区，组件安装都有一个最佳倾角，该倾角与安装地点所在纬度有关，如图 4-8 所示，当组件安装倾角变化时，发电量相应变化。其中组件平铺倾角为 0；组件垂直地面安装时倾角为 90°，其对应变化如下。

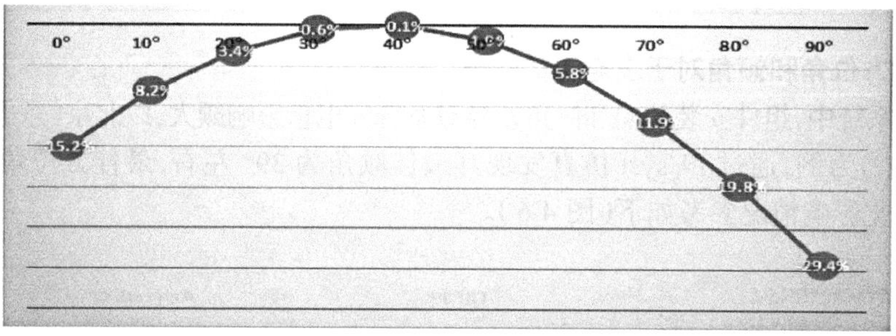

图 4-8　倾角 v.s. 发电量相对损失

从曲线变化可知，组件安装倾角偏离最佳倾角时，发电量相对损失变化，且其变化幅度随实际倾角与最佳倾角偏离值增大而增大。

纬度与倾角的关系：一般情况下，光伏阵列的最佳倾角接近当地的纬度。例如，在北半球，纬度为 30° 的地区，光伏阵列的最佳倾角约为 30°。然而，实际应用中还需要考虑季节变化对太阳高度角的影响，以及建筑物遮挡等因素。如图 4-9 和表 4-10 所示。

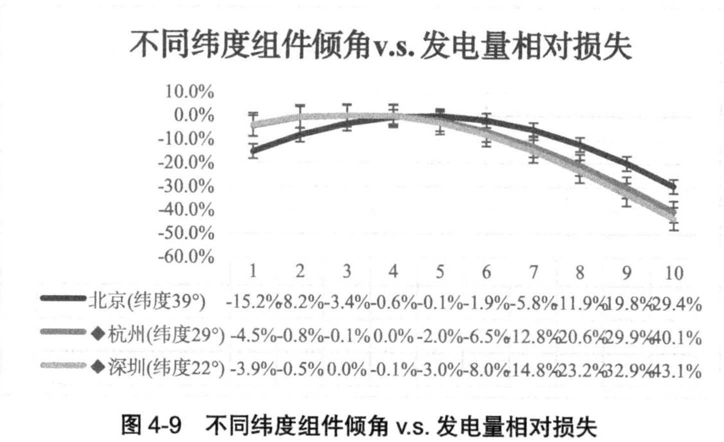

图 4-9　不同纬度组件倾角 v.s. 发电量相对损失

表 4-10　不同纬度组件最佳倾角 ±5° 发电量相对损失变化表

北纬 39°	34°	39°	44°
	−0.12%	0.00%	−0.49%
北纬 29°	24°	29°	34°
	−0.15%	0.00%	−0.31%
北纬 22°	17°	22°	27°
	−0.14%	0.00%	−0.36%

(1)季节变化对倾角的影响。在冬季,太阳高度角较低,适当增加倾角可以提高光伏组件对太阳辐射的接收量;而在夏季,太阳高度角较高,适当减小倾角则更为有利。因此,对于固定倾角的光伏阵列,需要在全年发电量最大化的前提下,综合考虑不同季节的太阳高度角变化,确定一个合理的折中倾角。

(2)遮挡因素对倾角的影响。如果光伏阵列周围存在建筑物、树木等遮挡物,需要根据遮挡物的高度和位置,调整光伏阵列的倾角和朝向,以减少遮挡对发电量的影响。在设计时,可以通过计算机模拟软件,分析不同倾角和朝向下的遮挡情况,选择最佳的安装方案。

(3)光伏组件功率。光伏组件的功率是其在标准测试条件下的最大输出功率,通常以瓦(W)为单位。在实际应用中,光伏组件的输出功率会受到温度、光照强度等因素的影响,因此需要根据实际运行条件进行修正。

(4)太阳辐射强度。太阳辐射强度是指单位面积上接收到的太阳辐射总量,通常以瓦/米^2(W/m^2)为单位。不同地区的太阳辐射强度差异较大,需要根据当地的气象数据进行准确计算。

(5)日照时长。照时长是指一天中太阳辐射强度达到一定阈值以上的时间长度。不同季节、不同地区的日照时长不同,需要根据当地的气象数据进行统计分析。

(6)系统效率。系统效率是指光伏组件输出的电能经过逆变器、变压器等设备后,实际输送到电网的电能与光伏组件输出电能的比值。系统效率受到逆变器效率、线路损耗、组件匹配等因素的影响,一般在 80%~90%之间。

发电量计算公式如下:

$$Q=P\times H\times \eta$$

其中,Q 为发电量(千瓦时,kW·h),P 为光伏组件的总功率(千瓦,kW),H 为年平均日照时长(小时,h),η 为系统效率。

4.2.3　光伏排布中阴影分析

阴影分析是光伏电站设计中不可忽视的环节,它直接关系到光伏组件的发电效率和系统的整体性能。阴影的产生主要来源于周围的建筑物、树木、山体等遮挡物,以及光伏阵列之间的相互遮挡。如图 4-10 所示。

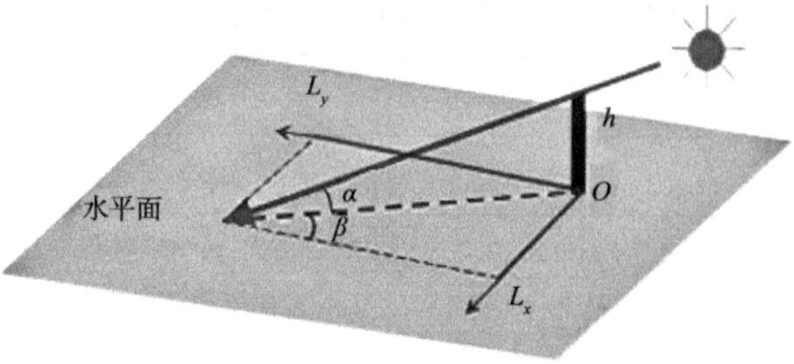

图 4-10　阴影分析

1. 遮挡物阴影分析

在设计光伏电站时,需要详细调查安装地点周围的环境,记录所有可能产生阴影的遮挡物的位置、高度、形状等信息。通过计算机模拟软件,结合当地的太阳运行轨迹,分析不同时间、不同季节下遮挡物对光伏阵列的阴影影响。对于遮挡严重的区域,可以考虑调整光伏阵列的安装位置、倾角或朝向,或者采用可调节倾角的支架,以减少阴影的影响。如图 4-11 所示。

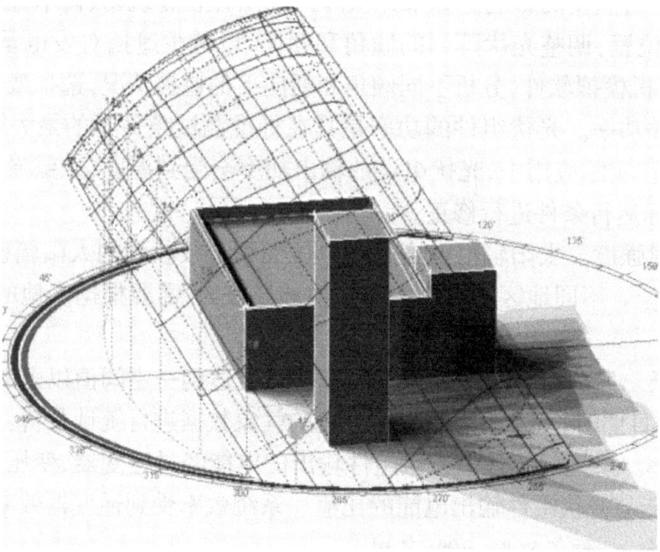

图 4-11　阴影分析

2. 光伏阵列内部阴影分析

在光伏阵列内部,由于组件之间的排列方式和间距不同,也会产生相互遮挡的阴影。合理的组件间距设计可以有效减少内部阴影,提高发电效率。一般来说,组件之间的距离应根据当地的纬度、太阳高度角以及组件的倾斜角度进行计算。间距过小会导致阴影重叠,降低发电量;间距过大则会浪费空间,增加土地成本。通常,组件之间的间距可以按照以下公式进行估算:

$$S = L \times \tan\theta$$

其中,S 为组件间距(米,m),L 为组件长度(米,m),θ 为太阳高度角。

光伏阵列内部阴影分析如图 4-12 所示。

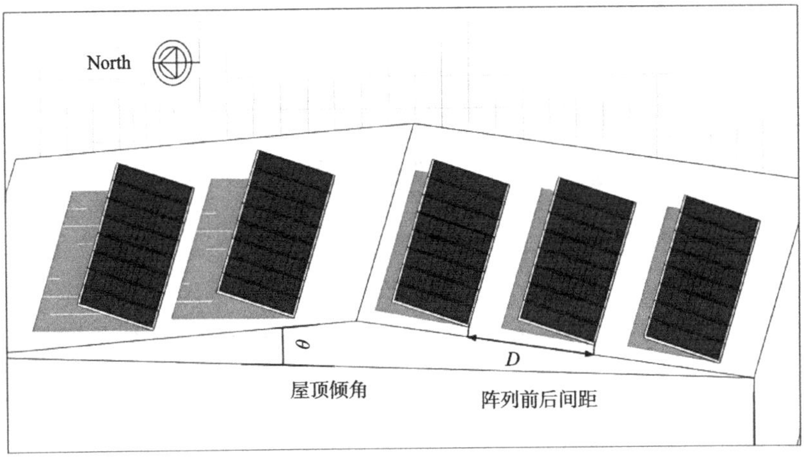

图 4-12　光伏阵列内部阴影分析

4.2.4　光伏阵列排布设计

光伏阵列排布设计是光伏电站设计中的核心内容之一，它涉及光伏组件的排列方式、间距、朝向等多个方面，直接影响到电站的发电效率、土地利用率和建设成本。

1. 排列方式

光伏阵列的排列方式主要有横向排列和纵向排列两种。横向排列是指光伏组件的长边方向与阵列的排列方向一致，纵向排列则是指光伏组件的短边方向与阵列的排列方向一致。不同的排列方式对土地利用率和发电效率有不同的影响。一般来说，横向排列可以更好地利用土地资源，但可能会增加内部阴影；纵向排列则可以减少内部阴影，但土地利用率相对较低。在设计时，需要根据具体的场地条件和发电要求，选择合适的排列方式。

2. 间距设计

合理的组件间距是确保光伏阵列高效运行的关键因素之一。间距过小会导致阴影重叠，降低发电量；间距过大则会浪费土地资源，增加建设成本。在设计间距时，需要综合考虑当地的纬度、太阳高度角、组件的倾斜角度以及遮挡物的影响等因素。通常，组件之间的间距可以按照以下公式进行计算：

$$S=\frac{H}{\tan\theta}$$

其中，S 为组件间距（米，m），H 为组件高度（米，m），θ 为太阳高度角。

3. 朝向设计

光伏阵列的朝向对发电量有显著影响。在北半球，光伏阵列的最佳朝向一般为正南方向，这样可以最大限度地接收太阳辐射。然而，在实际应用中，由于场地条件的限制，光伏阵列的朝向可能会有所偏差。在这种情况下，需要通过计算机模拟软件，分析不同朝向下的发电量变化，选择一个合理的折中朝向，以确保电站的经济效益。如图 4-13 所示。

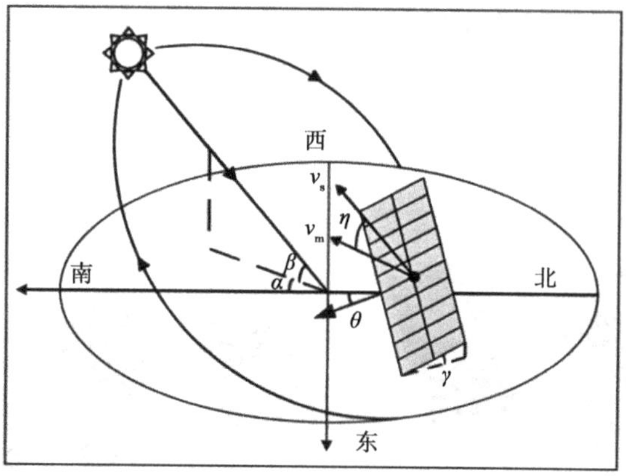

图 4-13　朝向设计

4.2.5　光伏支架的强度分析

光伏支架成本虽然在整个光伏发电系统总成本中占比不大，只有百分之几，但选型却很重要，主要考虑因素之一就是耐候性。光伏支架在 25 年的寿命周期内必须保证结构牢固可靠，能承受环境侵蚀和风、雪载荷。还要考虑安装的安全可靠，能以最小的安装成本达到最优的使用效果。另外，后期是否能够免维护，有没有可靠的维修保障以及支架寿命周期结束以后是否可回收等都是需要考虑的重要因素。在设计和建设光伏电站时，选择固定式支架、倾角可调式支架还是自动跟踪式支架，需要因地制宜综合考虑，因为各种方式毕竟各有利弊，都在探索和完善之中，不同类型光伏支架的特点见表 4-11。

表 4-11　安装成本达到最优使用效果

项目类型	固定式	倾角可调式	平单轴跟踪	斜单轴跟踪	双轴跟踪
适用纬度	任何纬度		低纬度	中高纬度	任何纬度
发电量增益	无	固定式的（1.1~1.15）倍	固定式的（1.1~1.2）倍	固定式的（1.2~1.25）倍	固定式的（1.3~1.4）倍
占地面积	最少	固定式的（1.1~1.05 ）倍	固定式的（1.1~1.2）倍	固定式的（1.4~1.5）倍	固定式的（1.8~2.5 ）倍
太阳能资源条件	无限制		更适合直接辐射较强地区		
参考成本（不含基础）	0.2~0.3 元/W	0.25~0.35 元/W	0.5~0.8 元/W	1.4~1.7 元/W	2.6~3.2/W
可靠性	好		较好	较差	差

固定倾角支架是在大多数场合下最经常使用的结构，安装简单，成本低，安全性较高，可以承受高风速和地震状况。支架在整个寿命周期内几乎无须维护，运维费用低，唯一的不足是在高纬度地区使用时功率输出偏低。

倾角可调式支架与固定支架相比，将全年分成几个时间段，使方阵在每个时间段都能获得平均最佳倾角条件,以此来获得优于固定支架的全年太阳能辐射量,其发电量可比固定支架提高 5%左右。与自动跟踪式支架的技术不完善,投资成本高,故障率高,运维费用高等缺点相比,优势也很明显,是一种具有实际应用意义和经济价值的方式。

单轴跟踪支架具有更好的产能表现,与固定式支架相比,平单轴支架在低纬度地区使用可提高发电量 20%~25%,在其他地区使用也可提高发电量 12%~15%。斜单轴支架在不同地区使用则可提高发电量 20%~30%。

双轴跟踪支架理论上具有最高的产能率,凭借双轴跟踪来调整支架倾角和方位,可以准确捕捉光照方向,与固定支架相比可提高发电量 30%~40%。但是复杂的跟踪控制和伺服系统,较高的基础设施成本,以及频繁的维护工作和较高故障率,往往使发电量的提高不尽如人意,甚至得不偿失。

所以,在支架选型时首先要考虑电站的地理位置、气候条件、当地日照时间、建设成本、工程质量和提高发电效率等因素。例如,在我国的西北沙漠地区,由于光照充足、地域宽广,就比较适合应用自动跟踪式支架,可以有效地提高发电效率。原则上讲,在高纬度地区和光照较强地区,自动跟踪支架带来的收益会比较大。

4.3 分布式光伏电气系统设计

分布式光伏电气系统设计是确保光伏电站安全、稳定、高效运行的重要环节。它涉及光伏组件的电气连接、逆变器的选择与配置、配电系统的设计等多个方面。

4.3.1 光伏组件的电气连接

光伏组件的电气连接方式主要有串联和并联两种。串联连接可以提高系统的电压,适用于长距离输电或高电压等级的并网系统;并联连接可以增加系统的电流,适用于低电压等级的并网系统或离网系统。在设计时,需要根据系统的电压等级和电流要求,合理选择串联和并联的组合方式,确保系统的稳定运行。

当每个单体的光伏组件性能一致时,多个光伏组件的串联连接,可在不改变输出电流的情况下,使整个方阵输出电压成比例地增加。如图 4-14 所示。

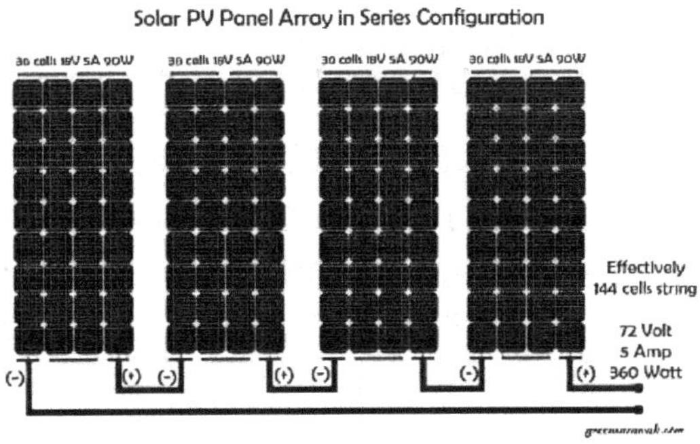

图 4-14 光伏组件的串联连接

而组件并联连接时,则可在不改变输出电压的情况下,使整个方阵的输出电流成比例地增加，如图 4-15 所示。

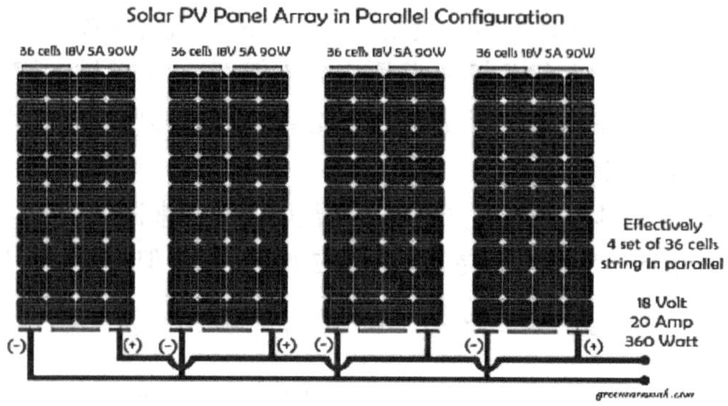

图 4-15　光伏组件的并联连接

串、并联混合连接时，既可增加方阵的输出电压，又可增加方阵的输出电流。如图 4-16 所示。

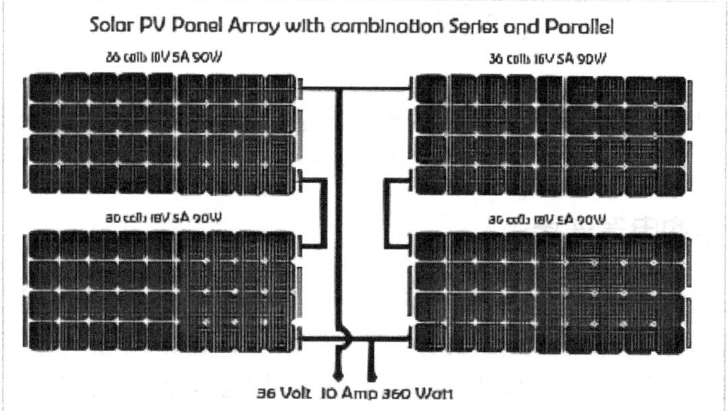

图 4-16　光伏组件的混合连接

组成方阵的所有光伏组件的性能参数不可能完全一致，所有的连接电缆、连接器插接电阻也不相同，于是会造成各串联光伏组件的工作电流受限于其中电流最小的组件；而各并联光伏组件的输出电压又会被其中电压最低的光伏组件钳制。因此方阵组合会产生组合连接损失，使方阵的总效率总是低于所有单个组件的效率之和。组合连接损失的大小取决于光伏组件性能参数的离散性，因此除了在光伏组件的生产工艺过程中尽量提高光伏组件性能参数的一致性外，还可以对光伏组件进行测试、筛选、组合，即把特性相近的光伏组件组合在一起。例如，串联组合的各组件工作电流要尽量相近，每串与每串的总工作电压也要考虑搭配得尽量相近，最大幅度地减少组合连接损失。因此，方阵组合连接要遵循下列几条原则：

①串联时需要工作电流相同的组件，并为每个组件并接旁路二极管；

②并联时需要工作电压相同的组件，并在每一条并联线路中串联防逆流二极管；

③尽量考虑组件连接线路最短，并用较粗的导线；

④严格防止个别性能变坏的光伏组件混入光伏方阵。

4.3.2　逆变器的选择与配置

将直流电能变换成为交流电能的过程称为逆变，完成逆变功能的电路称为逆变电路，而实现逆变过程的装置称为逆变器或逆变设备。光伏发电系统中使用的逆变器是一种将光伏组件所产生的直流电能转换为交流电能的转换装置。逆变器的转换过程，追求最小的转换损耗和最佳的电能质量，它使转换后的交流电的电压、频率与电力系统交流电的电压、频率相一致，以满足为各种交流用电负载供电及并网发电的需要。

1. 光伏发电系统对逆变器的基本要求

(1)合理的电路结构，严格的元器件筛选，具备各种保护功能。

(2)较宽的直流输入电压适应范围。

(3)较少的电能变换中间环节，以节约成本、提高效率。

(4)高的转换效率。

(5)高可靠性，无人值守和维护。

(6)输出电压、电流满足电能质量要求，谐波含量小，功率因数高。

(7)具有一定的过载能力。

2. 逆变器的分类

光伏逆变器主要分为以下几种类型。

(1)集中式逆变器。功率较大，通常用于大型地面光伏电站。其优点是成本低、维护方便，但对组件的匹配要求较高，部分组件的故障或阴影遮挡会影响整个系统的性能。

(2)组串式逆变器。功率较小，通常用于分布式光伏电站。其优点是灵活性高、易于维护，对组件的匹配要求较低，部分组件的故障或阴影遮挡影响较小。

(3)微型逆变器。功率最小，通常用于小型屋顶光伏电站。其优点是安装方便、安全性高，每块光伏组件都配备一个微型逆变器，可以实现最大功率点跟踪(MPPT)，但成本较高。

3. 逆变器的主要性能指标

选择逆变器时，需要关注以下主要性能指标。

(1)转换效率。逆变器将直流电转换为交流电的效率。高效的逆变器可以减少能量损失，提高发电量。一般要求逆变器的转换效率在95%以上。

(2)最大功率点跟踪(MPPT)。逆变器能够自动调整光伏组件的工作点，使其始终工作在最大功率点。MPPT的性能直接影响光伏组件的发电效率。

(3)过载能力。逆变器在短时间内承受超过额定功率的能力。良好的过载能力可以确保逆变器在突发情况下不会损坏。

(4)保护功能。包括过压保护、欠压保护、过流保护、短路保护、孤岛效应保护等。这些保护功能可以确保逆变器和光伏系统的安全运行。

(5)通信功能。逆变器应具备与监控系统通信的能力，支持多种通信协议，如RS485、Modbus、以太网等，便于实时监测和远程控制。

4. 逆变器的选择步骤

(1)系统规模。根据光伏电站的装机容量，确定逆变器的总功率。例如，一个100 kW的光伏电站，可以选择一个100 kW的集中式逆变器，或者多个小功率的组串式逆变器。

(2)系统电压等级。根据光伏组件的输出电压和并网要求，选择合适的逆变器输入电压和输出电压。常见的输入电压有 48 V、110 V、220 V、400 V 等,输出电压通常为 220 V/380 V 或更高电压等级。

(3)并网要求。如果光伏电站并入电网,需要选择符合当地电网标准的逆变器,确保逆变器的输出电能质量符合要求。

5. 选择逆变器类型

(1)集中式逆变器。适用于大型地面光伏电站,装机容量较大,对成本和维护要求较高。例如,一个 500 kW 的光伏电站,可以选择一个 500 kW 的集中式逆变器。

(2)组串式逆变器。适用于分布式光伏电站,装机容量较小,对灵活性和维护要求较高。例如,一个 100 kW 的分布式光伏电站,可以选择多个 20 kW 的组串式逆变器。

(3)微型逆变器。适用于小型屋顶光伏电站,装机容量很小,对安装方便性和安全性要求较高。例如,一个 10 kW 的屋顶光伏电站,可以选择多个 0.5 kW 的微型逆变器。

6. 逆变器数量和功率配置

(1)集中式逆变器。根据光伏电站的总功率,选择一个或多个集中式逆变器。例如,一个 500 kW 的光伏电站,可以选择一个 500 kW 的集中式逆变器,或者两个 250 kW 的集中式逆变器。

(2)组串式逆变器。根据光伏组件的串并联组合,选择多个组串式逆变器。例如,一个 100 kW 的分布式光伏电站,可以选择 5 个 20 kW 的组串式逆变器。

(3)微型逆变器。根据光伏组件的数量,选择多个微型逆变器。例如,一个 10 kW 的屋顶光伏电站,可以选择 20 个 0.5 kW 的微型逆变器。

7. 逆变器的输入和输出配置

(1)输入配置。确保逆变器的输入电压和电流范围符合光伏组件的输出特性。例如,光伏组件的输出电压为 400 V,逆变器的输入电压范围应包括 400 V。

(2)输出配置。确保逆变器的输出电压和频率符合并网要求。例如,逆变器的输出电压应为 220 V/380 V,频率应为 50 Hz。

8. 逆变器的保护和通信配置

(1)保护功能。确保逆变器具备过压、欠压、过流、短路、孤岛效应等保护功能,保护设备和人员的安全。

(2)通信功能。确保逆变器支持多种通信协议,如 RS485、Modbus、以太网等,便于与监控系统连接,实现实时监测和远程控制。如光纤通信、RS-485 总线通信、电力线载波通信等。利用无线电波进行通信传导的通信方式叫作无线通信,如 Wi-Fi、3G/4G 移动通信 GPRS、蓝牙等。

4.3.3 配电系统设计

1. 系统组成

分布式光伏电站配电系统主要由以下部分组成。

(1)光伏组件:将太阳能转换为直流电能。

(2)直流汇流箱:将多路光伏组件的直流输出电缆集中汇流。

(3)直流配电柜:将直流汇流箱输出的直流电进行二次汇流,并提供防雷、过电流保护等功能。

(4)逆变器:将直流电转换为交流电。

(5)交流配电柜:将逆变器输出的交流电进行分配,输送到电网或负载。

(6)并网配电箱:用于分布式光伏电站与电网的并网连接,提供计量、保护等功能。

2. 设计方法

以下面的项目案例为例,展示配电系统设计的步骤和方法。

项目案例:设计一个 100 kW 的分布式光伏电站配电系统,安装地点为工厂屋顶,日照条件良好。系统要求高效、稳定运行,确保并网发电的电能质量符合电网标准。

1)光伏组件选择

假设光伏组件的功率为 300 W,效率为 17.5%。

公式:

$$P_{组件}=\frac{P_{系统}}{N_{组件}}$$

计算:

$$N_{组件}=\frac{100\,000\ \text{W}}{300\ \text{W}}\approx 333\text{块}$$

2)直流汇流箱设计

假设每路汇流箱输入最大电流为 10 A,每路输入电压为 400 V。

公式:

$$I_{汇流箱}=\frac{P_{组件}}{U_{组件}}$$

计算:

$$I_{组件}=\frac{300\ \text{W}}{400\ \text{V}}=0.75\ \text{A}$$

每路汇流箱输入 8 块组件:

$$I_{汇流箱}=8\times 0.75\ \text{A}=6\ \text{A}$$

选择 8 路输入的直流汇流箱,每路输入电流为 10 A,满足要求。

3)直流配电柜设计

假设直流配电柜输入 4 路汇流箱,每路输入电流为 10 A。

公式:

$$I_{配电柜}=\sum I_{汇流箱}$$

计算:

$$I_{配电柜}=4\times 10\ \text{A}=40\ \text{A}$$

选择 4 路输入的直流配电柜,每路输入电流为 10 A,总输入电流为 40 A,满足要求。

4)逆变器选择

选择 5 台 20 kW 的组串式逆变器,每台逆变器输入电流为 20 A。

$$P_{逆变器}=\frac{P_{系统}}{N_{逆变器}}$$

计算:

$$N_{逆变器}=\frac{100\,000\ \text{W}}{20\,000\ \text{W}}=5台$$

每台逆变器输入电流：

$$I_{逆变器}=\frac{20\,000\ \text{W}}{400\ \text{V}}=50\ \text{A}$$

5）交流配电柜设计

假设交流配电柜输入 5 路逆变器，每路输入电流为 50 A。

公式：

$$I_{交流配电柜}=\sum I_{逆变器}$$

计算：

$$I_{交流配电柜}=5\times 50\ \text{A}=250\ \text{A}$$

选择 5 路输入的交流配电柜，每路输入电流为 50 A，总输入电流为 250 A，满足要求。

6）并网配电箱设计

假设并网配电箱输入 1 路交流配电柜，输入电流为 250 A。

公式：

$$I_{并网配电箱}=I_{交流配电柜}$$

计算：

$$I_{并网配电箱}=250\ \text{A}$$

选择 1 路输入的并网配电箱，输入电流为 250 A，满足要求。

这样，我们为一个 100 kW 的分布式光伏电站设计了一个高效、稳定的配电系统。系统包括光伏组件、直流汇流箱、直流配电柜、逆变器、交流配电柜和并网配电箱。每个部分都经过精心选择和配置，确保系统的高效运行和安全可靠。设计中考虑了系统的规模、应用场景和并网要求，确保了系统的最佳性能和经济效益。

4.4 防雷设计

由于光伏发电系统的主要部分都安装在露天状态下，且分布的面积较大，因此存在着受直接和间接雷击的危害。同时，光伏发电系统与相关电气设备及建筑物有着直接的连接，因此对光伏系统的雷击还会涉及相关的设备和建筑物及用电负载等。为了避免雷击对光伏发电系统的损害，就需要设置防雷与接地系统进行防护。

4.4.1 关于雷电及开关浪涌的有关知识

雷电是一种大气中的放电现象。在云雨形成的过程中，它的某些部分积聚起正电荷，另一部分积聚起负电荷，当这些电荷积聚到一定程度时，就会产生云层与云层之间或云层与地之间的放电现象，形成雷电。这种自然放电过程将产生强烈的闪光和巨大的声响，能在短时间内释放出大量的电荷并产生很强的冲击电压和很高的电弧温度。

雷电对光伏发电系统的危害分为直击雷、感应雷等。直击雷是指带电云层与地面目标之间的强烈放电。直击雷的电压峰值通常可达几万伏甚至几百万伏，电流峰值可达几十千安到几百千安。

4.4.2　雷击对光伏发电系统的危害

如图 4-17 所示。

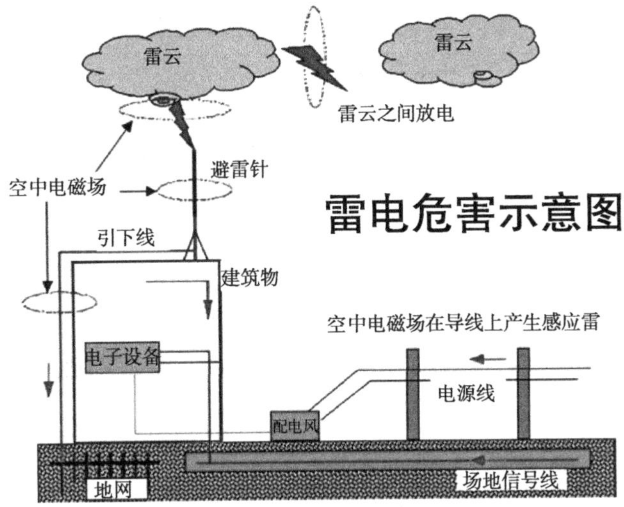

图 4-17　雷电危害示意图

（1）对光伏组件的危害。光伏组件是光伏发电系统中的核心部分，其大多安装在室外屋顶或是空旷的地方，这些位置极易遭受具有强大的脉冲电流、炽热的高温、猛烈的电动力的直击雷的冲击而导致电池组件接线盒内部旁路二极管击穿、电池片击穿、线路烧断等故障，使部分方阵无法发电或整个发电系统瘫痪。

（2）对光伏控制器的危害。当光伏控制器遭受雷击或是过电压损坏时会出现以下情况。

①充电系统一直充电，放电系统无放电，导致蓄电池一直处于充电状态，充电过饱轻则缩短蓄电池使用寿命、使蓄电池容量降低，重则导致蓄电池爆炸，造成对整个系统的损坏和人员伤亡。

②充电系统不充电，放电系统一直处于放电状态，蓄电池无法将电能储存起来，导致用户在有太阳光时设备可正常工作，无太阳光或光线不强时设备无法工作。

（3）对蓄电池的危害。当系统遭受雷击使过电压入侵到蓄电池时，轻则损害蓄电池，缩短电池的使用寿命，重则导致电池爆炸，引起严重的系统故障和人员伤亡。

（4）对逆变器的危害。如果逆变器遭受雷击损坏将会出现以下情况。

①用户负载无电压输入，用电设备无法工作。

②逆变器无法将电压逆变，导致光伏组件产生的直流电压直接供负载使用，如果光伏组件串电压过高，将直接烧毁用电设备。

4.4.3　光伏系统防雷接地系统的设计

光伏系统的防雷接地设计是确保系统安全稳定运行的重要措施。本书将详细介绍光伏系统防雷接地系统的设计，包括接闪器、引下线、接地装置、等电位连接和浪涌保护等方面，并通过一个实际案例进行说明。

1. 防雷接地系统的设计

1)接闪器

接闪器(如避雷针、避雷带等)通过高空引导雷电放电,保护光伏组件不受直击雷的危害。接闪器一般安装在光伏阵列的上方,形成一个保护范围,确保雷电不直接击中光伏组件。接闪器的高度应大于光伏组件的最高点,保护角应覆盖整个光伏阵列。

单根避雷针的保护半径计算公式为:

$$r=(h-h_x)\times p$$

其中,r 为保护半径,h 为避雷针高度,h_x 为被保护物的高度,p 为高度影响系数。

2)引下线

引下线是将雷电流从接闪器传导到地面的导体。它必须具备良好的导电性和足够的截面积,以承受雷电流的冲击,并且要避免在传导过程中产生过高的电压降。引下线应沿建筑物外墙垂直布置,减少雷电流在传输过程中的电压降。引下线应避免急弯,布线时应采用顺直、简短的路径,且每隔一定距离使用卡子固定,防止在风力或其他外力作用下松动。

接地电阻的计算公式为:

$$R=\rho\cdot\frac{L}{S}$$

其中,R 为接地电阻,ρ 为土壤电阻率,L 为接地体长度,S 为接地体截面积。

3)接地装置

建立一个低阻抗的接地系统是防雷的关键。光伏支架、逆变器外壳、电缆金属护套等所有金属部件均需可靠接地。接地电阻应小于 10 Ω,逆变器和配电箱的接地电阻应小于 4 Ω。在高电阻率的土壤区域,可通过使用柔性接地技术来降低接地电阻。

接地网的接地电阻计算公式为:

$$R=\rho\left[\frac{1}{NA}+\frac{1}{2NB}\right]$$

其中,N 为接地体数量,A 为接地体等效截面积,B 为接地体等效长度。

4)等电位连接

光伏组件的边框与支架之间应做等电位连接,确保组件框架与支架的电位一致,减少因雷击产生的电位差,避免局部过电压。等电位连接应使用专用的铜质带或线,并确保连接点的紧密和导电性良好。

5)浪涌保护

通过在带电电缆上安装浪涌保护器来实现,减少电涌和雷电过电压对设备造成的损坏。在逆变器的直流输入端和交流输出端加设浪涌保护装置。在并网接入配电箱(配电柜)中安装浪涌保护器,以防护沿连接电缆侵入的雷电波。为防止浪涌保护器失效时引起电路短路,必须在浪涌保护器前端串联一个断路器或熔断器。

4.4.4 实际案例

案例背景

某屋顶光伏电站,装机容量为 500 kW,位于雷暴频发地区,需进行防雷接地设计与施工。

1. 施工步骤

(1)现场勘查。评估屋顶的空间布局、光伏组件的排列方式以及土壤电阻率等信息。通过测量,确定适合安装接闪器的位置,分析引下线的布线路径。

(2)设计防雷接地系统。安装多支避雷针,形成覆盖整个光伏阵列的保护区域。引下线采用截面积为 50 mm² 的铜线,接地装置设计为埋入深度不小于 2.5 m 的接地棒,并通过多根接地线相互连接,形成接地网,确保接地电阻小于 5 Ω。

(3)接闪器安装。在光伏阵列四角安装避雷针,并在中间区域适当增加避雷带,确保每个光伏组件都处于保护范围内。

(4)引下线布线。将引下线沿建筑物外墙垂直布置,减少雷电流在传输过程中的电压降。引下线应避免急弯,布线时应采用顺直、简短的路径,且每隔一定距离使用卡子固定。

(5)接地装置埋设。在建筑物周边挖掘沟槽,埋设接地棒,并用导电性能良好的材料(如焊接铜带)连接成接地网。接地棒的埋设深度和间距应符合设计要求,确保接地电阻符合规范。

(6)系统测试与验收。施工完成后,对防雷接地系统进行全面测试,重点测试接地电阻值是否满足设计要求。通过雷击模拟测试验证防雷系统的有效性,确保系统运行时的安全性。

2. 材料选择

(1)避雷针。一般选用直径 12~16 mm 的圆钢,如果采用避雷带,则使用直径不低于 8 mm 的圆钢或厚度不小于 4 mm 的扁钢。

(2)接地体。宜采用热镀锌钢材,其规格一般如下。

直径 50 mm 的钢管,壁厚不小于 3.5 mm; 50 mm × 50 mm × 5 mm 角钢,长度不低于 2.5 米;40 mm × 4 mm 的扁钢,长度一般为 2.5~4 m。

(3)引下线。宜采用热镀锌圆钢或扁钢,宜优先采用圆钢,直径不小于 8 mm;如用扁钢,厚度应不小于 4 mm。要求较高的要使用截面积为 35 mm² 的双层绝缘多股铜线。

3. 定期维护与检测

光伏防雷接地系统在运行过程中应定期进行检查与维护,尤其是在雷雨季节前后,应检测接地电阻、引下线连接情况,及时发现和排除隐患。

大型地面电站建设一个非常完整的防雷系统,是保障电站安全稳定运行的重要措施,防雷系统包括避雷针、避雷带、接地器、地线和设备安装防雷器。工商业项目可以利用建筑物原有的防雷器件,做到设备防雷和接地。户用项目如果房屋不高,周边有高的建筑物,对防雷的要求相对低一点。通过以上设计和施工步骤,可以确保光伏系统的防雷接地系统安全有效,保障光伏系统的稳定运行。

4.5 光伏发电系统安装、检测与验收

太阳能光伏发电是涉及多个专业领域的高科技发电系统,不仅要进行合理可靠、经济实用的优化设计,选用高质量的设备、部件,还必须进行认真、规范的安装施工和检测调试。系

统容量越大，电流越大、电压越高，安装调试工作就越重要。安装施工和检测调试不到位，轻则会影响光伏发电系统的发电效率，造成资源浪费，重则会频繁发生故障，甚至损坏设备。另外还要特别注意在安装施工和检测调试全过程中的人身安全、设备安全、电气安全、结构安全及工程安全问题，做到规范施工、安全作业，安装施工人员要通过专业技术培训，合格后上岗，并在专业工程技术人员的现场指导和参与下进行作业。

（1）安装施工阶段。安装施工要随着场地平整及基础施工的分片结束逐步铺开，进入光伏支架、光伏组件及相关电气设备的安装阶段。在这个阶段，安装技术工人、机具、材料陆续进场，各方面的措施都要满足施工需要，如技术方面的图纸、规范、技术交底；现场方面的环境、交叉作业等。这个阶段要合理安排工队流水作业，尽量充分利用劳动力资源。

（2）检测调试阶段。随着工程的进展，光伏组件、逆变器等设备，交直流线缆等安装完毕，需要分片进行检测，并通电、试电、空载试运转调试。这一阶段要做好相应的系统调试方案，指导相应的系统调试工作。同时，对于调试过程中出现的细节问题要重视并及时予以解决，为一次验收达标创造条件。

（3）竣工验收阶段。这一阶段，经过自检合格后，报业主验收，同时，把工程资料整理归类，做好工程结算方面的资料工作。

4.5.1 光伏发电系统安装施工

光伏发电系统的安装施工内容主要有三大类：一是场地平整，电缆沟、排水沟、房屋建筑基础开挖，配电室、变电站类房屋建筑施工，光伏支架基础施工等土建类施工；二是光伏组件方阵支架及光伏组件在屋顶或地面的安装，及汇流箱、配电柜、逆变器、避雷系统和输配电系统设备等电气设备的安装施工；三是光伏组件间的线缆连接及各设备之间的线缆连接与敷设施工，以及连接用电负载（用电户）和连接电网的高低压配电线路的敷设施工。光伏发电系统安装施工的主要内容如图 4-18 所示。

安装施工前的准备工作如下。

1. 安装位置的确定

在开始进行光伏发电系统设计时，就要在计划施工的现场进行勘测，确定安装方式和位置，测量安装场地的尺寸，确定光伏组件方阵的朝向方位角和倾斜角。光伏组件方阵的安装地点不能有建筑物或树木等的遮挡，如实在无法避免，也要保证光伏方阵在 9 时到 16 时能接收到阳光。光伏方阵与方阵的间距等都应严格按照设计要求确定，确保前排方阵对后排方阵无阴影遮挡。按照行业规范，在我国北方地区，以冬至日当天 15 时前不被遮挡为设计原则；在南方地区，以冬至日当天 16 时前不被遮挡为设计原则。

2. 对安装现场的基本要求

（1）现场土地或屋顶面积要能满足整个电站所用面积的需要，一般每 10 kW 光伏电站占地面积约 70~100 m^2。要尽可能利用空地、荒地、劣地及空闲屋顶，不能占用耕地。

（2）现场地形要尽可能平坦，要选择地质结构及水文条件好的地段，尽可能远离有断层、滑坡、泥石流及容易被水淹没的地段。

（3）安装现场要尽可能处于供电中心，以利于输电线路的架设和传输，使输电线路距离最短，施工容易，维护管理方便。

（4）若施工现场地处山区，要尽可能选择开阔地带，并尽量避开东面和南面高山对太阳的遮挡。若在屋顶施工，也要尽量避开四周的树木、高楼、烟囱等的遮挡。

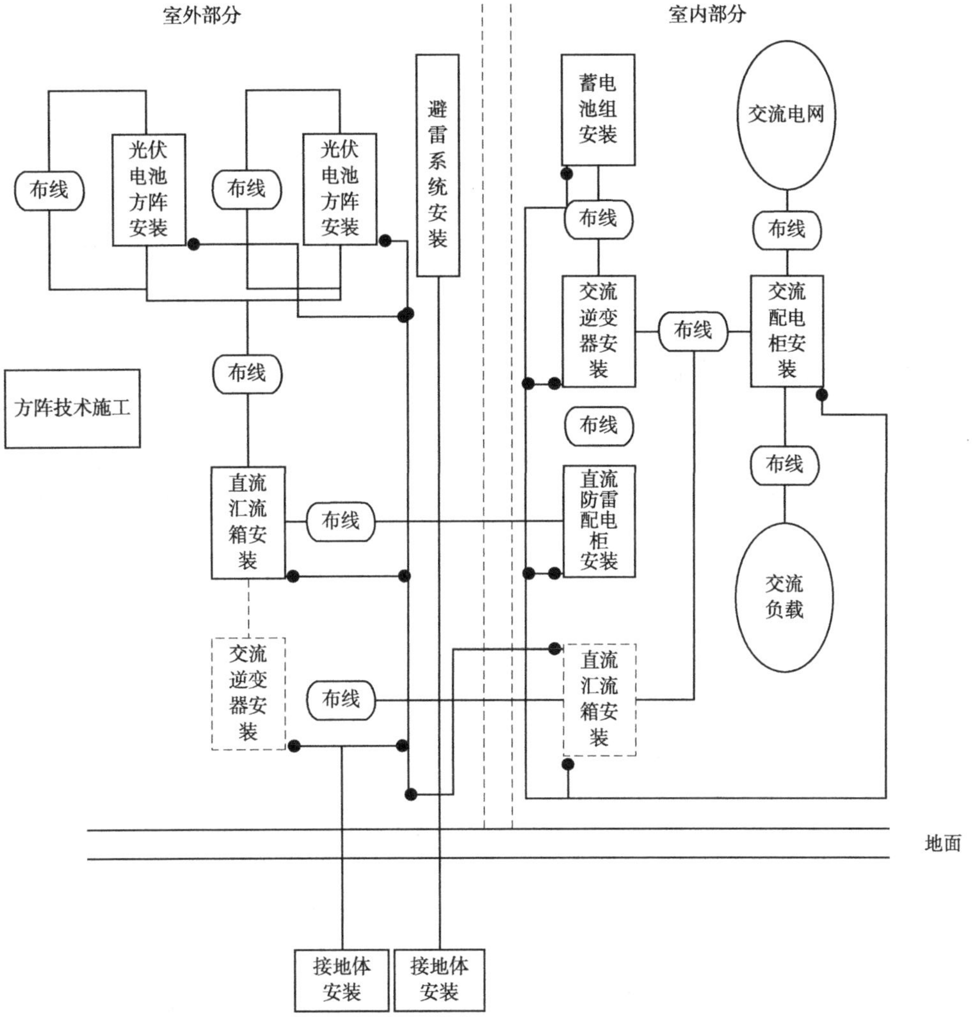

图 4-18　光伏发电系统安装施工内容示意图

3. 施工准备

无论是屋顶施工还是地面施工，施工负责人及施工人员，都要根据不同施工现场的具体情况，提前做好工程所需要的一切工具、机械设备和材料的准备，最好列出详细的清单。施工人员要根据工程设计图纸及相应的坐标点及标高确定施工范围，并确定具体施工方案、施工流程和施工进度。

1）施工流程

光伏发电系统的项目施工流程如图 4-19 所示，一般包括施工现场勘测与确认；工程规划与技术准备；机械、设备、工具、材料准备及进场；各类基础、相关配电系统的土建施工；光伏支架制作、安装、调平；光伏组件安装调整；逆变器、汇流箱、控制器、储能蓄电池组、升压变压器等电气设备的安装调试；各类交直流线缆的铺设；系统调试、试运行；正式投入运行、进行竣工验收。

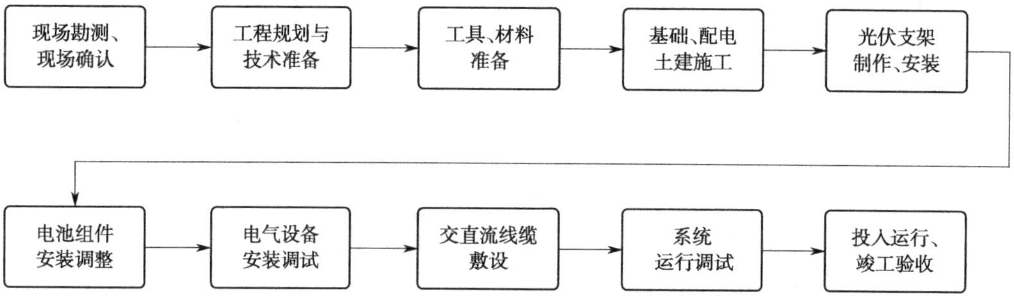

图 4-19　光伏发电系统项目施工流程图

2)技术准备

技术准备的详尽是决定施工质量的关键因素,一般有以下几个方面的工作。

(1)项目技术负责人会同设计部门核对施工图样,并对施工作业人员进行安装施工技术交底。项目技术负责人要充分熟悉、了解设计文件和施工图纸的主要设计意图,明确工程所采用的设备和材料,明确设计图纸所提出的施工要求,以便尽早采取措施,确保项目施工顺利进行。

(2)项目施工负责人要熟悉与工程有关的其他技术资料,如施工合同,施工技术规范、验收规范、质量检验评定等强制性文件条文。准备好施工中所需要的各种规范性文件、作业指导书、施工图册、有关资料及施工所需的各种记录表格。

(3)项目经理要根据工程设计文件和施工图样的要求,结合施工现场的客观条件、材料设备供应和施工人员数量等情况,编制施工组织设计,并针对有特殊要求的分项工程编制专项施工方案,安排施工进度计划和编制施工组织计划,做到合理有序地进行施工。施工计划必须详细、具体、严密和有序,便于监督实施和科学管理。

(4)项目施工队伍(施工班组)及施工人员在开展施工前,要熟悉工程的设计方案,针对各分项分部工程,结合设计方案,准备好质量技术交底。图纸一到现场,应立即熟悉图纸,了解现场情况。对图纸理解模糊的地方,要立即归纳并同设计人员沟通。然后计算图纸的工程量,列出分期材料计划表。准备材料,根据工程量安排施工劳动力,制订施工进度计划。有些分项工程在大范围展开施工前,要先做样板并通知业主、监理检查认可后施工。

3)现场准备

现场准备是决定工程施工效率的关键因素。通常,为了确保工程施工顺利进行,必须首先高质量完成施工现场各种辅助设施的建设。

(1)根据施工工作量大小及施工现场平面布置情况,建设临时的办公和生活设施。

(2)建设临时周转仓库,用于存放设备、部件、施工工器具、辅助材料、劳保用品等,库存物品要分类存放、专人管理。

(3)要准备施工供电设施,条件许可时,尽量采用市电供电。无市电时,要自备燃油发电机组。燃油发电机尽量选用高效环保型的设备。

(4)尽量利用施工现场周边道路进行施工运送,没有道路的地方要根据现场地域条件提前开辟简易道路。开辟道路和施工运送都要尽量避免破坏施工地域的生态环境和树木植被。

除上述几个主要环节外，施工准备通常还包括施工队伍准备、施工物资准备、施工作业准备、设备及材料进场计划等内容。

4.5.2　场地土建及基础施工

1. 场地平整及土方施工

场地平整要根据业主提供的方位坐标、施工布置图以及通过施工测量确定的场地范围及标高等数据进行。一般对于不平整度小于 30 cm 的场地要进行土地平整施工，对于不平整度大于 30 cm 的场地要通过土方开挖进行平整施工。场地平整面积应考虑除光伏电站本身占地面积外还应留有余地，平地四周应预留 0.5 m 以上，靠山面应预留 0.5 m 以上，沿坡面应预留 1 m 以上，靠山面的坡度应在 60° 以下，且应做好防止山坡坍塌的防护措施。

无论是平整场地还是开挖建筑物地基或电缆沟等，在土方施工开挖前要了解开挖区域范围内的地下设施、管线和邻近的建构筑物情况，并针对不同情况加以注意或做相关保护。土方施工一般都是采用机械施工与人工作业相结合的方式，挖出土方可暂时堆放在场地附近的空地上，以便回填时使用。一般机械施工在挖到离坑底 10 cm 左右时要通过人工作业修整基础，防止扰动基层，影响坑底承载力。

土方施工前要做好堆放土区域、机具和车辆行走路线的设计与规划，保证车辆正常进出，回填土尽量就近堆放，避免重复运送。土方施工工作面不宜过大，应逐段逐片分期完成，合理确定开挖顺序、路线及深度。下雨天不要进行土方开挖作业。

2. 光伏方阵基础施工

光伏方阵基础主要有混凝土预埋件基础、混凝土配重块基础、金属螺旋桩基础、直接埋入式基础、混凝土预制桩基础和地锚式基础等几类，这几种基础可以根据设计安装要求及地质土壤情况等选择。其中混凝土砌块配重基础、混凝土预埋件基础经常应用于屋顶光伏发电系统建设或改造中，这样可以有效地避免破坏屋顶防水层等结构；预埋件基础、金属螺旋桩基础、混凝土预制桩基础和地锚式基础都可以应用到任何地面光伏电站中，具有稳固、可靠性高的优点。

1）定位放线

在平整过的场地上，按设计施工要求的方法和位置进行定位。主要根据光伏电站现场方位、各项工程施工图、水平基准点及坐标控制点确定基础设施、避雷接地体及各种设备、设施的排布位置。具体方法是利用指南针确定正南方的平行线，配合角尺，按照电站设计图样要求找出横向和纵向的水平线，确定各个基础立柱的中心位置，并根据施工图纸要求和基础控制轴线，确定基础开挖线。

2）基坑开挖

采用螺旋桩和地锚式基础的基础施工一般不需要挖基坑，只需要用专业的机械设备在确定好的基础中心点将螺旋桩或地锚桩旋入或压入地下即可，在施工的过程中要注意地桩露出地面部分的高度符合设计要求，一般为露出地面 100~150 mm。此外各个地桩顶平面应尽量保持一致，单个方阵中各地桩顶平面的高度差应小于 10 mm。

采用预埋件法基础、直埋法基础以及混凝土预制桩基础时，都需要进行基坑的开挖施工。当然不同类型的基础，基坑开挖的大小和深度都不一样。对于混凝土预制桩基础，需要根据预制桩的横截面尺寸以及施工地土质情况的不同，用专用设备开挖一个较小的引导孔，以方便预制桩的打入，引导孔的具体尺寸按照施工设计要求确定。

预埋件法基础、直埋法基础都需要根据设计要求利用机械或人工开挖基坑。在施工过程中要注意控制基坑的开挖深度，以免造成混凝土材料的浪费。开挖尺寸应符合施工图纸要求，遇沙土或碎石土质挖深超过 1 m 时，应采取相应的防护措施。

预埋件法和直埋法基础要按设计要求的位置制作浇筑光伏方阵的支架基础，基础预埋件要平整牢固。将预埋件或直埋桩放入基坑中心，用 C20 混凝土进行浇筑，浇筑到与地平面一致时，用振动棒夯实。在振动过程中要不断地浇筑混凝土，保证振实后的水平面高度一致。完成后的基础要保证预埋件螺丝的高度或直埋桩的高度符合图纸要求。浇筑前要用保护套或胶带对预埋件螺栓进行包裹保护。

3. 房屋建筑施工

大型的光伏发电场站要有配电室、变电站、运行值班室等房屋建筑。房屋建筑施工的主要内容有：建筑地基开挖与回填；钢筋编织；模板及支撑安装；混凝土浇筑；砌砖抹灰；内外墙涂料涂刷；门窗安装；室外道路修筑铺设等。房屋建筑施工的每一项工程内容，都有相应的工艺流程、施工标准、施工方法和要求及施工检验标准等，详细内容可通过国家建筑工程类的相应标准和规范了解，在此不再赘述。

4.5.3 光伏支架及组件的安装施工

1. 光伏支架的地面安装

光伏支架有角度固定的钢结构支架、自动跟踪支架及铝合金支架等，其中，铝合金支架一般用在小规模屋顶光伏发电系统中和大型钢结构支架中固定电池组件的部分支架，铝合金支架具有耐腐蚀、质量轻、美观耐用的特点，但承载能力低，且价格偏高；自动跟踪支架由于成本、效率等原因，应用也还不普遍；钢结构支架性能稳定，制造工艺成熟，承载力高，安装简便，可以广泛应用于各类光伏电站中。

光伏支架按照连接方式不同，可分为焊接式和拼装式两种。焊接支架对型钢（槽钢和角钢）生产工艺要求低，连接强度较好，价格低廉，但焊接支架也有一些缺点，如连接点防腐难度大，如果涂刷油漆，则每 1~2 年油漆层就会发生剥落，需要重新涂刷，后续维护费用较高。焊接支架一般采用热镀锌钢材或普通角钢制作，沿海地区可考虑采用不锈钢等耐腐蚀钢材制作。热镀锌钢材镀锌层平均厚度应大于 50 μm，最小厚度要大于 45 μm。支架的焊接制作质量要符合国家标准《钢结构工程施工质量验收规范》的要求。普通钢材支架的全部及热镀锌钢材支架的焊接部位，要进行涂防锈漆等防腐处理。

拼装式支架以成品型钢或铝合金作为主要支撑结构件，具有拼装、拆卸方便，无须焊接，防腐涂层均匀，耐久性好，施工速度快，外形美观等优点，是目前普遍采用的支架连接方式。

光伏支架的安装顺序如下。

（1）安装前后立柱底座及立柱，立柱要与基础垂直，拧上预埋件螺母，吃上劲即可，先不要拧紧。如果有槽钢底框时，先将槽钢底框与基础调平固定或焊接牢固，再把前后立柱固定在槽钢底框上的相应位置。

（2）安装斜梁或立柱连接杆。安装立柱连接杆时应将连接杆的表面放在立柱外侧，无论是斜梁还是连接杆，都要先把固定螺栓拧紧至6分紧。

（3）安装前后横梁。将前后横梁放置于钢支柱上，与钢支柱固定，用水平仪将横梁调平调直，再次紧固螺栓，用水平仪对前后横梁进行再次校验，没有问题后，将螺栓彻底拧紧。

2. 光伏支架的屋顶安装

光伏支架屋顶安装的主要类型有钢筋混凝土屋顶、彩钢板屋顶和瓦片屋顶等，不同的屋顶类型，有着不同的支架结构和安装固定方法。

1）钢筋混凝土屋顶的安装

在混凝土平面屋顶安装光伏支架，主要有两种安装方式，一种是固定预埋件基础方式，另一种是混凝土配重基础方式。当采用固定预埋件基础方式时，如果是新建屋顶，可以在建屋顶的同时，将基础预埋件与屋顶主体结构的钢筋牢固焊接或连接，并统一做好防水处理。如果是已经投入使用的屋顶，需要将原屋顶的防水层局部切割掉，刨出屋顶的结构层，然后将基础预埋件与屋顶主体结构的钢筋牢固焊接或通过化学植筋等方法进行连接，然后进行基础制作，完成后再将切割过防水层的部位重新进行修复处理，做到与原屋顶防水层浑然一体，保证防水效果。

当屋顶受到结构限制无法采用固定预埋件基础方式时，应采取混凝土砌块配重基础方式，通过重力和加大基础与屋顶的附着力将光伏支架固定在屋顶上，并可采用前面介绍的铁线拉紧法或支架延长固定法等措施对支架进行加强固定。特别是在东南沿海台风多发地，配重基础直接关系到光伏发电系统的安全，使光伏方阵抗台风能力不足，存在被大风掀翻的安全隐患，所以，配重块基础的设计施工都要再增加负重，并进一步加固，也可以在支架后立柱区域及支架边缘区域多使用混凝土配重压块增加负重，使这些区域的配重质量达到其他区域的1.3倍以上。负重不足的配重基础还有被局部移动的风险，可能会导致支架变形，组件损坏等。屋顶基础制作完成后，要对屋顶被破坏或涉及部分按照国家标准《屋面工程质量验收规范》的要求做防水处理，防止渗水、漏雨现象发生。

混凝土屋顶支架的安装与地面支架安装的方法、步骤基本相同，可参考前述方式进行。需要特别注意的是，在光伏方阵基础与支架的施工过程中，要杜绝出现支架基础没有对齐，造成支架前后立柱不在一条线上以及组件方阵横梁不在一个水平线上，出现弧形或波浪形的现象。还应尽量避免对相关建筑物及附属设施的破坏，如因施工需要不得已造成局部破损，应在施工结束后及时修复。

2）彩钢板屋顶的安装

在彩钢板屋顶安装光伏方阵时，光伏组件可沿屋顶面坡度平行铺设安装，也可以设计成一定倾角的方式布置。目前的彩钢板屋顶多为坡面形，常见的坡度为5%和10%，屋面板为压型钢板或压型夹芯板，下部为檩条，檩条搭设在门式三角形屋架等支撑结构上。组件方阵支架一般都是通过不同的夹具、紧固件与屋顶彩钢板的瓦楞连接，夹具的固定位置要尽可能选择在彩钢板下有横梁或檩条的位置，尽量通过屋顶钢结构承受光伏方阵的质量。两个夹具之间的固定间距一般在1.2 m左右，两根横梁之间的距离根据电池组件长度的不同，在1~1.1 m（60片板）或1.2~1.4 m（72片板）之间，具体尺寸要根据设计图纸要求进行确定。

彩钢板屋顶支架安装的步骤是，根据设计图纸进行测量放线，确定每一个夹具的具体位置，逐一安装固定夹具，然后进行方阵横梁的安装。在安装过程中要保证横梁在一条直线上。在屋顶边缘区域，在受风情况下容易产生乱气流，可通过增加夹具数量来增强光伏方阵的抗风能力。

3）瓦片屋顶的安装

在瓦片屋顶安装光伏发电系统，需要了解瓦屋顶的几种形式，以便确定哪些屋顶可以安装，哪些屋顶不能安装。常见的屋顶瓦片有空心瓦、双槽瓦、鱼鳞瓦、平屋面瓦、平板瓦、油毡瓦、石棉瓦等几种，屋顶结构有檩条屋顶、混凝土屋顶、土层屋顶、石棉瓦屋顶等。单层的石棉瓦屋顶，由于承重较差，施工难度大，施工安全不好保证，一般不考虑安装。尽管各种瓦片的形状、颜色和性能特点不同，屋顶结构也不一样，但安装方式都是采用专用挂钩，与屋顶内部结构进行连接，并从瓦片的上下接缝处伸出来，然后在各个挂钩上固定横梁。由于挂钩的固定点都在建筑结构上，且基本不破坏瓦的防水结构，所以能保证方阵支架固定的可靠性，同时确保屋顶的防水性能不受破坏。

瓦片屋顶光伏组件的具体安装步骤如下。

①把确定好挂钩安装位置的瓦片揭开，将挂钩固定在屋顶上，然后把瓦片按原样铺上去；②在横梁方向每隔 1.2 m 左右安装一个挂钩，竖排方向（两根横梁之间）根据电池组件长度的不同，每隔 0.9~1.1 m（60 片板）或 1.2~1.4 m（72 片板）安装一个挂钩，具体安装间隔尺寸可根据设计图纸要求确定；③将横梁导轨安装在挂钩上；④将电池组件摆放到横梁上，用固定组件的中压块和边压块加以固定。

不同的屋顶结构，需要采用不同的方法进行固定，对于揭开瓦片就能看到檩条的屋顶，一般将挂钩直接用木螺丝固定在檩条上，每个挂钩至少要用 3 个木螺丝。对于比较粗壮结实的檩条，挂钩间距可以在 1.2 m 左右。如果檩条较细小，支撑力度不够，可以减小挂钩之间的横向间距。

对于混凝土瓦屋顶，屋顶的结构组成一般是瓦片+（防水层）+混凝土层+芦苇层或薄木板+檩条（或横梁），若混凝土结构密实且厚度超过 10 cm，可以用膨胀螺栓直接打入混凝土中，对挂钩进行固定。若混凝土层较薄或结构疏松（例如俗称的沙子灰），则不宜使用膨胀螺栓固定，要将固定点的土层轻轻砸开挖出，将挂钩固定在檩条或者横梁上。固定完成后，用混凝土将挖开部位填充磨平，将瓦片恢复原样并铺好。

有些混凝土屋顶是将瓦片直接铺在水泥地上的，无法揭开，需要在相应位置通过切割破坏瓦片才能固定挂钩，进行安装。这种情况需要在安装完挂钩后，对破坏部位进行修补和防水处理。

还有一种农村常见的瓦屋顶是平瓦+（防水层）+薄土层+薄木板+圆木横梁的结构，这种结构的挂钩固定方法与沙子灰结构方法一样，挂钩要固定在圆木横梁上，不能固定在薄木板上。

对于屋顶载荷强度不够，横梁太少、固定点不够以及一些拱形屋顶等，可采取先在承重墙上搭建钢结构，然后在钢结构上固定导轨支架的施工方法。

3. 光伏组件的安装

（1）光伏组件在运输、吊装、存放、搬运、安装等过程中，应轻搬轻放，不得有强烈的冲击和振动，不得碰撞或受损，特别要注意防止组件玻璃表面及背面的背板材料受到硬物的直接冲击。禁止抓住接线盒来搬运和举起组件。

（2）光伏组件进场后，要先检查外包装是否完好，无破损现象。在安装过程中，要边开包边检查光伏组件边框有无变形，玻璃有无破损，背板有无划伤及裂纹，接线盒有无脱落等现象。

（3）组件安装前应根据组件生产厂家提供的出厂实测技术参数和曲线，对光伏组件进行分组，将峰值工作电流相近的组件串联在一起，将峰值工作电压相近的组件并联在一起，以充分发挥光伏组串的整体效能。需要对光伏组件进行现场测量时，最好在正午日照最强的条件下进行。如组件厂商提供的是经过生产线测试调配好的组件，可直接进行安装。

（4）如果光伏组件接线盒没有正负极引出线时，还需要先连接好引出线，再进行安装。正负极引出线要用专用直流线缆制作，一般正极用红色，负极用黑色或其他颜色。一端连接到组件接线盒正负极压线处，另一端接专用连接器，连接器引线要用专用压线钳压接。正负极引出线的长度根据光伏方阵布置的具体需要确定。

（5）光伏组件的安装应自下而上逐块进行，螺杆的安装方向为自内向外，将分好组的组件依次摆放到支架上，并用螺杆穿过支架和组件边框的固定孔，或通过组件专用压块，将组件与支架固定。固定时要保持组件间的缝隙均匀，横平竖直，组件接线盒方向一致。组件固定螺栓应有弹簧垫圈和平垫圈，紧固后应将螺栓露出部分及螺母涂刷防锈漆，做防松动处理。

（6）地面或平面屋顶安装组件的时候若单排组件比较长，可以从中间往两边依次安装，这样可以将组件安装得更水平。

（7）光伏组件安装面的平度调整。首先调整一组支架内左右两边各一块光伏组件固定杆，使其呈水平状态并紧固，将放线绳拉直固定在两边组件表面并绷紧，然后以放线绳为基准，分别调整其余组件的固定杆，使其在一个平面内，紧固所有螺栓。当方阵面积较大时，可以同时多放几根放线绳进行调整。当个别组件的边框固定面与支架固定面不吻合或缝隙大时，要用垫片垫平后方可紧固固定螺母。不能靠强行拧紧螺栓的方式紧固吻合，这样会造成组件边框变形，甚至会因长时间的扭曲应力造成组件玻璃破损。

（8）按照具体项目光伏方阵组件串并联的设计要求，用专用直流线缆将组件的正负极进行连接，在进行作业时需认真按照操作规范进行，先串联后并联。对于接线盒直接带有线缆和连接器的组件，在连接器上都标注有正负极性，只要将连接器接插件直接插接即可。每串组件连接完毕，应检查整个光伏组串的开路电压是否正常，若没有问题，可以先断开组串中某一块组件的连接线，以保证后续工序的安全操作。电缆连接完毕，要用绑带、钢丝卡等将电缆固定在支架上，以免长期风吹摇动造成电缆磨损或接触不良。

（9）斜面彩钢板屋顶和瓦屋顶安装组件时要提前考虑好组件串的连接方式和组串数，在 安装下一块组件时要先将这块组件与上一块组件的连接器端子提前插接好，即边安装边连接，否则组件安装好后，有些区域就无法连接组件之间的连线了。

（10）安装中要注意方阵的正负极两输出端不能短路，否则可能造成人身事故或引起火灾。在阳光下安装时，最好用黑塑料薄膜、包装纸片等不透光材料将光伏组件遮盖起来，并戴上绝缘手套，以免输出电压过高影响连接操作或造成施工人员触电的危险。

（11）安装斜坡屋顶的建材一体化光伏组件时，互相间的上下左右防雨连接结构必须严格施工，严禁漏雨、漏水，外表必须整齐美观，避免光伏组件扭曲受力。屋顶坡度超过 10°时，要设置施工脚踏板，防止人员或工具物品滑落。严禁下雨天在屋顶面施工。

（12）光伏组件安装完毕之后要先测量各组串总的电流和电压，如果不合乎设计要求，就应该对各个支路分别测量。当然为了避免各个支路互相影响，在测量各个支路的电流与电压时,各个支路要相互断开。

(13)光伏方阵中所有光伏组件的铝边框之间都要用专用的接地线进行连接,光伏方阵的所有金属件都应可靠接地,防止雷击可能带来的危害,同时为工作人员提供安全保证。光伏方阵仅通过组件的铝边框和支架的接触间接接地时,接地电阻大且不可靠,铝边框有漏电的危险。在实际工程中,多数光伏系统的负极都接到设备的公共地极上。系统其他的绝缘及接地要求可参考相应的设计方案和国家标准中有关内容。

4.5.4 光伏控制器和逆变器等电气设备的安装

1. 控制器的安装

(1)控制器安装前,应先开箱检查,按照装箱单和技术手册进行逐项检查,检查外观有无损坏,内部连接线和螺钉有无松动,还要核对设备型号是否符合实际要求,零部件和辅助线材是否齐全等。要详细了解安装使用注意事项,熟悉各接线端的功能。

(2)安装控制器时,要将光伏电池方阵用塑料布进行遮挡,或在早晚太阳光较弱时进行,或断开光伏组串相应断路器,以免高压拉弧放电。断开负载以保护设备及人员安全,按照要求连接线路。

(3)控制器接线时要将工作开关放在关的位置,接线步骤是先连接蓄电池,再连接逆变器,然后对系统进行检查和试运行,具备通电使用条件后,最后连接光伏组串或方阵。在保证安装位置合理的前提下,要尽量减少连接线缆的长度,以减少电能损耗。导线采用铜线,截面积一般按照电流密度不大于 4 A/mm^2 确定。

(4)控制器应尽量安装在阴凉通风的地方,以防止散热部件温度过高。要特别注意出风口的灰尘问题,有过滤网的通风口要注意定期进行清理。中功率控制器可固定在墙壁上或者摆放在工作台上,大功率控制器可直接在配电室内地面安装。控制器若需要在室外安装时,必须符合密封防潮要求。

(5)不同类型的蓄电池对充放电电压的要求有差异,安装连接后需要对预置电压进行核对或调整。

2. 逆变器的安装

(1)逆变器在安装前同样要进行外观及内部线路的检查,检查无误后先将逆变器的输入开关断开,然后进行接线连接。接线时要注意分清正负极,并保证连接牢固。接线内容包括,直流侧接线、交流侧接线、接地连接、通信线连接等。接线顺序为先连接保护接地线 PE,再连接交流输出线,再连接通信线,最后连接直流输入线。

(2)接线完毕,可接通逆变器的输入开关,待逆变器自检测正常后,如果输出无短路现象,则可以打开输出开关,检查温升情况和运行情况,使逆变器处于试运行状态。

(3)逆变器的安装位置确定可根据其体积、质量大小分别放置在工作台面、地面等,若需要在室外安装时,要考虑周围环境是否对逆变器有影响,应避免阳光直接照射,并符合密封防潮通风的要求。过高的温度和大量的灰尘会引起逆变器故障和缩短使用寿命。同时要确保周围没有其他电力电子设备干扰。

(4)逆变器的安装应与其周围保持一定的间隙,方便逆变器散热,同时便于后期逆变器的维护操作。如果逆变器本身无防雷功能,还要在直流输入侧配置防雷系统,并且保持良好接地。

（5）在大功率离网光伏系统中，逆变器安装要尽量靠近蓄电池组，但又不能和蓄电池组同处一室，一是防止蓄电池散发的腐蚀性气体对逆变器等设备的侵蚀，二是防止逆变器开关动作产生的电火花引起腐蚀性气体爆炸。

（6）逆变器安装要合理选择并网点，在某一区域安装 3 台以上逆变器时，要选择接入不同相位的火线并网，防止用电低峰时因电网电压高造成逆变器过压保护而间隙工作。在农村电网末端严禁安装大容量光伏发电系统。

（7）安装中所使用的线缆质量必须合格，连接要牢固，直流光伏线缆连接器必须用专用压线钳压制，以避免后期因接触不良引起故障或着火事故。

根据光伏系统的不同要求，各厂家生产的控制器、逆变器的功能和特性都有差别。因此欲了解控制器、逆变器的具体接线和调试方法，要详细阅读随机附带的技术说明文件。

3. 直流汇流箱的安装

（1）直流汇流箱安装前也应开箱检查，首先按照装箱清单检查汇流箱所带的产品使用手册、合格证、保修卡及箱门钥匙等配件、资料是否齐全。检查汇流箱内元器件应完好，连接线应无松动，所有开关和熔断器应处于断开状态。

（2）汇流箱的安装方式主要有壁挂、落地、一体机等方式。汇流箱的安装位置应符合设计要求，安装支架及紧固螺丝等都应为防锈件。汇流箱防护等级虽然能满足户外安装的要求，但也要尽量安装在干燥、通风和阴凉的地方，避免安装在阳光直射和环境温度过高的区域。

（3）进入汇流箱的组串线缆要根据图纸要求，按照线缆标号连接至汇流箱相应连接器或相应端子。汇流箱的接地线，可直接连接到光伏方阵支架或直接接地。

4. 交流汇流箱的安装

（1）交流汇流箱的安装方式要结合其外形尺寸及质量确定落地或悬挂安装。

（2）交流汇流箱的安装环境温度应在−25~60 ℃之间，相对湿度在 0~95%之间。

（3）交流汇流箱应安装在干燥、通风良好、防尘的地方。避免安装在太阳直射的地方。

（4）交流汇流箱安装位置的四面要留有足够的空间，便于箱体更好地散热并方便日后维护检修。

4.5.5　防雷与接地系统的安装施工

1. 防雷器的安装

1）安装方法

防雷器的安装比较简单，防雷器模块、火花放电间隙模块及报警模块等，都可以非常方便地组合并直接安装到配电箱中标准的 35 mm 导轨上。

2）安装位置的确定

一般来说，防雷器都要安装在根据分区防雷理论要求确定的分区交界处。B 级（Ⅲ级）防雷器一般安装在电缆进入建筑物的入口处，如安装在电源的主配电柜中；C 级（Ⅱ级）防雷器一般安装在分配电柜中，作为基本保护的补充。D 级（Ⅰ级）防雷器属于精细保护级防雷装置，要尽可能地靠近被保护设备端进行安装。防雷分区理论及防雷器等级是根据 DIN VDE0185 和 IEC61312-1 等相关标准确定的。

4.6 光伏发电系统检查测试

光伏发电系统在安装施工的过程中及安装完毕后,需要对整个系统进行直观检查和必要的测试,使系统能够长期稳定地正常运行,并履行工程验收和交接手续。

施工检查要贯穿在光伏发电系统工程施工的全过程中。在施工阶段,要根据现场检查的要求,重点检查施工方案是否合理,能否全面满足设计要求,并根据设计要求和供货清单等资料,检查配套的设备、部件、材料等是否按照要求配齐,供货质量是否符合要求。对一些重要或关键的设备、部件、材料,可根据具体情况进行抽样检查。基础工程及光伏支架安装施工完工后,重点检查光伏方阵基础施工质量、光伏方阵支架安装质量,以及其他如电缆沟、配电室等土建设施的施工质量,并做好相应记录。系统设备安装和线缆敷设完成后,要根据设计要求,参照产品说明书,对电池组件、逆变器、控制器、汇流箱、配电柜、蓄电池组、交直流线缆等进行检查。

4.6.1 光伏发电系统的检查

光伏发电系统的检查主要是对各个电气设备、部件等进行外观检查,内容包括光伏组件方阵、基础支架、直流汇流箱、直流配电柜、交流配电柜、控制器、逆变器、系统并网装置和接地系统等的检查。

1. 光伏组件及方阵的检查

检查组件的电池片有无裂纹、缺角和变色,表面玻璃有无破损、脏物和油污,边框有无损伤变形等。

检查方阵外观是否平整、美观,组件是否安装牢固,连接引线是否接触良好,引线外皮有无破损等。

检查组件或方阵支架是否有腐蚀生锈和螺栓松动之处。检查方阵接地线是否有破损,连接是否可靠。

2. 直流汇流箱和直流、交流配电柜的检查

检查箱体表面有无腐蚀、生锈、变形、破损,内部接线有无错误,接线端子有无松动,外部接线有无损伤,各断路器开关是否灵活,防雷模块是否正常,接地线缆有无破损,端子连接是否可靠。

3. 控制器、逆变器、箱式变压器的检查

检查箱体表面有无腐蚀、生锈、变形、破损,接线端子是否松动,输入、输出等接线是否正确,接地线有无破损、接地端子是否牢固,辅助电源连接是否正确,逆变器自检是否正常,各断路器开关是否灵活,防雷模块是否正常。

变压器表面有无破损,温度、过载保护等动作是否正常,绝缘是否正常。

4. 接地系统的检查

检查接地系统是否连接良好,有无松动。连接线是否有损伤;所有接地线是否为等电位连接,电缆铠甲是否接地。

5. 配电线缆的检查

光伏发电系统中的线缆在施工过程中，很可能出现碰伤和扭曲等情况，这会导致绝缘被破坏以及绝缘电阻下降等现象。因此在工程结束后，在做上述各项检查的过程中，同时对相关配电线缆进行外观检查，通过检查确认线缆有无损伤。

重点检查以下事项。电缆与连接端是否采用连接端头，并且有抗氧化措施；连接紧固无松动，电缆绝缘良好，标识标牌齐全完整；高压电缆经过了高压测试并合格，电缆铠甲接地和防火措施良好。

4.6.2　光伏发电系统的测试

1. 光伏方阵的测试

一般情况下，方阵组件串中的光伏组件的规格和型号都是相同的，可根据组件生产厂商提供的技术参数，查出单块组件的开路电压，将其乘以串联的数目，应基本等于组件串联端的开路电压。

通常由 36 片、60 片或 72 片电池片制造的光伏组件，其开路电压约为 21 V、36.5 V 或 43 V。如有若干块光伏组件串联，则其组件串两端的开路电压应约为 21 V、36.5 V 或 43 V 的整数倍。测量光伏组件串两端的开路电压，看是否基本符合上述要求，若相差太大，则很可能有组件损坏、极性接反或是连接处接触不良等问题，可逐个检查组件的开路电压及连接状况，找出故障。

测量光伏组件串两端的短路电流，应基本符合设计要求，若相差较大，则可能有的组件性能不良，应予以更换。

若光伏组件串联的数目较多时，开路电压将达到 600~700 V 甚至更高，测量时要注意安全。所有光伏组件串都检查合格后，进行光伏组件串并联的检查。在确认所有的光伏组件串的开路电压基本上都相同后，方可进行各串的并联。并联后电压基本不变，总的短路电流应大体等于各个组件串的短路电流之和。在测量短路电流时，也要注意安全，电流太大时可能产生火花，会造成设备或人身事故。

若有多个子方阵，均按照以上方法检查合格后，方可将各个方阵输出的正负极接入汇流箱或控制器，然后测量方阵总的工作电流和电压等参数。

2. 绝缘电阻的测试

为了了解光伏发电系统各部分的绝缘状态，判断是否可以通电，需要进行绝缘电阻测试。绝缘电阻的测试一般是在光伏发电系统施工安装完毕准备开始运行前、运行过程中的定期检查时以及确定出现故障时进行。

绝缘电阻测试主要包括对光伏方阵、直流汇流箱、直流配电柜、交流配电柜以及逆变器系统电路的测试。由于光伏方阵在白天始终有较高电压存在，在进行光伏方阵电路的绝缘电阻测试时，要准备一个能够承受光伏方阵短路电流的开关，先用短路开关将光伏方阵的输出端短路，根据需要选用 500 V 或 1 000 V 的绝缘电阻计（俗称兆欧表或摇表），然后测量光伏方阵的各输出端子对地间的绝缘电阻，绝缘电阻值应不小于 10 MΩ，采用 500 V 或 1 000 V 的绝缘电阻计进行测试。

逆变器绝缘电阻测试内容主要包括输入电路的绝缘电阻测试和输出电路的绝缘电阻测

试。在进行输入和输出电路的绝缘电阻测试时，首先将光伏电池与汇流箱分离，并分别短路直流输入电路的所有输入端子和交流输出电路的所有输出端子，然后分别测量输入电路与地线间的绝缘电阻和输出电路与地线间的绝缘电阻。逆变器的输入、输出绝缘电阻值应不小于 2 MΩ。

直流汇流箱、直流配电柜、交流配电柜的绝缘电阻测试方法与逆变器的测试基本相同，其输入、输出引线与箱体外壳的绝缘电阻都应不小于 10 MΩ。

3. 绝缘耐压的测试

对于光伏方阵和逆变器，根据要求有时需要进行绝缘耐压测试，测量光伏方阵电路和逆变器电路的绝缘耐压值。测量的条件和方法与上面的绝缘电阻测试相同。

在进行光伏方阵电路的绝缘耐压测试时，将标准光伏方阵的开路电压作为最大使用电压，对光伏方阵电路加上最大使用电压的 1.5 倍的直流电压或 1 倍的交流电压，测试时间为 10 min 左右，检查是否出现绝缘破坏。绝缘耐压测试时一般要将防雷器等避雷装置取下或者从电路中脱开，然后进行测试。

在对逆变器电路进行绝缘耐压测试时，测试电压与光伏方阵电路的测试电压相同，测试时间也为 10 min，检查逆变器电路是否出现绝缘破坏。

4. 接地电阻的测试

接地电阻一般使用接地电阻计进行测量，接地电阻计还包括一个接地电极引线以及两个辅助电极。测试时要使接地电极与两个辅助电极的间隔各为 20 m 左右，并成直线排列。将接地电极接在接地电阻计的 E 端子上，辅助电极接在电阻计的 P 端子和 C 端子上，即可测出接地电阻值。接地电阻计有手摇式、数字式及钳形式等几种，详细使用方法可参考具体机型的使用说明书。

5. 控制器的性能测试

对于有条件的场合最好对控制器的性能也进行全面检测，验证其是否符合国家标准规定的具体要求。

对于一般的离网光伏系统，控制器的主要功能是防止蓄电池过充电和过放电。在与光伏系统连接前，最好先对控制器单独进行测试。可使用合适的直流稳压电源，为控制器的输入端提供稳定的工作电压，并调节电压大小，验证其充满断开、恢复连接及低压断开时的电压是否符合要求。有些控制器具有输出稳压功能，可在适当范围内改变输入电压，测量输出是否保持稳定。另外还要测试控制器的最大自身耗电是否满足不超过其额定工作电流的 1%的要求。

若控制器还具备智能控制、设备保护、数据采集、状态显示、故障报警等功能，也可进行适当的检测。

对于小型光伏系统或确认控制器在出厂前已经调试合格，并且在运输和安装过程中并无任何损坏，在现场也可不再进行这些测试。

4.7 光伏发电系统调试运行

光伏发电系统经过检查和测试后，就可以进入分段调试和试运行环节，在调试运行的过程中一定要严格按照相关的规范和设计要求及设备技术手册的规定，仔细检查和测试运行各个环节，确保在系统送电前排除所有隐藏的问题，如在调试过程中发现某些设备的实际性能指标与技术手册参数不符时，要及时督促设备厂家采取补救措施或现场更换。调试过程中各个工作环节要注意安全，做到井然有序、一丝不苟。下面以一个 MW 级并网光伏电站的运行调试过程为例，介绍光伏发电系统的调试运行过程。

4.7.1 光伏发电系统并网调试

1. 供电操作顺序

（1）合闸顺序。

合上方阵汇流箱开关→检查直流配电柜所有直流输入电压→检测 35 kV 电压供电是否输入→合上箱变低压侧开关→合上逆变器辅助电源开关→合上逆变器直流输入开关→合上直流配电柜输出开关→合上逆变器输出交流开关。

（2）断电顺序。

分断逆变器输出交流开关→分断逆变器直流输入开关→分断直流配电柜输出开关→分断逆变器辅助电源开关→分断箱变低压侧开关。

2. 送电调试

（1）35 kV 高压送电调试。

（2）向变压器送电并做冲击试验。

当外线高压送至光伏电站高压开关柜且一切正常后，开始向箱式变压器进行送电，做变压器冲击试验。变压器冲击试验做 3 次，第 1 次送电 3 min，停 2 min，待现场确认一切正常后进行第 2 次冲击试验；第 2 次送电 5 min，停 5 min，待现场确认正常后做第 3 次冲击试验；第 3 次送电后在现场观察 10 min，无异常情况后不再断电，该线路试验完毕。保持变压器空载运行 24 h，运行期间变压器应声音均匀、无杂音、无异味、无弧光。

3. 直流系统和逆变系统并网调试

在变压器空载运行 24 h 正常后，可以开始直流系统和逆变系统的调试。直流系统和逆变系统的调试按 500 kW 一个单元进行，直流系统和逆变系统的送电顺序为：合上该区域所有直流汇流箱的输出断路器→在直流配电柜上依次检查每路汇流箱的直流电压是否正常→合上变压器低压侧断路器→合上逆变器辅助电源开关→合上逆变器直流输入开关→送入一路直流电源对逆变器进行送电测试，试验逆变器直流输入端是否正常→每两路一组送入全部直流电→合上逆变器交流输出开关→逆变器并网送电。

并网运行后，要对逆变器各功能进行检测。

（1）自动开关机功能检测。检测逆变器在早晨和晚上的自动启动运行和自动停止运行功能，检查逆变器自动功率（MPPT）跟踪范围。

（2）防孤岛保护检测。逆变器并网发电，断开交流开关，模拟电网停电，查看逆变器当前告警中是否有孤岛告警，是否自动启动孤岛保护功能。

（3）输出直流分量测试。光伏电站并网运行时，并网逆变器向电网输送的直流分量不应超过其交流额定值的 0.5%。

（4）手动开关机功能检测。通过逆变器启动/停止控制开关，检查逆变器手动开关机功能。

(5)远方开关机功能检测。通过监控上位机启动/停止按钮,检查逆变器远方开关机功能,看是否能通过监控上位机的启动/停止按钮控制逆变器的开关机。

逆变器的转换效率、温度保护功能、并网谐波、输出电压、电压不平衡度、工作噪声、待机功耗等反映逆变器本身质量优劣的各项性能指标可根据需要和现场条件进行测试,在此就不详细叙述了。

4. 监控系统的调试

(1)检查监控的信息量是否正常。

(2)遥信遥测直流配电柜上每路的直流输入的电流和电压参数。

(3)通信遥测逆变器上直流电流、电压,交流电流、电压,实时功率,日发电量,累计发电量及频率等参数。

(4)遥信遥测箱式变压器的超温报警、超温跳闸、高压刀开关、高压熔断器、低压断路器位置等信号;遥控箱式变压器低压侧低压断路器等有电控操作功能的开关进行远程合、分操作;遥测箱式变压器低压侧三相电流、三相电压、频率、功率因数、有功功率、无功功率等参数。

(5)遥测电站环境的温度、风速、风向、辐照度等参数。

4.7.2 并网试运行中各系统的检查

(1)检查关口电能表、35 kV 进线柜电能表工作是否正常。

(2)检查监控系统数据采集是否正常。

(3)检查箱式变压器、逆变器、直流汇流箱、直流配电柜等的运行温度,以及电缆连接处、出线隔离开关触头等关键部位的温度。

(4)检查 35 kV 开关柜、110 kV 变压器、出线设备运行是否正常。

(5)在带最大负荷发电条件下,观察设备是否有异常告警、动作等现象。再次检测箱式变压器、逆变器、直流汇流箱、直流配电柜运行温度,以及电缆连接处、出线隔离开关触头等关键部位的温度。

4.8 光伏发电系统安全作业

在光伏发电系统的安装施工和检查调试全过程中,安全是贯穿始终的工作,真正树立安全第一的思想,确保施工过程中的人身安全,谨防事故发生,是每个施工人员的首要责任。因此,光伏发电系统的安装施工和现场管理人员都要严格遵守安全操作规范和各项规章制度,做到规范施工、安全作业,保持清洁和有序的施工现场,配备合理的安全防护用品。对安装施工人员要进行专业技术培训,并在专业工程技术人员的现场指导和参与下进行作业。

4.8.1 施工现场常见安全危害及防护措施

光伏发电系统的施工现场和其他工程的施工现场一样,也存在着许多的不安全因素,包含许多带电的和非电的危险,多人同现场操作等。光伏发电系统工程绝大多数是在户外、野外、山坡或屋顶施工，当进行光伏发电系统的安装及检测操作时，要随时警惕可能发生的潜在的物理、电气及化学方面的危害，例如太阳暴晒、昆虫蛇咬、撞击、扭伤、坠落、灼伤、触电、烫伤等，下面一一列举。

1. 常见安全危害

（1）物理危害。

在户外对光伏发电系统进行操作时，通常是用手或者电动工具对电气设备进行操作，在有些系统中，还需要对蓄电池进行相关的操作，操作中稍有不慎，就可能给操作者造成灼伤、电击等物理危害。因此，正确安全地使用工具并采取必要的防护措施是非常重要的。

（2）阳光辐射。

光伏发电系统都安装在阳光充足、没有阴影的地方，因此长时间在烈日下进行施工作业，一定要戴上遮阳帽，并涂抹防晒霜以保护自己不被烈日灼伤。天气炎热时，要大量饮水，每工作一个小时在阴凉处休息几分钟。

（3）昆虫、蛇及其他动物。

马蜂、蜘蛛及其他昆虫经常会在接线箱、光伏方阵的外框及其他光伏系统的保护壳中栖息，某些偏远的野外，也免不了有蛇出没。同样，蚂蚁也会在光伏方阵基础或蓄电池箱周围栖息。因此，在打开接线箱或其他设备外壳时，需要做好一定的防备措施。在到光伏方阵下面或背后工作之前，需要仔细观察周围的环境，以免意外状况的发生。

（4）切伤、撞击与扭伤。

许多光伏系统的零部件都有锋利的边角，稍不注意就有可能发生伤害。这些零部件包括光伏组件的铝合金边框、接线箱外壳翻边、螺栓螺母毛刺、支架边缘毛刺等。特别是进行有关金属的钻孔与锯切时，一定要戴上防护手套。另外在低矮的光伏方阵或系统设备下进行作业时，一定要戴好安全帽，以防一不留心撞伤脑袋。

在搬运蓄电池、光伏组件及其他光伏设备时，要注意用力均匀，或者两人一起搬运，防止用力过猛而扭伤。

（5）热灼伤。

光伏方阵在夏季的阳光下，其玻璃表面或铝合金边框等温度会达到 80 ℃以上，温度比较高。为确保安全，防止皮肤被灼伤，在夏季对光伏系统进行操作时一定要戴好防护手套，尽量避开发热部位。

（6）触电伤害。

触电伤害是人体触及带电体后电流对人体造成的伤害，分为电击和电灼伤。

电击俗称触电，是电流通过人体内部所引起的损伤。电击可以导致人员的烧伤或休克，造成肌肉收缩或外伤，严重时会影响呼吸系统、心脏及神经系统的正常功能，甚至死亡。如果流经人体的电流大于 0.02 A，便会对人体造成伤害，电压越高，流经人体的电流越大。因此，不管是直流电还是交流电，光伏电还是电网电，只要有一定的电压，就会造成伤害。虽然单块光伏组件的输出电压没有多高，但十几块组件串联起来的输出电压，往往比逆变器输出的交流电压还要高。操作时为避免电击伤害，一是要确保切断相关电源；二是尽量使用钳形电流表进行线路电流的测试；三是戴上绝缘手套。

电灼伤是指由于电流的热效应、化学效应、机械效应及电流本身作用对人体造成的伤害。电灼伤一般发生在人体外部，即在人体皮肤表面留下明显的伤痕，主要有电烧伤、皮肤金属化和电烙印等。

在触电伤害中,电击和电灼伤常会同时发生,一般来说电灼伤比电击危险程度要低一些,而大部分的电击都伴有电灼伤。

(7)化学危害。

离网光伏发电系统往往使用蓄电池作为储能系统,最常见的蓄电池是铅酸蓄电池。铅酸蓄电池使用硫酸作为电解液,硫酸具有很强的腐蚀性,它可能会在操作过程中发生泄漏或在充电过程中产生喷洒。如果接触到身体裸露的地方,皮肤便会被化学烧伤。另外眼睛也是特别容易被伤害到的,衣服也往往会被烧出个洞。尽管密封性铅酸蓄电池发生电解液泄漏的事情比较少,但还是要以防万一。

另外,蓄电池在充电过程中会排放出少量氢气,氢气是可燃气体,当氢气积聚到一定浓度时遇明火、电火花时极易发生爆炸或火灾。因此蓄电池放置场所要保持通风良好,避免可燃气体的积聚,避免爆炸或火灾事故发生对人员造成伤害。

2. 安全防护

在施工现场应做好安全防护,不仅要保护好自己,还要保护好周围一起施工和操作的伙伴,首先是要各自穿戴好防护用品,还要在工作当中互相关照、提醒、协作,并且每个施工人员都要保持一定的警觉,切不可麻痹大意。需要两个人一起操作的事情,或者需要双人在场的工作,不要单独行事,不要为省时省钱而降低用人成本,因为没有比保证人身安全更重要的,安全才是最大的节约。

常用的安全防护用品有安全帽、防护眼镜、手套、鞋子、安全带、防护围裙等。安全帽对人体头部有防护作用,主要是保护头部不被撞伤或坠落物砸伤。

防护眼镜有两个作用,一个是保护眼睛不受强烈阳光的刺激,二是进行蓄电池系统的安装维护操作时,防止酸液溅入。

手套分很多种,不同的工作内容要选择不同的手套。进行安装操作可以选用线手套;搬动有锐角或毛刺的金属类物件,可以选择帆布手套;进行蓄电池维护操作要选择橡胶耐酸手套;进行电气检测要选择高压绝缘手套等。当然也可以选择优质的全功能手套进行操作。鞋子的选择取决于工作场合和环境,如果光伏施工现场是新建的工业环境,最好选择穿硬头劳保皮鞋;如果是地面或山地环境,最好选择标准工作鞋或登山鞋;如果是在屋顶作业,最好选择胶底工作鞋。

防护围裙是在对蓄电池进行操作时需要配备的。安全带是在屋顶、梯子等环境下进行作业时需要配备的。

4.8.2 施工现场安全作业指导

1. 工具使用安全

在光伏电站施工现场,会使用到很多工具,所以,为了保证操作者本人和现场其他工作人员的安全,一定要保证这些工具得到妥善的保管和正确的使用,有些工具的安全装置绝对不能随意拆掉,例如切割锯的锯片防护罩等。在屋顶(特别是斜面屋顶)操作时,要准备合适的工具包来随时收纳工具或选择一个合适的平台来集中存放工具,防止工具从屋顶滑落发生事故。

梯子是安装屋顶光伏发电系统的重要工具，在使用直梯或伸缩梯上屋顶时，要注意正确安放。如果梯子放得太陡，梯子顶部就有从屋顶翻落下来的危险。如果放得太斜，梯子底部又会滑动。因此梯子的使用除了安放角度要合适以外，还要想办法将梯子底部固定，或者在使用时有人在底部将梯子把住。

2. 屋顶作业安全

屋顶应该是光伏发电系统安装操作最危险的场所，操作人员只要踏上屋顶，就会处于各种可能的危险之中。对于一些轻薄的屋顶，可能存在被踩踏的危险，在屋顶边缘操作有跌落的危险，两个人一起操作，例如抬一块大的光伏组件存在顾前不顾后的危险等等，所以在屋顶操作要做好跌落防护措施，安全带的使用必不可少。必要时，光伏方阵之间还需要留出50 cm 左右宽度的步行通道，以方便安装检测和维修操作。

另外在屋顶作业时，还要注意屋顶是否有架空的电源线，特别是安放和使用金属梯子时，或在梯子上操作时，要注意往上看，防止触碰到电线，如果是高压电缆，要注意留有安全距离。

3. 电气作业安全

在光伏发电系统的安装操作过程中，存在直流电、交流电等多种电源，有电就会有电击的危险。特别是一些刚开始接触光伏系统的操作人员，往往认为光伏组件发出的电压不高，不像 220 V 交流电一样会对人体造成伤害。其实单块光伏组件的正常输出电压已经在 36 V 安全电压的边缘了，且输出电流很大，在 5~10 A，而 0.1 A 的电流就有可能破坏心脏机能，5~10 A 的电流足以对人体造成伤害甚至死亡。当多块光伏组件串联起来后，其直流输出电压往往在几百伏以上，其威力远远超过家庭供电的 220/380 V 交流电压，所以在光伏发电系统进行电气设备连接操作时，要时刻注意被电击的可能。

1）造成触电的原因

（1）缺乏或忽略电气安全用电常识和基本制度，作业中触及带电体。

（2）违反操作规程，人体直接接触带电体。

（3）电气设备存在安全隐患或者设备管理不当，损坏设备绝缘，发生漏电，人体触碰到漏电设备外壳。

（4）维护检修不及时，如高压线落地，会产生跨步电压对人体造成伤害。

（5）安全措施不完善或操作者误操作造成触电事故。

（6）其他偶然因素，如人体受雷击等。

2）电气操作安全

光伏组件安装完毕，只要有阳光，就会输出直流电压，为避免被电击，一定要最后插接组件输出引线到汇流箱，不使汇流箱过早带电，影响汇流箱内的其他作业。当需要在汇流箱内进行电气测量时，一定要带上绝缘手套。在直流配电柜、交流汇流箱、交流配电柜进行接线操作时，如果配电箱带电，就会有触碰到线路的风险，所以，操作时一定要切断前端电源，以避免危险。特别是多个逆变器并联输出的交流电路，要保证该回路上所有的逆变器都不输出电流。

3）遵守连线顺序

在光伏组件的安装过程中，通常都是十几块组件构成一个组串，组件与组件之间都是串联连接，在线缆连接时，正确的顺序应该是，先连接组件与组件之间的连接器插头，例如，第

1 块组件的正极接头与第 2 块组件的负极接头连接，第 2 块组件的正极接头与第 3 块组件的负极接头连接，以此类推，当整个组串连接起来后，第 1 块组件的负极接头和最后一块组件的正极接头要连接到逆变器或者汇流箱，就需要铺设一根归巢电缆，这根电缆的一端有快接插头，可以与组件的快接插头连接，另一端是裸露线，需要与逆变器或汇流箱的相应端子连接，这时就需要注意线缆连接顺序，正确的做法是，先把归巢电缆的裸露端与相应端子连接牢固后，再把另一端的快接插头与组件相连，这样才能保证安全，减少电击危险。现在有一部分逆变器或者汇流箱已经将接线端子改成了快接插头，并将快接插头安装在机箱箱体下端；对于这种结构，要使用两端都有快接插头的归巢电缆，连接线路时，就不用注意连线顺序了。

为保证整个系统的无电操作，归巢电缆的连接要放在最后进行。也就是说，当把逆变器、汇流箱等所有设备线路连接完毕，元器件安装到位之后，断开设备隔离开关，最后连接各组串的归巢电缆。

在整个系统的安装连线过程中，同样要遵循这个顺序，首先要进行系统端部不带电部分的接线，然后向系统有电压源的部分作业。对于并网系统，要从逆变器到电网的顺序作业，对于离网系统或带蓄电池的并网系统，要从逆变器向蓄电池组方向作业。在作业过程中要保证一直断开逆变器、汇流箱和配电柜等内的断路器、隔离开关等，这样才能保证在各种箱体内操作、接线等不会发生危险。

4.9 光伏发电系统工程验收

分布式光伏发电系统项目的验收分为居民项目和非居民项目两类，项目验收一般由政府主管部门组织安排，项目单位或用户配合，成立验收专家小组负责执行。其中项目单位的组成，对于非居民项目，要由项目投资方、设计方、施工方、监理方、运维方和屋顶业主单位各派代表共同参加。对于居民项目，要由项目投资方、实施方、运维方和屋顶业主各派代表共同参加。

验收专家小组至少由 3 名成员组成，原则上应邀请电网公司参加。小组成员应涵盖光伏系统、电气及接入、土建安装和运维等领域的工程技术人员，验收组组长应由所有成员共同选出，负责主持项目验收。

1. 验收流程

（1）验收小组首先要听取项目单位的项目汇报，并检查项目是否符合前置要求，此后对项目进行实地检查及资料审查，针对验收中存在的问题与项目单位逐一确认后，形成书面验收意见。

（2）在实地检查和资料审查中，验收小组应对所有必查项逐条检查，如不符合相应要求，则验收结论为不合格。

①项目中列出的检查项，除非特别标注，均为必查项。

②不合格的必查项应在验收意见中明确列出，并提出整改意见，对于无法整改的给予事实披露。

（3）在实地检查和资料审查过程中，验收小组如发现实施到位符合要求的加分项，应在验收结论中明确列出，并给出特点说明。

（4）书面验收意见应由验收小组全体成员签字。

2. 非居民项目验收

1）非居民项目的前置要求

验收小组若发现项目是临时建筑且存在以下情况，则对该项目不予验收。

（1）有甲类、乙类火灾危险性的生产企业建筑和有火灾危险性储存物品的仓储建筑。

（2）有大量粉尘、热量、腐蚀气体、油烟等影响的建筑。

（3）屋面整体朝阴或屋面大部分受到遮挡影响的建筑。

（4）与屋顶业主因项目质量存在纠纷的项目。

（5）其他根据相关标准规定不能安装屋顶分布式光伏发电项目的建筑。

2）支架基础及与屋面结合的验收

光伏支架的混凝土基础、屋顶混凝土结构块或配重块及砌体应符合下列要求。

（1）基础外表应无严重的裂缝、蜂窝麻面、孔洞、露筋等情况。

（2）所用混凝土的强度应符合设计规范要求。

（3）砌筑整齐平整，无明显歪斜、前后错位和高低错位。

（4）与原建（构）筑物的连接应牢固可靠，连接处已经做好防腐和防水处理，屋顶防水结构未见明显受损。

（5）配电箱、逆变器等设备壁挂安装于墙体时，墙体结构荷载需满足要求。

（6）如采用结构胶粘接地脚螺栓，连接处应牢固无松动。

（7）预埋地脚螺栓和预埋件螺母、垫圈三者要匹配配套，预埋地脚螺栓的螺纹和螺母完好无损，安装平整、牢固、无松动，防腐处理要符合规范。

（8）屋面保持清洁完整，无积水、油污、杂物，有通道、楼梯的平台处无杂物阻塞。

3）光伏组件与方阵支架的验收

（1）光伏组件的标签要与认证证书保持一致。

（2）光伏组件的安装要按照设计图纸进行，组件方阵与方阵位置、连接数量和路径应符合设计要求。

（3）组件方阵要平整美观，整个方阵平面和边缘无波浪形。

（4）光伏组件不得出现破碎、开裂、弯曲或外表面脱附，包括上层、下层、边框和接线盒。

（5）光伏连接器外观完好，表面不得出现严重破损和裂纹。接头压接规范，用耐候性扎带或固定件固定牢固，不得出现自然垂地的现象，不得放置于积水区域。不得使用两种不同厂家的光伏连接器进行连接。

4）方阵支架应符合相关要求

（1）外观及防腐涂层镀层完好，不得出现明显受损情况。

（2）采用紧固件的支架，必须紧固牢固，不得出现抱箍松动和弹垫未压平现象。

（3）支架安装整齐，不得出现明显错位、偏移和歪斜。

（4）支架及紧固件材料防腐处理符合规范要求。

5）线缆连接铺设的验收

（1）光伏线缆要外观完好，表面无破损，重要标识无模糊脱落现象。

（2）连接电缆两端应设置规格统一的标识牌，字迹清晰、不褪色。

（3）线缆铺设应排列整齐和固定牢固，采取保护措施，不得出现自然下垂现象；电缆原则上不应直接暴露在阳光下，应采取桥架、管线等防护措施或使用耐辐射型线缆。

（4）单芯交流电缆的敷设应严格符合相关规范要求，以避免产生涡流现象，严禁单独敷设在金属管或桥架内。

（5）双拼和多拼电缆的敷设应严格保证路径同程、电气参数一致。

（6）电缆穿越隔墙的孔洞间隙处，均应采用防火材料封堵。各类配电设备进出口处均应保证密封性好。

（7）使用桥架与线管时要做到布置整齐美观，转弯半径符合规范要求。桥架、管线与支撑架连接牢固无松动，支撑件排列均匀、连接牢固稳定。

（8）屋顶和引下桥架盖板应采取加固措施。桥架与管线及连接固定位置的防腐处理应符合规范要求，不得出现明显锈蚀情况。

（9）屋顶管线不得采用普通 PVC 管做线管。

6）汇流箱的验收

（1）汇流箱箱体外观完好，无变形、破损迹象。箱门表面标志清晰，无明显划痕、掉漆等现象。

（2）应在箱体显要位置设置铭牌、编号、高压警告标识，不得出现脱落和褪色。

（3）箱体门内侧应有接线示意图，接线处应有明显的规格统一的标识牌，字迹清晰、不褪色。

（4）箱体安装应牢固可靠，且不得遮挡组件，不得安装在易积水处或易燃易爆环境中。

（5）箱内接线应牢固可靠，压接导线不得出现裸露部分。

（6）箱门及电缆孔洞密封严密，雨水不得进入箱体内；未使用的穿线孔洞应用防火泥封堵。

（7）有阳光照射位置，箱体外要有遮阳棚等防晒措施。

7）光伏逆变器的验收

（1）逆变器应外观完好，不得出现外观变形和损坏，无明显划痕、掉漆等现象。

（2）应在箱体显要位置设置铭牌，型号与设计一致，清晰标明负载的连接点和直流侧极性；应有安全警示标志。

（3）有独立风道的逆变器，进风口与出风口不得有物体堵塞，散热风扇工作应正常。

（4）所接线缆应有规格统一的标识牌，字迹清晰、不褪色。

（5）逆变器的安装位置应在通风处，附近无发热源，且不得安装在易积水处和易燃易爆环境中。

（6）落地现场安装要牢固可靠，安装固定处无裂痕。壁挂安装要保证与安装支架的连接牢固可靠，不得出现明显歪斜，不得影响墙体自身结构和功能。

（7）逆变器连接接线应牢固可靠。接头端子应完好无破损，未接的端子应安装密封盖。

8）防雷与接地装置的验收

（1）接地干线应在不同的两点及以上与接地网连接或与原有建筑屋顶防雷接地网连接。

（2）接地干线（网）连接、接地干线（网）与屋顶建筑防雷接地网的连接应牢固可靠。铝型材连接需剔除外层氧化膜；当采用焊接连接时，焊接质量应符合要求，不应出现错位、平行和扭曲等现象，焊接点应做好防腐处理。

（3）带边框的组件、所有支架、电缆的金属外皮、金属保护管线、桥架、电气设备箱体导电部分应与接地干线（网）牢固连接，并对连接处做好防腐处理措施。

（4）接地线不应做其他用途。

9）环境监控装置的验收

（1）环境监控仪安装无遮挡并可靠接地，牢固无松动。

（2）敷设线缆应整齐美观，外皮无损伤，间距均匀。

（3）终端数据与逆变器、汇流箱数据一致，参数显示清晰，数据不得出现明显异常。

（4）数据采集装置和电参数监测设备设有防护装置。

10）巡检通道与水清洁系统的验收

（1）屋顶应设置安全便利的上下屋面检修通道。光伏阵列区应设置合理的日常巡检通道，便于组件更换和冲洗。

（2）巡检通道部位要设置屋面保护措施，以防止巡检人员由于频繁踩踏而破坏屋面。

（3）光伏方阵的水清洁系统用水接市政自来水管网时，应采取防倒流污染隔断措施。

（4）清洁系统管道安装牢固，标示明显，无漏水、渗水等现象发生，水压符合要求。

（5）保温层安装正确，外层清洁整齐，无破损。

（6）出水阀门安装牢固，启闭灵活，无漏水和渗水现象发生。

11）电气配电室的验收

（1）配电室内应整洁干净并有通风或空调设施，室内环境应满足设备正常运行和运检要求。

（2）室内应挂设值班制度、运维制度和光伏系统一次模拟图。

（3）室内应在明显位置设置灭火器等消防用具且标识正确、清晰。

（4）柜、台、箱、盘应合理布置，并设有安全间距。

（5）室内安装的逆变器应保持干燥，通风散热良好，并做好防鼠措施。逆变器散热风道应具有防雨防虫措施，不得有物体遮挡封堵。

（6）柜、台、箱、盘的电缆进出口应采用防火封堵措施。

（7）室内要设置接地干线，电气设备外壳、基础槽钢和需接地的装置应与接地干线可靠连接。

（8）装有电器的可开启门和金属框架的接地端子间，应选用截面积不小于 4 mm^2 的黄绿色绝缘铜芯软导线连接，导线应有标识。

（9）电缆沟盖板应安装平整，并网开关柜应设双电源标识。

12）对预装式配电室还应符合下列要求

（1）预装式配电室原则上应安装在室外地面，其防护等级要满足室外运行要求和当地环境要求。

（2）预装式配电室基础应高于室外地坪，周围排水要通畅。

（3）预装式配电室表面要设置统一的标识牌，字迹清晰、不褪色，外观完好，无形变破损。

（4）预装式配电室内部若带有高压设施和设备，均应有高压警告标识。

（5）预装式配电室或箱体的井门盖、窗和通风口需有完善的防尘、防虫、通风设施，以及防小动物进入和防渗漏雨水设施。

（6）预装式配电室和门应可完全打开，灭火器应放置在门附近，并方便拿取。

（7）配电室室内设备应安装完好，检测报警系统完善，内门上附电气接线图和出厂试验报告等。

（8）配电室外壳及内部的设施和电气设备中的屏蔽线应可靠接地。

3. 具体资料审查

非居民项目的资料审查各项内容见表 4-12。

表 4-12　非居民屋顶分布式光伏发电项目资料审查表

序号	验收资料	380 V 及以下并网	10 kV 资料要求及以上并网 类型：必查项目	
1	项目验收申请表及项目信息一览表	√	√	信息清晰、完整
2	项目备案文件	√	√	真实、完整、与项目实际匹配一致
3	电力并网单位工程调试报告（记录）	√	√	通过电网验收
4	并网前单位工程调试报告（记录）	√	√	由建设单位提供，其中光伏并网系统调试检查表中的各个检查项目都应符合要求
5	并网前单位工程验收报告（记录）	√	√	由建设单位提供，包括内部验收专家组及专家组出具的“单位工程验收意见书”
6	房屋（建构筑物）安装光伏后的载荷安全计算书（双梯板屋面和金属屋面）/载荷安全说明资料（混凝土屋面）	√	√	安全计算书计算完整；安全说明资料逻辑清晰。最后结论：载荷安全，可安装
7	各专业竣工图纸	√	√	应包含以下专业：土建工程（混凝土部分、砌体部分、支架结构图）、安装工程（电气一次、二次图纸，防雷与接地图纸，光伏布置图，给排水图纸）、安全防范工程、消防工程等
8	设计单位营业执照及资质证书	√	√	应具备住建部门颁发的《电力行业（新能源发电）设计资质证书》或《工程设计综合甲级资质证书》
9	施工单位营业执照、资质证书及竣工验收报告	√	√	应具备住建部门颁发的《电力工程施工总承包资质证书》或《机电安装工程施工总承包资质证书》以及电监会/能源局颁发的《承装（修试）电力设施许可证》
10	监理单位营业执照、资质证书及项目总结报告和质量评估报告		√	应具备住建部门颁发的《电力工程监理资质证书》《机电安装工程监理资质证书》《房屋建筑工程监理资质证书》或《工程监理综合资质证书》
11	如采用结构胶粘接地脚螺栓，需提供拉拔试验的正式试验报告	√	√	测试数据应符合设计要求
12	运行维护及其安全管理制度	√	√	清晰完整
13	运维人员接受培训记录	√	√	需组织过专业人员培训
14	接地电阻检测报告	√	√	建设单位提供，符合设计要求

续表

序号	验收资料	380 V 及以下并网	10 kV 资料要求及以上并网 类型:必查项目	
15	主要设备材料认证书或质检报告	√	√	由建设单位提供,必须出具以下产品的证书或者报告,并要求产品与现场使用情况必须一致。 1. 组件、逆变器、光伏连接器:需出具由国家认监委认可的认证机构提供的产品认证报告(通常为 CQC、金太阳、TUV、UL、CCC 或领跑者认证报告); 2. 断路器和电缆:CCC 认证; 3. 光伏专用直流电缆:CQC、TUV 或 UL 认证报告; 4. 现场如有汇流箱、变压器、箱变,也应提供有资质的第三方检测机构出具的认证书或质检报告

类型:备查项目				
1	设计交底及变更记录	√	√	建设单位提供
2	接入系统方案确认书	√		电网确认受理项目接入系统申请并制定初步接入方案
3	接入电网意见函		√	电网同意项目接入电网,双方确认接入方案
4	购售电合同	√	√	严格执行审查会签制度,合规合法
5	并网调度协议		√	项目公司与电网公司共同签订
6	分项工程质量验收记录及评定资料(含土建继电器)	√	√	完整齐备,施工单位自行检查评定合格,监理验收合格
7	分部(子分部)工程质量验收记录及评定资料(含土建及电器)	√	√	完整完备,监理验收合格
8	隐蔽工程验收记录(含土建,安装)	√	√	完整完备,施工单位自行检查,监理单位验收合格
9	监理质量、安全通知单、周会议纪要		√	完整完备,监理单位提供
10	项目运行人员专业资格证书		√	由安监局颁发的特种作业操作证书(高压电工证书及低压电工证书),由能源局颁发的电工进网作业许可证; 由劳动局颁发的电工职业资格证书(单独持此证不能从事电工工作)
11	若委托第三方管理,提供项目管理方资料(营业执照、税务登记证、委托代管协议)	√	√	合法注册
12	组件厂家 10 年功率和 25 年功率衰减质保书	√	√	承诺多晶硅和单晶硅电池组件的光电转化效率分别不低于 15.5%和 16%;硅基、铜铟镓硒、碲化镉及其他薄膜电池组件的光电转换效率分别不低于 8%、11%、11%、10%;多晶硅、单晶硅和薄膜电池组件自项目投产运行之日起,一年内衰减率不高于 0.7%,项目全寿命周期内衰减率不高于 20%

续表

类型:加分项目				
1	支架拉拔力测试报告	√	√	第三方检测机构提供
2	电能质量检测记录或检测报告	√	√	第三方检测机构提供
3	逆变器或汇流箱拉弧检测报告	√	√	厂家提供
4	电站综合发电效率(PR)测试报告	√	√	第三方检测机构提供
5	组件抗PID性能检测报告(或采用PID-free组件的证明)	√	√	第三方检测机构提供
6	抽样组建第三方EL测试报告	√	√	第三方检测机构提供
7	抽样组件耐老化检测报告	√	√	第三方检测机构提供
8	组件回收协议	√	√	组件厂家提供
9	关键结构件的第三方检测报告	√	√	第三方检测机构提供
10	直流光伏连接器耐烟雾及氨第三方测试报告	√	√	第三方检测机构提供

4.10 光伏发电系统运行维护

4.10.1 光伏发电系统运行维护的基本要求

1. 光伏发电系统运行维护的基本要求

光伏发电系统运行维护主要有3个指标,一是保证安全运行,包括人员、设备及系统安全;二是通过各种手段随时关注系统发电量,发现问题及时处理;三是合理控制运营成本,实施精细化管理。

(1)光伏电站的运行维护应保证系统本身安全,保证系统不会对人员造成危害,并保证系统能保持最大的发电量。

(2)系统的主要部件应始终运行在产品标准规定的范围之内,达不到要求的部件应及时维修或更换。

(3)光伏电站主要设备和部件周围不得堆积易燃易爆物品,设备本身及周围环境应通风散热良好,设备上的灰尘和污物应及时清理。

(4)整个系统的主要设备与部件上的各种警示标识应保持完整,各个接线端子应牢固可靠,设备的进线口处应采取有效措施防止昆虫、小动物进入设备内部。

（5）整个系统的主要设备与部件应运行良好，无异常的温度、声音和气味出现，指示灯和仪表应正常工作并保持清洁。

（6）系统中用于显示和计量的主要计量设备和器具，都要按规定进行定期校验。

（7）系统维护人员应具备相应的电气专业技能或经过专业技能培训，熟悉光伏发电原理及主要系统构成。工作中做到安全作业。运行维护前要做好安全准备，断开相应需要断开的开关，确保电容器、电感器完全放电，必要时要穿戴安全防护用品。

（8）系统运行维护和故障检修的全部过程都要进行详细的记录，所有记录要妥善保管，对每次的故障记录进行分析，提出改进措施意见。

2. 优质高效运维具有的效果

（1）光伏电站系统实时数据的稳定即时采集，可以让业主和投资人随时随地掌握发电数据，对电站运转情况了如指掌。

（2）用预防性运维理念对光伏电站系统的潜在故障进行实时分析和报警，防范潜在风险，及时处理故障，保证资产投资收益的增值。

（3）通过对光伏电站运营数据分析，能够持续优化电站的运营管理，维护和提高电站全生命周期的发电效率和电量产出。

（4）精准的发电量预测，可以使电网公司调度系统灵活处理用电峰谷期的电力调配。

（5）光伏电站火灾远动预警系统将在极大程度上降低火灾隐患，全面保护电站安全。

（6）实现平均故障间隔时间（MTBF）的最大化和平均故障恢复时间（MTTR）的最小化。

3. 运行维护相关资料和记录

1）光伏发电系统（电站）技术资料

（1）光伏发电系统全套技术图纸、电气主接线图、设备巡视路线图等。

（2）系统主要关键设备说明书、图样、操作手册、维护手册等。

（3）系统主要关键设备出厂检验记录、检验报告等。

（4）系统主要关键设备运行参数表。

（5）系统设备台账、设备缺陷管理档案。

（6）系统设备故障维修手册。

（7）系统事故预防及处理预案。

2）光伏发电系统运维技术资料

（1）运维安全手册。

（2）光伏系统停开机操作说明、监控检测系统操作说明。

（3）电池组件及支架运行维护作业指导书。

（4）光伏直流汇流箱运行维护作业指导书。

（5）直流配电柜运行维护作业指导书。

（6）交流配电柜运行维护作业指导书。

（7）光伏逆变器运行维护作业指导书。

（8）光伏控制器运行维护作业指导书。

（9）升压变压器、箱式变压器运行维护作业指导书。

（10）断路器、隔离开关、避雷器、电抗器等器件运行维护作业指导书。

（11）母线运行维护作业指导书。

(12)光伏系统运维安全防护用品及使用规范。

3)光伏发电系统设备运维检修记录

(1)光伏发电系统运营维护记录。

(2)光伏发电系统巡检及维护记录。

(3)光伏发电系统运行状态记录。

(4)光伏发电系统设备检修记录。

(5)光伏发电系统事故处理记录。

(6)光伏发电系统防雷器、熔断器动作记录。

(7)光伏发电系统逆变器自动保护动作记录。

(8)断路器、开关、继电器保护及自动装置动作记录。

(9)关键主要设备更换记录。

(10)光伏发电系统各项性能指标及运行参数记录。

4. 运维团队建设及运维人员技能要求

1)运维团队建设要求

运维管理单位或组织需要建立完善的质量管理体系,运营维护管理部门或团队要建立符合 IS 09001—2015 质量管理体系认证的运维管理流程和内审体系。

运维管理单位或组织应由专业技术人员进行光伏发电系统的运行维护管理工作,运维人员要由具有维修电工证、高压上岗证、特种作业操作证、弱电工程师资格证等的各类专业技术人员组成,按照专业分类,可分为电气运维人员、高压作业运维人员、数据中心运维人员、结构运维人员和其他运维人员等。

运维人员在上岗前,要进行上岗前安全培训和上岗前运维技能培训,并在年度内实时进行年度上岗实操评核和再培训、年度应急预案演习培训等。

2)运维人员技能要求

运维人员技能的设定准则以实际工作过程中对安全作业的要求和对技能的实际需求为制定依据,一般要求是:电气运维人员应持有维修电工中级证书;弱电类运维人员应持有弱电上岗证;高压作业类运维人员应持有高压上岗证;数据中心运维人员应持有国家计算机等级四级证书、网络工程师证书和数据库工程师证书;其他运维人员应持有电工类的特种作业操作证。

4.10.2 光伏发电系统日常检查和定期维护

光伏发电系统的运行维护分为日常检查和定期维护,其运行维护和管理人员都要有一定的专业知识和技能资质、高度的责任心和认真负责的态度,每天检查发电系统的整体运行情况,观察设备仪表、计量检测仪表以及监控检测系统的显示数据,定时巡回检查,做好检查记录。

1. 光伏发电系统的日常检查

在光伏发电系统的正常运行期间,日常检查是必不可少的,一般对于大于 400 kW 容量的系统应当配备专人巡检,容量在 400 kW 以内的系统可以由用户自行检查。日常检查一般每天或每班进行一次。

日常检查的主要内容如下。

(1)观察电池方阵表面是否清洁,定期及时清除灰尘和污垢,可用清水冲洗或用干净抹布擦拭,但不得使用化学试剂清洗。检查了解方阵有无接线脱落等情况。

(2)注意观察直流汇流箱、逆变器、配电柜等所有设备的外观锈蚀、损坏等情况,用手背触碰设备外壳检查有无温度异常,检查外露的导线有无绝缘老化、机械性损坏,箱体内有无进水等情况。检查有无小动物对设备形成侵扰等其他情况。设备运行有无异常声响,运行环境有无异味。检查各配电(箱)柜的指示灯、电压电流显示是否正常。如有应找出原因,并立即采取有效措施,予以解决。

若发现严重异常情况,除了立即切断电源,并采取有效措施外,还要报告有关人员,同时做好记录。

(3)观察蓄电池的外壳有无变形或裂纹,有无液体渗漏;充放电状态是否良好,充电电流是否适当;环境温度及通风是否良好,室内是否清洁,蓄电池外部是否有污垢和灰尘等。

2. 发电系统的定期维护

光伏发电系统除了日常巡检以外,还需要专业人员进行定期的检查和维护,定期维护一般每月或每半月进行一次,内容如下。

(1)检查、了解运行记录,分析光伏系统的运行情况,对光伏发电系统的运行状态作出判断,如发现问题,立即进行专业的维护和指导。

(2)设备外观检查和内部的检查,主要涉及活动和连接部分导线,特别是大电流密度的导线、功率器件、容易锈蚀的地方等。

(3)对于逆变器应定期清洁冷却风扇并检查是否正常,定期清除机内的灰尘,检查各端子螺丝是否紧固,检查有无过热后留下的痕迹及损坏的器件,检查电线是否老化。

(4)定期检查和保持蓄电池电解液的相对密度,及时更换损坏的蓄电池。

(5)有条件时可采用红外探测的方法对光伏发电方阵、线路和电气设备进行检查,找出异常发热原因和故障点,并及时解决。

(6)每年应对光伏发电系统进行一次系统绝缘电阻以及接地电阻的检查测试,以及对逆变控制装置进行一次全项目的电能质量和保护功能的检查和试验。

(7)所有记录特别是专业巡检记录应存档并妥善保管。

总之,光伏发电系统的检查、管理和维护是保证系统正常运行的关键,必须对光伏发电系统认真检查,妥善管理,精心维护,规范操作,发现问题及时解决,才能使得光伏发电系统处于长期稳定的正常运行状态。

4.10.3　光伏组件及光伏方阵的检查维护

1. 光伏组件的清洁

1)光伏组件清洁的必要性

光伏发电系统在运行中,要经常保持光伏组件采光面的清洁。因为灰尘遮挡是影响光伏发电系统发电能力的第一大因素,其主要影响如下。

(1)遮蔽太阳光线,影响发电量。

(2)影响组件散热,从而降低组件转换效率。

（3）带有酸碱性的灰尘长时间沉积在组件表面，侵蚀组件玻璃表面造成玻璃表面粗糙不平，使灰尘进一步积聚，同时增加了玻璃表面对阳光的漫反射，降低了组件接受阳光的能力。

（4）组件表面长期积聚的灰尘、树叶、鸟粪等，会造成组件电池片局部发热，造成电池片、背板烧焦炭化，甚至引起火灾。所以，组件需要不定期地进行擦拭清洁。

2）光伏组件的清洁方式

光伏组件的清洁可分为普通清扫和水冲清洗两种方式。如组件积有灰尘，可用干净的线掸子或抹布对组件表面附着的干燥浮尘、树叶等进行清扫。对于紧附在玻璃表面的硬性异物如泥土、鸟粪、黏稠物体，则可用稍微硬些的塑料或木质刮板进行刮除处理，以防止破坏玻璃表面。如有污垢清扫不掉时，可用清水进行冲洗。清洗的过程中可使用拖把或柔性毛刷来进行，如遇到油性污物等，可用洗洁精或肥皂水等对污染区域进行单独清洗。清洗完毕后可用干净的抹布将水迹擦干。切勿用有腐蚀性的溶剂清洗或用硬物擦拭。目前，组件清洁方式主要有人工清洁和智能机械清洁等方式。

习题

1. 施工组织设计的基本要求有哪些？
2. 竣工资料编制时对文件格式有何要求？
3. 列举分布式光伏电站的 4 种安装形式并简述其适用条件。
4. 光伏阵列的倾角设计需考虑哪些因素？
5. 光伏支架的强度分析需满足哪些要求？
6. 光伏组件串联和并联连接的注意事项是什么？
7. 逆变器的分类及各自适用场景是什么？
8. 防雷接地系统中接闪器的保护半径如何计算？
9. 光伏系统安装后需进行哪些绝缘电阻测试？
10. 施工现场触电防护的主要措施有哪些？
11. 光伏组件清洁的必要性及方法是什么？
12. 运行维护中定期维护的内容包括哪些？
13. 并网调试的主要步骤是什么？
14. 工程验收时需审查哪些非居民项目资料？
15. 光伏方阵内部阴影分析的关键点是什么？

第五章 分布式光伏电站运营

5.1 光伏电站的经济运行管理

光伏电站的经济运行管理是确保电站在长期运营过程中实现高效和可持续发展的关键。首先，光伏电站的经济性定义与评价指标为电站的运营提供了一个明确的评估框架，通过合理的经济性指标可以全面反映电站的赢利能力和运营效率。经济性评价指标的科学设定，可以帮助管理者更好地进行决策和优化资源配置。其次，成本控制是提高电站经济效益的重要手段，包括对设备采购、建设、运营及维护等各个环节的成本进行有效管控，减少不必要的开支，提升经济效益。收益管理则关注如何在电力市场中合理定价、优化发电量，提高电站的收益水平。通过合理的收益预测与管理，可以最大化光伏电站的投资回报。风险管理在保障电站正常运行的同时，降低了市场波动、政策变化及自然灾害等外部因素可能带来的负面影响。最后，经济性评估与财务分析是衡量光伏电站投资价值和运营状况的重要工具，通过定期的财务分析，能够实时掌握电站的财务健康状况，作出及时的调整和决策。

5.1.1 光伏电站经济性的定义与评价指标

1. 光伏电站经济性的定义

光伏电站的经济性是指光伏电站在规定的运行周期内，通过发电所获得的收益与投入成本之间的关系，通常用来评估项目的可行性、营利性以及长期可持续性。随着光伏行业的快速发展，特别是在政策支持、技术进步和市场化改革的背景下，光伏电站的经济性逐渐成为其能否成功运营的核心衡量标准。

2. 光伏电站经济性的重要性

（1）投资决策依据。光伏电站项目的投资决策是一个复杂的过程，涉及对市场环境、技术可行性、政策支持等多方面因素的综合评估。经济性分析作为投资决策的重要依据，其核心作用是评估项目的赢利能力和回报潜力，帮助投资者作出理性的投资选择。在中国，随着光伏行业的发展和政策的不断变化，经济性分析在投资决策中扮演着越来越重要的角色。

在进行投资决策时，首先需要对光伏电站的投资成本进行详细分析。项目的建设和运营成本是影响电站经济性的基础。如果光伏电站的建设和运维成本过高，可能导致投资回报周期延长，从而影响投资者的回报预期。在中国，随着光伏技术的不断进步，设备成本和建设成本逐年下降，但不同地区的投资成本仍存在差异。因此，投资者需要根据项目所在地的具体条件，综合考虑土地费用、设备采购成本、施工和安装费用、电网接入费用等因素，确保项目在资金投入方面具有可行性。

在光伏电站投资决策过程中，经济性分析还需对潜在的风险进行全面评估，包括政策风险、市场波动风险、技术风险以及运营风险等。如果光伏电站依赖较高的政府补贴或高电价收入，随着政策支持的减少或电价的波动，项目的赢利能力可能受到影响。因此，投资者需要通过经济性分析，合理预测未来的收益波动和风险，采取有效的风险控制措施，确保项目的投资回报能够覆盖风险。

(2)运营管理工具。经济性分析不仅在投资决策中发挥重要作用，也在光伏电站的运营管理中提供了强有力的工具。电站运营方可以通过经济性分析，识别出潜在的成本和效益提升空间，进而采取一系列优化措施，提高运营效率，确保电站长期稳定的经济回报。

(3)政策引导和市场反应。随着中国光伏产业的不断发展，政策对光伏电站的影响逐渐从补贴为主向市场化驱动转变。在过去，政府的补贴政策为光伏电站提供了丰厚的收益保障，但随着"平价上网"政策的实施，补贴逐步退坡，市场的竞争压力增大，光伏电站的经济性面临新的挑战。

3. 光伏电站的主要经济性评价指标

经济性评价指标是用来衡量光伏电站经济效益、成本效益和长期赢利能力的定量工具。光伏电站的经济性评价主要受相关政策、市场需求、资源条件等多重因素的影响。以下是光伏电站经济性评估中常用的几项关键指标。

(1)投资回收期(Payback Period)。投资回收期是指项目从开始运营至回收全部投资所需的时间。计算公式为：

$$投资回收期=\frac{初始投资}{年净现金流}$$

投资回收期是一个直观的评价指标，通常在项目立项初期用于评估项目的偿还周期。投资回收期通常是评估项目长期可行性的首要标准。一般而言，回收期短的项目更具吸引力。

(2)内部收益率(*IRR*)。内部收益率是使光伏电站投资的净现值为零的折现率，代表项目的年均回报率。*IRR* 计算公式如下：

$$IRR=折现率\longrightarrow NPV=0$$

IRR 是衡量光伏电站赢利性的重要指标，特别是在光伏电价逐步市场化的背景下。*IRR* 较高的项目通常意味着其回报较高，且资金流动性较好。光伏行业的项目大多期望 *IRR* 在 7%~12%之间，较高的 *IRR* 能为投资者提供更强的资金吸引力。

(3)净现值(*NPV*)。净现值是项目所有未来现金流的现值总和减去初始投资的差额，反映项目的财务价值。*NPV* 的计算公式如下：

$$NPV=\sum_{t=1}^{T}\frac{C_t}{(1+r)^t}-I_0$$

其中，C_t 为第 t 年的现金流，r 为贴现率，I_0 为初期投资。

NPV 可以反映项目的总体经济价值，在光伏电站建设初期，投资者需要依据 *NPV* 来评估是否值得投资。对于中国的光伏市场，*NPV* 常用于对比不同项目方案的财务表现，*NPV* 越大，表明该项目的经济效益越好。

(4)单位成本(*LCOE*)。单位发电成本是指光伏电站发电所需的平均成本，通常通过以下公式计算：

$$LCOE=\frac{总成本}{总发电量}$$

其中，总成本包括初期投资成本、运营成本、维护成本等，发电量是项目在其生命周期内的总发电量。

LCOE 是全球光伏项目中广泛使用的经济性指标，随着技术进步和光伏组件效率的提升，*LCOE* 逐渐成为评估电站竞争力的重要标准。较低的 *LCOE* 能够确保电站即便在补贴逐步减少的情况下，依然能够保持较好的市场竞争力。

（5）资本支出和运营支出。

①资本支出。光伏电站的资本支出包括光伏组件、逆变器、支架、电缆等设备的采购费用，以及土建工程、安装调试等建设费用。资本支出的大小直接影响光伏电站的投资规模和资金需求。

②运营支出。运营支出主要包括电站的日常维护费用、运维人员工资、保险、税费等。合理的运营支出控制能够帮助降低光伏电站的长期运营成本，提升项目的营利性。

③在中国光伏行业的应用。由于中国光伏产业的规模效应和产业链的成熟，资本支出逐年下降，许多项目的初期投资成本大幅降低，运营支出也相对可控。通过对资本支出和运营支出的合理分析和预测，能够帮助管理者更好地进行财务规划和资金安排。

4. 光伏电站经济性的影响因素

1）政策支持与补贴政策

我国对光伏产业的政策支持主要体现在法律保障、补贴政策、税收优惠、金融支持及科技研发支持等方面。此外，还通过《电力系统调节能力优化专项行动实施方案（2025—2027 年）》等规划文件，促进光伏产业的合理消纳利用。

2）光伏产业的技术进步

光伏技术的持续创新为光伏电站的发电效率和经济效益带来了显著提升。高效光伏组件的研发，使得光伏电池的光电转换效率不断攀升，即使在光照条件不佳的情况下，也能捕获并利用更多的太阳能，从而增加电站的发电量。先进的逆变器技术则实现了更精准的功率追踪和更高效的能源转换，进一步提升了电站的整体发电效率。

此外，智能化运维技术的应用，使得电站的运维管理变得更加高效和便捷，能够实时监测电站的运行状态，及时发现并处理潜在问题，确保了电站的稳定运行和长期效益。

3）市场电价波动

随着电力市场化进程的加速推进，电价波动对光伏电站的收入影响愈发显著。电力市场供求关系、能源政策调整、季节性需求变化等因素都可能导致电价波动，进而直接影响光伏电站的赢利能力和经济性。因此，光伏电站的运营者需要密切关注市场动态，灵活调整运营策略，以应对电价波动带来的挑战。同时，电站的规划和设计也应充分考虑市场需求和价格的变化，以确保电站的长期稳定运行和良好经济效益。

4）资源条件

光照资源是影响光伏电站发电量的决定性因素。中国地域辽阔，不同地区的光照条件存在显著差异，这种资源条件的多样性直接决定了光伏电站的发电潜力和经济效益。在光照资源丰富的地区，光伏电站能够产生更多的电量，单位成本相对较低，经济效益显著。而在光照资源匮乏的地区，光伏电站的发电量受限，单位成本较高，对电站的经济性构成挑战。

因此，在规划和建设光伏电站时，必须充分考虑当地的光照资源条件，以确保电站的发电效率和经济效益。

5.1.2 光伏电站的成本控制

光伏电站的成本主要由两大部分组成：资本支出和运营支出。这两部分成本直接影响光伏电站的经济效益和项目的赢利能力。

1. 资本支出

资本支出是指企业用于购买、更新或维护长期资产的支出。这些长期资产通常是能够为企业带来未来经济利益的资源，如土地、建筑、设备、机器等。资本支出通常涉及较大金额，并且是为了增强或延续企业的生产能力、运营效率或市场竞争力。与日常运营支出（如工资、原材料购买等）不同，资本支出通常在财务报表中作为固定资产列示，并会随着时间的推移通过折旧或摊销进行处理。

（1）设备采购成本。光伏电站的设备采购成本包括光伏组件、逆变器、支架、电缆、变压器等硬件设施的采购费用。设备采购成本是光伏电站建设期的重要支出之一。

（2）土建成本。包括场地选择、土建工程、接入电网设施等费用。土建费用通常因项目的规模和选址的不同而有所变化。

（3）安装和调试费用。这部分费用包括设备安装费用、接入电网的建设费用以及设备调试费用。

（4）其他初期支出。包括前期勘察、设计、许可费用等。

2. 运营支出

运营支出是指企业在日常运营过程中所发生的所有支出，这些支出用于支持公司的日常运营活动，而不是为了获得长期资产或投资收益。运营支出通常与企业的生产、销售和管理等日常业务直接相关。

运营支出通常在财务报表的损益表（利润表）中列示，并作为成本与费用进行核算。与资本支出不同，运营支出是企业当期的支出，会在同一财务周期内直接影响利润和现金流。因此，企业通常需要严格管理运营支出，以确保成本控制和赢利能力。

（1）运维成本。运维成本是光伏电站项目中的重要组成部分，主要涉及设备的维护、保养、检修等费用，直接影响到电站的经济效益和长期运行。光伏电站作为一种长期运行的设施，设备的稳定性和可靠性对发电量和收益具有深远影响。因此，运维成本的管理和控制是光伏电站实现高效运作、保障投资回报的关键。

运维成本主要包括设备的维护、保养和故障修复费用。设备如光伏组件、逆变器和电缆等需要定期检查和清洁，避免效率下降。逆变器等关键设备出现故障时，及时修复和更换部件能减少停机时间，确保电站高效运行。此外，远程监控系统的应用可以提高运维效率，减少人工成本。在人力成本方面，根据电站规模，可能需要专业团队进行日常巡检和维护工作。有效的运维管理不仅可以确保设备长期稳定运行，也能控制成本，提升电站的经济回报。

（2）保险费用。光伏电站面临自然灾害、设备故障、火灾、盗窃等多种潜在风险，购买适当的保险是保障光伏电站资产安全、减少风险损失的有效手段。财产保险能够保障设备免受自然灾害、火灾和盗窃等造成的损坏，帮助电站在设备受损时获得赔偿，减少经济损失。

责任保险则为电站运营过程中可能对第三方造成的损害提供保障，如设备故障引发的事故，从而减轻运营商的赔偿责任。设备故障保险专门针对关键设备如逆变器、电缆等的故障提供赔偿，帮助电站降低修复和更换设备的成本。通过合理购买这些保险，光伏电站能够有效分散风险，保障设备和资产的安全，确保电站长期稳定运营，提高其经济效益和可持续性。

（3）税费。税费是光伏电站运营过程中不可忽视的成本之一，主要包括电站运营过程中产生的各类税费，如土地使用税、增值税等。这些税费不仅影响电站的现金流和赢利能力，还可能对项目的整体投资回报产生重要影响。

①增值税。增值税是分布式光伏电站面临的主要税种之一。根据国家或地区的税法规定，分布式光伏电站在出售电力时，通常需要按照规定的税率缴纳增值税。具体来说，光伏电站的发电收入或售电收入属于应税行为，需要按销售额计算增值税。增值税的税率会根据电站的销售模式、规模及当地税法政策的不同而有所不同。例如，一些地区可能对清洁能源项目提供税收优惠，降低或免除增值税，以鼓励可再生能源的发展。

②其他税费。除了增值税外，其他税费也可能对分布式光伏电站的运营产生影响。例如，企业所得税会根据电站的赢利情况征收，如果电站获得利润，则需按规定的税率缴纳所得税；而资源税则可能涉及电站使用的自然资源，如土地、空气等。此外，某些地区可能对分布式光伏电站的建设和运营过程中的某些环节征收其他税费，如印花税（主要用于合同、协议的签署）等。

虽然分布式光伏电站的税费负担通常较小，但仍需根据当地的税法和政策进行合理规划和合规纳税。特别是在享受政府提供的税收优惠政策时，光伏电站的运营商应当明确享受的减免或优惠条件，并妥善处理税务事项，以最大程度地降低运营成本，提高项目的经济效益。

此外，分布式光伏电站通常不涉及土地使用税。与大型集中式光伏电站不同，分布式光伏电站多建设在建筑物屋顶或空地上，而这些场所的土地并非专门用于光伏发电，因此不需要支付传统的土地使用税。然而，在某些特定情况下，如果分布式光伏电站的建设需要占用一定的土地资源（例如建设地面式光伏系统），可能会涉及土地使用税。这种情况取决于光伏电站建设的具体地点和相关的税法政策。

（4）电网接入费用。电网接入费用是光伏电站建设和运营过程中必须考虑的重要成本之一，电力销售与电网接入的合作对于光伏电站的顺利运营至关重要。电网接入费用通常涉及光伏电站与当地电网公司之间的接入合同、基础设施建设及相关服务费用等，这些费用的高低直接影响电站的投资回报和运营效益。通常包括接入设备建设、接入服务、并网调度及可能的补偿性费用。电网公司会根据电站规模和接入需求收取费用，但须遵循公平、公正的原则，同时确保电网的稳定性。随着电力市场的改革，电力销售价格逐渐市场化，电网接入费用与电力销售价格密切相关，影响电站的经济效益。部分地区会提供接入费用减免或补贴政策，支持光伏电站发展。

3. 光伏电站成本控制的主要方法

光伏电站成本控制是一个复杂且多维度的过程，不仅仅依靠通过减少支出来达到目标的传统观念。实际上，实现高效的成本控制需要综合考虑优化管理、技术创新以及制定并执行有效的决策。优化管理是成本控制的基础。这意味着电站运营者需要不断提升运营效率，通过精细化的管理流程来减少浪费。例如，通过合理安排运维人员的工作计划，确保设备得到及时且有效的维护,避免因设备故障导致的停机损失。同时,对电站的日常运营数据进行深入分析,识别并改进低效环节,也是优化管理的重要一环。

有效的决策则是将优化管理和技术创新转化为实际行动的关键。电站运营者需要根据市场变化、技术进步以及政策导向等因素,制定并执行符合自身实际情况的成本控制策略。这包括但不限于设备采购策略、运维管理方案、电力销售策略等。在制定决策时,运营者需要充分考虑各种因素的影响,权衡利弊得失,以确保决策的科学性和有效性。

以下是几种主要的成本控制方法。

(1)设备采购优化。

①选择高效设备。选择性能优良、寿命长、故障率低的光伏组件、逆变器等设备,可以有效降低长期运营成本。

②批量采购和长期合作。通过规模效应和与设备供应商的长期合作,获得更具价格竞争力的设备采购价格,降低初期资本支出。

③技术更新与升级。随着光伏技术的不断进步,选择新一代高效组件、逆变器等设备不仅能够提升发电效率,还能有效控制单位发电成本。

(2)合理优化建设与土建费用。

①选择优质施工团队。通过对施工团队的评估与选择,确保工程质量,同时降低施工过程中的风险和成本。

②优化设计和布局。通过合理的电站布局设计,减少土地占用和建设材料的使用,提高建设过程的效率。

③材料采购的集中化管理。通过集中采购建筑和安装材料,减少成本浪费,确保材料的合理使用。

(3)智能化运维管理。

①智能监控与故障预测。采用先进的监控技术,实时监测电站运行状态,快速发现设备故障并进行修复,减少停机时间,提高发电效率,降低维修成本。

②预防性维护。通过制订详细的维护计划和及时更换老化设备,降低设备故障频率,延长设备寿命,降低维修成本。

③数据驱动决策。利用大数据分析电站的运行状况,预测故障发生的概率,并优化维修资源的分配。

(4)利用政策与税收优惠。

①绿色金融与补贴政策。充分利用国家对光伏产业的政策支持,如光伏发电的补贴、绿色信贷、税收优惠等,减少资本支出和融资成本。

②申请财政补贴。通过合理规划项目的补贴申请,确保符合国家及地方的政策,争取更多的财政支持,降低初期投资成本。

(5)电力销售与电网合作。

①优化电力销售模式。根据电网的需求和电价走势,调整电力销售策略,确保电站能够在市场化环境中获得稳定的收入。

②通过储能与调度优化。在电价波动较大的情况下,可以结合储能设备优化发电和电力销售,在提高收入的同时降低由于电力过剩或缺乏造成的经济损失。

4. 光伏电站成本控制的影响因素

光伏电站的成本控制是确保项目经济效益和长期赢利能力的关键。在进行光伏电站的建设与运营的过程中，多个方面都会对成本产生重要影响。首先，项目规划与设计阶段是成本控制的起点，合理的系统设计和设备选型能够有效降低建设成本，同时提高系统效率和长期稳定性。其次，设备采购是光伏电站成本控制中的重要环节，光伏组件、逆变器、支架等设备的选择不仅影响初期投资，还与后期的维护费用、系统性能密切相关，因此在采购时需要综合考虑设备质量、性能和价格，尽量选择性价比高的设备。

（1）政策和补贴的变化。光伏行业的发展在很大程度上依赖于补贴政策，政策的不确定性给项目的资本支出和运营费用带来了挑战。补贴逐年减少，未来甚至可能完全取消，光伏电站如何实现经济自负盈亏成为一个重要课题。

（2）市场电价的不确定性。随着电力市场化改革的推进，电价波动增加，这给光伏电站的收入带来不小的不确定性。电站需要在电价波动的环境中，制定有效的定价和销售策略。

（3）技术更新带来的成本不确定性。光伏技术日新月异，新的高效设备和技术的引入可能带来设备采购价格的波动。同时，如何平衡现有设备与新技术的替换成本，避免过时设备的过早淘汰，也是一大挑战。

（4）运营成本的长期管理。随着电站运营时间的增加，设备的老化和维护需求逐步增加。如何控制长周期内的维护成本，确保设备高效运营，依然是电站成本控制的重要难题。

5.1.3　光伏电站的收益管理

光伏电站的收益管理是指通过优化光伏电站的运营与市场策略，最大化电站的经济收益。随着光伏产业的快速发展，特别是在“平价上网”政策逐步实施的背景下，光伏电站面临的市场环境日益复杂。因此，如何通过科学的收益管理提高光伏电站的经济效益，成为电站管理者面临的重要课题。

1. 光伏电站收益的主要来源

光伏电站的收益主要来源于电力的销售收入和政府的补贴政策。首先，电力销售是光伏电站最主要的收入来源。光伏电站通过光伏组件将光能转化为电能，然后将其输送到电网或直接销售给用户，电力销售收入的多少直接取决于电站的发电量和当地的电价水平。发电量的高低受多种因素影响，包括光伏电站的规模、设计、设备效率以及当地的光照条件等。在电价方面，不同国家或地区的电力市场结构和价格政策会有所不同，固定的电价、上网电价或市场化电价等都会影响到电站的收益水平。

光伏电站的收益还可能来自其他补充性收入来源，如通过储能设施的电力调度、向第三方提供电力供应、参与碳交易等。储能设施可以在电力需求高峰时段释放电力，提高电站的收入潜力，而碳交易市场的碳信用交易，也为一些符合条件的光伏电站提供了额外的收益机会。

（1）电力销售收入。光伏电站的主要收入来源是发电后的电力销售收入。电站可根据当地政策规定将电力出售给国家电网公司或地方电网，或者通过市场化电力交易出售。

①国家电网或地方电网收购。根据中国光伏电站的上网电价政策，电站发电的电力通常会通过电网公司收购。在过去几年中，国家对光伏发电的电价补贴政策大力支持，电价按

照“分布式电价”或“平价上网”标准制定。随着补贴逐步退坡，光伏电站将越来越依赖市场电价。

②电力市场化交易。中国电力市场正在加速改革，光伏电站可选择通过市场化手段向电力交易平台出售电力。市场电价波动较大，因此电站需要灵活调整电力销售策略。

（2）政府补贴与激励。光伏发电补贴在电站收入体系中占据一定比重。伴随行业发展及相关政策的动态调整，补贴政策呈现出相应变化。当下，虽补贴模式有所转变，但旨在推动光伏产业稳健前行的政策激励依然持续发挥作用。

①补贴政策。随着光伏发电技术成本的逐渐降低，国家采取逐步退坡补贴政策。然而，在过渡期内，部分光伏电站仍然可以享受到政府的补贴支持。这些补贴通常包括项目建设补贴、上网电价补贴等。

②绿色金融与税收优惠。为了促进清洁能源的发展，国家为光伏电站提供绿色金融政策，支持通过绿色债券、贷款等形式融资。同时，部分地区还提供土地使用税、增值税等税收减免政策。

（3）绿色证书与碳交易收入。

①绿色电力证书。绿电是指通过可再生能源（如风能、太阳能等）产生的电力，具有环境友好的特性。绿证则是对每千瓦时可再生能源电力的认证，作为其环境价值的证明，用户购买绿证即视为使用了相应数量的绿色电力。

光伏电站通过减少二氧化碳排放，可以参与碳排放权交易市场。截至 2024 年 11 月，中国已实现对可再生能源电力的全覆盖，绿证核发量超过 47.56 亿个，成交量也有所增长。然而，尽管成交量同比大幅提升，但占核发量的比例仍较低，市场活跃度有待提高。2024 年 1 月至 11 月期间，绿证成交量仅为 4.39 亿个，这显示出市场参与者对绿证的认知和接受度仍需提升。

②碳交易市场。目前，全国碳配额市场和自愿减排市场的框架已基本建立。2024 年 1 月至 11 月，全国碳配额市场成交量达 1.1 亿吨，涵盖了火电行业。然而，目前的碳市场仍然存在覆盖面不足的问题，仅覆盖少数高排放行业。随着全国碳排放权交易市场的逐步完善，预计未来将有更多行业纳入碳交易体系。目前，这 3 个市场之间的协同发展主要体现在交易结果的交互作用及部分产品的相互衔接。在“电-碳”市场方面，碳市场通过改变各类电源的发电成本，从而影响了电力市场的出清顺序；而在“电-证”市场方面，可再生能源发电企业可以通过补贴或平价绿证方式进行交易。然而，在“证-碳”市场方面，相关衔接机制尚未形成。

光伏电站实际碳减排量是它的实际上网电量对应的兆瓦时乘以项目所在地区电网的排放因子（环评专用术语，是指排放标准中限定的某种具体污染物，比如废水中的 COD（化学需氧量）、烟气中的二氧化硫等），一亿度电上网发电量相当于 10 万兆瓦时。

例如，华东电网的排放因子是 0.778 65，它的单位是每兆瓦时对应的碳减排量的吨数。所以，光伏上网发一亿度电，在华东电网相当于 7.78 万吨碳减排量。以此类推，同样光伏发一亿度电，在西北电网的对应的碳减排量约等于 8.3 万吨，华北电网约等于 9.3 万吨。

以光伏项目中，中国核证自愿减排量 CCER（China Certified Emission Reduction）来看，100 MW 的光伏项目每年可以开发出 11 万吨 CCER，全生命周期内最多可以开发 21 年，全生命周期内最多可以开发出 231 万吨 CCER。根据当前北京 CCER 成交价 20 元/吨计算，

100 MW 的光伏电站通过碳交易可以额外增加 4 620 万元的收益，相当于 1.5 年的发电量收益，也相当于每度电可额外收益 2.3 分。这部分收益可以有效降低 7%左右的 *LCOE*[按年利用小时数 1 634 小时，上网标杆电价 0.307 8 元/（kW · h）测算]，可保障全国光伏电站实现平价上网，甚至低价上网，其经济效益和环境效益显著。

以一座总装机规模为 15.4 MW_p（并网容量 12 MW）的工商业光伏电站为例，在酒泉地区假设年均发电量为 2 410.9 万 kW·h。

每年节约标准煤量：

24 109 000 kW·h × 0.328 kg/（kW·h）=7 907 752 kg=7 907.75 t

每年减少碳粉尘排放量：

24 109 000 kW·h × 0.272 kg/（kW·h）=6 557 648 kg=6 557.65 t

每年减少二氧化硫排放量：

24 109 000 kW·h × 0.03 kg/（kW·h）=723 270 kg=723.27 t

每年减少氮氧化物排放量：

24 109 000 kW·h × 0.015 kg/（kW·h）=361 635 kg=361.64 t

每年减少二氧化碳减排量：

24 109 000 kW·h × 0.997 kg/（kW·h）=24 036 673 kg=24 036.67 t

从以上数据可以看出，总装机规模为 15.4 MW_p（并网容量 12 MW）光伏电站每年可以减少 24 036.67 吨的二氧化碳减排量。通过中国碳交易网查看最近半年的价格走势，看到北京的价格最高，每吨价格在 74.34~102.96 元之间，福建的最低，每吨价格在 9.1~26.62 元之间。

按 20 元成交价计算，这座总装机规模为 15.4 MW_p（并网容量 12 MW）的光伏电站每年可获得 48 万元左右的收益。25 年将获得 1 202 万元左右收益，这还没有算更高的发电收益。按现在的市场价格，碳排放权交易给工商业光伏电站带来的额外收益还是非常明显的。

（4）其他潜在收益来源。

①储能系统收入。随着储能技术的发展，光伏电站可以安装储能系统，利用储能技术进行电力的存储和调度。在电力需求高峰期，电站可以将储存的电力出售，获取更高的收入。

②电力需求响应。在电力供应紧张时，电网会发出需求响应信号，要求光伏电站调整其发电模式，电站可以通过响应这些需求，获得额外的奖励收入。

2. 收益管理的目标

（1）最大化收益。通过合理的定价和电力销售策略，确保光伏电站在市场中能够实现最大收益。

（2）减少运营风险。利用市场化手段和风险管理工具，减少因政策变化、市场价格波动等因素带来的不确定性。

（3）提高资本回报率。优化成本控制和运营策略，提高电站的资本回报率，确保投资者获得预期收益。

3. 收益管理的关键因素

（1）政策与市场环境。中国的光伏政策对电站收益有重大影响，政策补贴、上网电价以及电力市场化改革等都需要纳入收益管理的考虑范围。

（2）电力价格波动。电力市场的价格波动直接影响电站的收入。因此，如何适应电价变化，制定灵活的定价和销售策略，成为收益管理的重要环节。

（3）发电效率与运维管理。光伏电站的发电效率直接影响电站的收益。高效的运维管理能减少设备故障停机时间，提高电站的发电能力和收益。

4. 光伏电站收益的优化策略

收益管理不仅仅是提高电力销售收入，还包括通过合理的成本控制、市场营销和风险管理等手段，实现电站收益的最大化。

（1）电力销售策略优化。

①市场电价分析与定价。光伏电站需要对市场电价波动进行预测，灵活调整电力销售策略。在电力需求高峰时段，适当提高电价；在低谷时段，减少电价波动带来的损失。

②长短期电力合同管理。分布式光伏电站可以选择签订长期电力购买协议（PPA）锁定一定的销售收入，同时通过灵活的短期电力交易，最大化收益。

（2）电力销售策略优化。

①优化自用电量管理。通过实时监测和预测用电需求，优化光伏发电与用电负荷的匹配，减少电力外售，提高电站经济效益。

②智能能源管理系统。通过智能化的能源管理系统（EMS），动态调整光伏发电与储能设备的充放电策略，优化用电负荷管理，提高自发自用电量比例。

（3）储能系统优化。

①合理配置储能设备。根据光伏电站的发电特性和用电负荷，选择合适的储能设备。储能设备不仅可以平衡电力的波动，还能在电价较高时放电，提高收入。

②优化储能充放电策略。根据电网需求和市场电价波动，调整储能系统的充放电策略，以此提升储能的经济效益。

（4）运维管理与系统效率提升。

①高效运维管理。通过智能化运维平台，对电站的设备进行实时监控，及时发现并修复故障，减少停机时间，提高电站的发电效率。

②技术升级与设备优化。随着光伏发电技术的不断进步，采用更高效的组件和逆变器，不仅可以提升发电效率，还能减少设备维护成本。

（5）风险管理与市场化运作。

①市场风险管理。光伏电站面临的主要风险包括政策变动、电力市场价格波动等。因此，电站管理者需要制定合理的风险防控机制，如利用期货、期权等金融工具进行电力价格对冲。

②政策应对与灵活调整。光伏电站需要及时关注政策变动，灵活调整补贴申请、市场销售和电价定价策略，以应对政府政策和电力市场的变化。

5. 影响光伏电站收益的外部因素

（1）政策与法规环境。

①补贴政策的变动。在我国光伏行业发展历程中，伴随行业演进以及“平价上网”等政策稳步推进，光伏电站运营愈发趋向市场化路径。在此背景下，政策层面的动态调整，对电站收益有着不可忽视的影响。

②电力市场化改革。电力市场化改革加速，光伏电站将逐渐转向市场定价。这使得电

站收益更受市场供需和价格波动的影响。

（2）电力需求与电网接入。

①电力需求波动。电力市场的需求波动影响光伏电站的电力销售，电站必须通过优化电力销售策略应对需求变化。

②电网接入政策。分布式光伏电站的电网接入受到电网公司的接入能力、接入费用等因素的影响。电网接入政策的变动会对电站的赢利模式产生重要影响。

（3）技术发展与设备升级。

①光伏技术进步。随着光伏发电技术的不断进步，光伏组件和逆变器的效率逐步提高，这对于提高电站的发电效率和收益至关重要。

②储能技术的发展。储能技术的成熟为光伏电站提供了更为灵活的电力调度手段，电站通过储能系统的应用可以更好地应对电力需求波动，提高收益。

5.1.4　光伏电站的风险管理

光伏电站作为一种清洁能源项目，虽然具有长周期的稳定收益和较低的运营成本，但在实际运行过程中，仍面临许多不可预测的风险。这些风险不仅来自外部环境的变化，还包括内部管理和技术问题。光伏电站的风险管理是保障电站经济效益和稳定运行的重要手段。通过有效的风险管理，可以降低意外事件对电站的负面影响，确保电站在不确定的环境中实现长期稳定的运营。

1. 风险管理的定义

风险管理是通过识别、评估、控制和监控各种可能影响光伏电站的风险，采取相应措施来减少风险发生的概率和可能的损失。风险管理的目标是确保电站的经济效益、运营安全和环境影响处于可接受的范围内。

2. 面临的主要风险类型

光伏电站面临的风险可以分为以下几类。

①政策风险。光伏政策的变化，补贴退坡、市场化改革、电力价格波动等都可能影响光伏电站的收入和经济效益。

②市场风险。电力市场的不确定性，包括电价波动、市场需求变化等，会影响光伏电站的收益。

③技术风险。包括设备故障、技术进步带来的过时风险、发电效率不达标等问题。

④运营风险。包括管理不善、运维不到位、设备故障等导致的停机和维护成本增加。

⑤环境风险。气候变化、环境污染、自然灾害等不可控因素会影响光伏电站的发电能力和设备运行。

⑥财务风险。融资问题、资金流动性风险、财务不透明等问题可能影响电站的建设和运营资金。

3. 风险管理的重要性

①提高电站稳定性。有效的风险管理能够保障光伏电站在复杂的市场环境和技术环境中稳定运营。

②降低财务损失。通过及早识别并采取预防措施，减少由于意外事件导致的经济损失。

③提升投资吸引力。良好的风险管理能够提升投资者对电站的信任，吸引更多资本投入。

④增强企业竞争力。在竞争激烈的光伏市场中，能够有效管理风险的企业能更好地应对外部变化，提升市场份额。

4. 风险识别与评估

(1)风险评估是识别风险后的关键步骤，旨在通过定性和定量评估方法(如描述风险影响程度进行分级或使用数学模型量化风险概率与损失以及 SWOT 分析)来评估光伏电站等项目的潜在风险。在此过程中，可采用风险矩阵模型结合概率与后果严重性确定风险优先级，或运用故障树分析探究系统故障原因与后果，亦可通过层次分析法多维度综合评估风险因素并辅助决策。

①定性评估。通过对风险影响程度的描述，进行排序和分级。例如，可以将风险分为高、中、低风险等级。

②定量评估。通过数学模型、统计分析等方法，量化风险发生的概率和损失程度。例如，使用蒙特卡罗模拟法、概率分析法等工具。

③SWOT 分析。分析光伏电站在当前运营环境下的优势、劣势、机会与威胁，从而识别并评估潜在风险。

(2)在光伏电站运维项目的风险评估过程中，风险评估模型发挥着至关重要的作用。风险矩阵模型通过直观地将风险发生概率与后果严重性相结合，帮助决策者快速识别并优先处理高风险因素。同时，故障树分析能够深入剖析系统内部各组件的潜在故障，揭示风险根源。而层次分析法则从多个维度对风险因素进行综合考量，确保评估结果的全面性和准确性。这些模型共同构成了光伏电站风险评估的坚实基石，为项目的稳健运营提供了有力保障。

①风险矩阵模型。将风险的发生概率与后果严重性进行组合，绘制风险矩阵图，以确定各类风险的优先处理顺序。

②故障树分析(FTA)。通过构建故障树，分析系统中的各个组件可能导致的故障，评估故障发生的原因和后果。

③层次分析法(AHP)。通过分层次、分阶段对风险因素进行综合评估，从多个维度对风险进行排序和决策。

5. 风险控制与应对策略

1)政策风险控制

光伏电站运营商在运营过程中，应始终保持对国家和地方政府关于光伏产业政策变化的敏锐洞察力，特别是针对补贴退坡、上网电价调整等关键政策动态。随着政策补贴的逐渐退坡，为确保持续稳健的发展，光伏电站应积极探索多元化的收入来源，如通过绿色证书交易、参与碳市场交易以及储能电力的销售等创新模式，以减轻对单一政策补贴的依赖。同时，加强与政府和行业协会的政策沟通至关重要，通过积极参与政策研讨、座谈会等活动，不仅可以及时获取政策导向，还能主动发声，争取更多的政策支持，从而有效减少政策变动可能带来的不确定性和风险，为光伏电站的长远发展奠定坚实基础。

2)市场风险控制

面对电力市场的逐步开放与管理机制的市场化转型，光伏电站需积极适应市场化电价机制,通过多元化的市场参与策略来规避电价波动风险。具体而言,光伏电站可以积极参与电力交易市场,与电力需求方签订长期电力购买协议(PPA),以确保电力销售的稳定性和可预测性。同时,在电力市场的日常运营中,光伏电站可以实施动态电价策略,根据市场需求的变化灵活调整电价,特别是在电力需求高峰时段适度提高电价,以最大化收益并降低市场低价时段的负面影响。此外,为进一步对冲电力价格波动带来的市场风险,光伏电站还可以考虑利用期货、期权等金融工具建立风险对冲机制,确保电站运营的稳健与可持续。

3)技术风险控制

在光伏电站的建设与运营过程中,确保设备的高质量与技术先进性至关重要。首先,在电站建设初期,应严格筛选并选用可靠的光伏组件、逆变器及其他关键电力设备,从根本上减少设备故障的发生概率,为电站的长期稳定运行奠定坚实基础。其次,建立完善的设备检测与维修体系,通过定期的设备检查与维护,及时发现并处理潜在故障,确保电站设备始终处于最佳工作状态。最后,随着光伏技术的飞速发展,光伏电站应积极拥抱技术升级与创新,不断引入更高效、更耐用的新技术与新设备,有效降低技术过时的风险,保持电站的技术领先性,为电站的持续高效运营提供有力支撑。

4)运营风险控制

①运维管理体系建设。建立完善的运维管理体系,包括设备监控、故障响应、人员培训等,确保电站设备始终处于最佳工作状态。

②智能化监控系统建设。使用先进的智能监控系统,对电站运行状况进行实时监测和数据分析,及时发现异常并进行处理,减少停机时间。

③灾害应急预案。针对可能发生的突发事件,如自然灾害、电力系统故障等,制定详细的应急预案,确保在危急情况下能够迅速恢复正常运行。

5)环境风险控制

光伏电站的高效稳定运行离不开对气候变化的精准监测与有效应对。通过运用先进的气象数据分析技术和预测模型,光伏电站能够深入了解所在地区的气候变化趋势,包括季节性的光照强度变化、降雨分布以及极端天气事件的潜在风险,从而提前制定相应的应对措施。面对可能发生的自然灾害,如台风、沙尘暴等,光伏电站需采取积极的防灾减灾措施,包括但不限于加固电站设备基础、安装防护网以抵御强风侵袭和沙尘覆盖,确保设备在恶劣天气条件下仍能安全稳定运行。通过这些综合措施的实施,光伏电站能够显著提升其抵御自然灾害的能力,保障电力供应的稳定性和可靠性。

6)财务风险控制

光伏电站在建设和运营中,应构建合理的融资结构,平衡资本需求与负债水平,预防过度负债引发的资金链风险。同时,保持财务管理的透明度,定期披露准确财务信息,增强投资者信心,有效规避因资金管理不当而引发的财务风险,确保电站稳健发展。

5.1.5　光伏电站的经济性评估与财务分析

光伏电站的经济性评估与财务分析是评价光伏项目可行性和投资回报的重要环节。随着中国光伏行业的快速发展,光伏电站的建设和运营不再仅仅依赖政府补贴,而是逐渐进入了一个市场化、竞争化的阶段。因此,投资者在决策时需要通过科学的经济性评估和财务分析，准确把握项目的投资回报和潜在风险，以保障项目的长期盈利和资本的安全。经济性评估不仅涵盖项目建设阶段的资金需求、收益预测等内容，还包括运营阶段的成本控制、资金运作、税收政策、融资方式等财务因素。

1. 光伏电站经济性评估的基本框架

光伏电站经济性评估的核心目的是在充分考虑市场、政策、技术等多方面因素的基础上，评估项目的经济可行性。评估内容一般分为3个方面：投资成本分析、收益预测、财务可行性分析。其中，投资成本分析侧重于项目的初始投资需求、各项建设费用和运营成本的控制；收益预测则是评估电站未来的收入流动性、现金流状况及盈亏平衡点；财务可行性分析则综合考虑项目的资金结构、融资方式、税收政策等因素，计算财务指标如净现值（*NPV*）、内部收益率（*IRR*）等，以全面评估项目的财务健康状况。

1）投资成本分析

光伏电站的投资成本包括项目开发、设备采购、建设施工、接入电网等各项费用。中国光伏行业的成本结构随着技术的进步和规模化生产逐年下降，但仍需要对投资成本进行严格的控制与评估。项目的投资成本分析主要包括以下几个方面。

①设备成本。光伏电站的核心设备包括光伏组件、逆变器、支架系统、储能系统（如有）等。随着光伏发电技术的不断发展，设备价格逐年下降，组件的转换效率不断提升，这有效降低了整体建设成本。逆变器作为关键电力转换设备，其性能和耐用性直接影响电站的运行效率，因此需要选择质量可靠、维护便捷的产品。

②土建工程和安装成本。光伏电站的土建工程成本通常包括电站场地准备、光伏组件支架建设、电气设备安装等费用。这一部分费用受电站规模、场地条件及施工难度的影响较大。一般来说，较为平坦、接入便捷的土地会降低土建成本。

③电网接入费用。根据电站所在区域的电网接入政策，电网接入费用会有较大的差异。对于一些位于远离电网中心区域的光伏电站，接入电网的费用会比较高，而在电网设施完善的地方则会降低这一成本。

④运营成本。光伏电站的运营成本主要包括日常运维、设备维护、电力销售等相关费用。在光伏电站运营阶段，设备的运行效率、运维管理水平直接影响电站的长期收益，因此合理的运维费用与优质的管理将有助于降低后期成本。

2）收益预测

光伏电站的收益预测主要依赖于以下几个因素：电价、发电量、补贴政策以及税收优惠。随着中国光伏行业逐步进入平价上网时代，光伏电站的收入结构正由政府补贴主导转变为市场化收入与补贴相结合。收益预测的关键点在于合理预测未来的电力销售收入和政策补贴收入。

①电力销售收入。电力销售收入是光伏电站最主要的收入来源。在政策稳定的情况下，光伏电站的电力收入主要通过向国家电网或地方电网出售电力来实现。由于电力市场正在逐步进行市场化改革，电价有可能出现波动，因此，在收益预测时需要充分考虑电价走势和电力市场的需求变化。

②补贴政策收入。在过去的几年里，光伏电站依赖政府的补贴收入获得稳定回报。随着"平价上网"政策的实施，补贴逐渐退坡，未来补贴收入的比例将逐步下降。对于在补贴退坡前建设的电站，其仍可以获得一定的补贴支持。为准确预测收益，项目方需要根据电站

所在地区的政策背景、补贴政策的变化趋势及电站建设时间来合理估算补贴收入。

③税收优惠政策。相关政府为光伏企业提供了税收优惠政策，包括减免增值税、所得税优惠等。特别是在光伏电站的初期投资阶段，相关的税收减免能够显著降低项目的运营成本，提升电站的经济性。

④其他收入来源。随着储能技术的快速发展，部分光伏电站可以通过建设储能系统，将多余的电力储存并在电力价格较高时段进行出售，从而获得额外的收入。此外，一些光伏电站还通过出售碳排放配额、绿色电力证书等方式获得附加收入。

3）财务可行性分析

财务可行性分析是评估光伏电站项目投资回报的重要步骤。常见的财务指标包括净现值（*NPV*）、内部收益率（*IRR*）、投资回收期、盈亏平衡点等。

①净现值（*NPV*）。净现值是一种用来衡量项目未来现金流现值的财务指标。计算时将未来的现金流折算为现值，并减去初始投资成本。*NPV* 为正时，说明项目有经济价值，反之则表示项目不具备投资价值。

②内部收益率（*IRR*）。*IRR* 是使得项目的净现值为零的折现率。一般来说，当 *IRR* 高于资本成本时，项目就是可行的。*IRR* 能够帮助投资者评估项目的赢利潜力，是衡量投资回报的一个重要指标。

③投资回收期。投资回收期是指从项目开始投入资金到资金回收的时间长度。光伏电站的投资回收期较长，通常需要 5 至 10 年。较短的回收期意味着项目能更快收回投资，减少投资风险。

④盈亏平衡点。盈亏平衡点是指项目的总收入等于总成本的点，即电站不盈不亏的销售收入或发电量水平。通过计算盈亏平衡点，投资者可以了解在不同条件下项目的风险，提前做好应对措施。

2. 光伏电站的财务结构与资金来源

光伏电站的资金来源包括自有资金和外部融资。随着光伏行业的快速发展，许多光伏电站选择通过多元化的融资渠道来降低资金压力。资金结构的合理性直接影响到项目的资金运作效率及财务风险。

（1）自有资金。自有资金通常指投资者自己投入的资金。这部分资金不涉及利息负担，因此对电站的现金流影响较小。自有资金的比例较高能够减少融资成本和财务风险，但也要求投资者具备较强的资金实力。

（2）外部融资。光伏电站通常采用银行贷款、债券发行、股权融资等多种方式融资。由于光伏电站属于资本密集型项目，外部融资是项目资金来源的重要部分。在融资过程中，需要注意融资成本、还款期限等问题，避免过高的财务成本影响项目的经济性。

①银行贷款。许多光伏项目通过银行贷款来解决资金需求。银行贷款的优势在于融资速度较快，但也存在一定的利息压力，因此需要根据项目的回报周期合理安排还款计划。

②债券融资。部分大型光伏项目可以通过发行绿色债券等方式融资。债券融资具有较低的利率和较长的还款期限，适合于资金需求较大的项目。

③股权融资。股权融资通过引入战略投资者或进行公开募股来获得资金。这种方式不仅能带来资金支持，还能引入外部资源和管理经验，但也意味着企业需要分享一定的控制权。

（3）融资结构的优化。光伏电站的融资结构应当合理优化，以平衡自有资金和外部融资的比例，控制财务风险。过高的外部融资可能导致财务成本过重，影响项目的营利性和现金流；过低的外部融资则可能导致资金短缺，限制项目的规模和发展潜力。因此，合理的资金结构和融资方式对电站的成功至关重要。

3. 光伏电站的风险与财务分析

在进行光伏电站的经济性评估时，除了考虑投资成本、收益预测和财务指标外，还应充分考虑项目面临的各类风险，包括政策风险、市场风险、技术风险和运营风险等。风险管理与财务分析紧密相连，合理的财务分析可以帮助识别和应对潜在的风险。通过使用敏感性分析、情景分析等方法，投资者可以评估不同风险情景下项目的财务表现，进而制定相应的风险应对策略。

光伏电站的经济性评估与财务分析是一个系统性的工程，需要综合考虑多种因素，包括项目的投资成本、收益预测、融资结构、税收优惠等。随着中国光伏行业的逐步市场化，光伏电站的财务评估不仅要关注传统的电价和补贴政策，还需要考虑电力市场的变化、技术进步、运营效率等因素。通过科学的财务分析，光伏电站投资者能够准确把握项目的投资回报，减少财务风险，确保项目的长期盈利能力。

5.2 光伏电站的运行管理

光伏电站的运行管理是确保电站长期稳定运行、提高发电效率和延长设备寿命的关键环节。首先，技术文件管理在这一过程中起着至关重要的作用，它确保了各类操作、维护及技术方案文件的准确性、完整性和可追溯性，为日常运行与突发故障处理提供了必要的依据。通过规范化的文件管理制度，可以确保电站的各项技术方案和操作手册得以有效执行。其次，明确岗位职责与文件管理制度，不仅规定了各岗位人员的责任和义务，还能确保信息流转的顺畅与透明，避免因信息不对称而产生的操作失误。最后，设备调度权限的合理设定能够优化电站设备的运行管理，防止因权限不清引发的管理混乱或设备损坏，通过明确的权限管理，提高工作效率和设备运行的可靠性。总的来说，光伏电站的运行管理通过科学的制度设计和严格的执行，确保了电站的安全、高效运行，为电站的长期可持续发展与经济效益提供了有力保障。

5.2.1 技术文件管理

从目前光伏电站运行管理工作的实际经验来看，要保证光伏电站安全、经济、高效运行，必须建立规范和有效的运行管理制度来加强光伏电站运行方面的管理。在光伏项目中，文件管理的主要内容分为：公文管理、档案管理、合同管理 3 个部分。对每个光伏电站都要建立全面完整的技术文件资料档案，并设专人负责管理，为电站的安全可靠运行提供强有力的技术基础数据支持。

在项目过程中，编写材料，收发文件、资料是不可避免的，也是非常重要的工作。例如，申报项目时，申报材料的规范、完整与否在一定程度上代表了光伏电站运营公司的形象与能力。企业与企业之间，或者部门与部门之间采用文件往来是最常用的沟通方式，采用文件沟通，一方面可提高沟通效率，一方面可作为书面凭证。

1. 建立完善的公文管理

根据不同的分类标准，公文可以分为不同的类型。比较有参考价值的是以授受关系分类和以是否为法定公文分类。熟悉公文分类，有助于书写文件，也有助于文件资料的分类归档。

1）公文分类

公文分类见表 5-1。

表 5-1　公文分类

分类依据	类型	含义	内容
公文授受关系	上行文	下级机关向上级机关报送	报告、请示等
	下行文	上级机关向下级机关发	批复、指示等
	平行文	平行关系或者无隶属关系之间发送	函等

2）法定公文和非法定公文

采用另一种分类方式，公文分为法定公文和非法定公文。根据国家相关规定，统一的公文文种有 18 种，光伏项目中一般不会涉及那么多，常见的就是请示、意见、批复、函、会议纪要等。光伏项目中接触到的非法定公文有工作总结、计划，规划、报告、会议纪要等。无论是法定公文还是非法定公文，文种可以按照固定的分类，写作格式如有统一规范则按照公司统一规范，如果没有统一规范，至少与项目相关文件格式保持一致。

3）行文规则

根据政府行文规范，行文一般遵循以下基本规则，见表 5-2。

表 5-2　行文规范

序号	规则	注
1	行文规则	按隶属关系行文；按职责范围行文
2	授权行文	需要其他部门或者下级部门配合
3	联合行文	平行单位有交叉的业务
4	一般规则	不越级行文
5	不越权行文	若涉及多个部门
6	请示规则	一文一事；主送一个部门；不抄送下级
7	事项规则	不混用“报告”与“请示”
8	处理规则	由专人按流程处理

4）行文内容

前面明确了文件类型、行文目的、行文规则后，下一步写具体内容。主要目标是确保表达准确，可以参照政府行文标准。一般的行文内容要包括：标题、主送机关、正文、附件说明、成文日期、印章、附注等。例如，以备案请示为例。目前，备案申请主要内容最好包括以下各项:①项目背景(项目公司背景等);②项目建设地点、建设内容;③投资分析(资金诉求);④主送机关、发文日期、发文单位;⑤附件等。

5)发文流程(图 5-1)

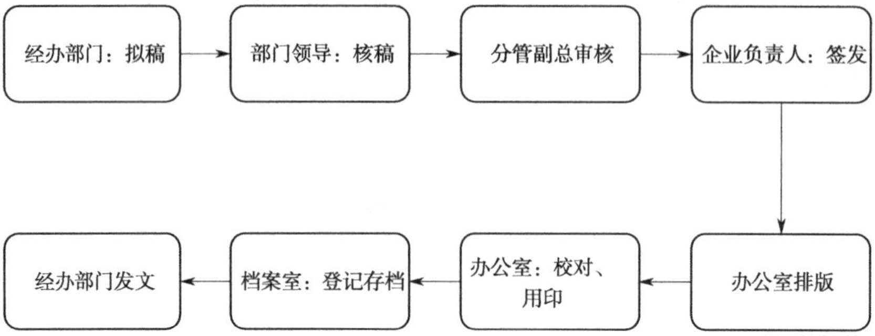

图 5-1 发文流程

制定完善的发文制度,规范企业内部发文流程,主要目的是确保资料的完整保存,以便于应对后期查询和处理时可能出现的问题。建立严格的发文制度并严格执行,任何缺乏档案记录的文件资料将无法作为有效依据。

6)收文流程

前文提及的内容是企业发文管理相关事项,除此之外,企业还有收文管理,收文管理主要是确保收文及时准确送达相关部门和负责人。制定收文管理制度,对光伏电站至关重要。它确保文件信息准确完整,提高工作效率,规范从收文到存档各环节流程,避免职责不清与文件积压。同时,有力保障文件安全保密,防止敏感信息泄露。还便于文件查阅利用,为电站工作提供参考,且符合法律法规与内部管理要求,助力电站建立良好秩序,提升整体管理水平(图 5-2)。

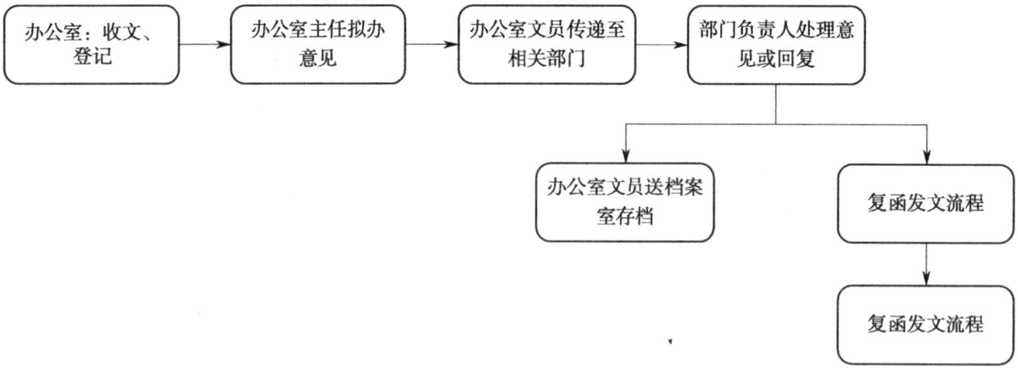

图 5-2 收文流程

2. 建立光伏电站的基本技术档案

光伏电站的基本技术档案资料主要包括:设计和施工图样、竣工图样、验收文件,光伏电站设备的基本工作原理、电气接线图、技术参数、设备安装规程、设备调试步骤,所有操作开关、旋钮、手柄以及状态和信号指示的说明,设备运行的操作步骤,电站维护的项目及内容,维护日程和所有维护项目的操作规程,电站故障排除指南,包括详细的检查和修理步骤等。

3. 建立光伏电站的信息化管理系统

利用计算机管理系统建立电站信息资料，对每个电站建立一个数据库。数据库内容包括两方面。

（1）电站的基本信息，主要包括：气象地理资料；电站所在地的相关信息（如人口、户数、公共设施、交通状况等），电站本身的相关信息（如电站建设规模、设备基本参数、建设时间、通电时间、设计建设单位等）。

（2）电站的动态信息主要包括以下方面。

①电站供电信息。用电户数、供电时间、负载情况、累计发电量等。

②电站运行中出现的故障和处理方法：对电站各设备在运行中出现的故障和对故障的处理方法进行详细描述和统计。

4. 建立电站运行期档案

这项工作是分析电站运行状况和制定维护方案的重要依据之一，主要包括日常维护保养、巡检、故障检修和排除等方面的各种记录、报告、报表等。日常维护工作主要是每日测量并记录不同时间光伏电站的工作参数，主要测量记录内容有：日期、记录时间、天气状况、环境温度，子方阵电流、电压，逆变器直流输入电流、电压，交流配电柜输出电流、电压及发电量，记录人等。当电站出现故障时，电站操作人员要详细记录故障现象，并协助维修人员进行维修工作、故障排除后要认真填写“电站故障维护记录表”，主要记录内容有：出现故障的设备名称、故障现象描述、故障发生时间、故障处理方法、零部件更换记录、维修人员及维修时间等。电站巡检工作应由专业技术人员定期进行，在巡检过程中要全面检查电站各设备的运行情况和运行现状，测量相关参数，并仔细查看电站操作人员的日维护、月维护记录情况，对记录数据进行分析，及时指导操作人员对电站进行必要的维护工作，同时还应综合巡检工作中发现的问题，对本次维护中电站的运行状况进行分析评价，最后对电站巡检工作作出详细的总结报告。

5.2.2　岗位职责与人员管理

1. 岗位职责

（1）站长是电站的具体负责人，是电站运行管理、成本控制、内外关系协调、人员培训、绩效考核的执行者，对公司负责，直接向运营部汇报工作，受运营部经理的直接领导，并对电站的年发电量、上网电量、运营成本负责。

站长岗位职责如下。

①负责日常光伏电站安全生产、技术管理、经济运行工作。

②负责制定和完善各项运行管理制度、岗位职责、工作标准，并组织实施。

③负责组织编制运行规程、技术措施、管理规定等工作；负责电站内部关系协调，及时掌握全班人员的思想变化，做好思想政治工作。

④负责运行人员培训工作，绩效考核，升职初审等工作。

⑤全面了解电站的生产情况，掌握电站的各项经济技术指标及电站生产设备运转情况。

⑥会同技术人员和运行人员定期分析发电运行情况，合理调整运行方式，提高电站的经济效益。

⑦定期分析电站的经济指标和完成情况，完成公司安排的各项任务。

⑧负责电站外部关系协调，相关单位联系和组织工作，并负责外部委托管理单位的管理和资质审查。

⑨负责电站备品计划的初步审批和电站运营成本控制。

⑩负责组织编制电站年度发电计划及发电计划目标的实现，并确保电站发电量稳定。

（2）当值班长的职责。

①班长是运行班组生产和行政上的负责人，对电气全部设备的安全经济运行负责；领导运行人员完成上级交给的一切工作任务；班长在行政上受站长的领导和指挥。

②班长应熟知电站的一次系统、站用电系统、直流系统、继电保护、自动装置等运行方式调整，掌握电站各类电气设备结构、特性、操作维护。

③班长在值班时间内，负责与调度的联系工作，负责领导本班全体人员完成电气设备的安全、经济运行任务，注意完成发电计划指标，保证电能质量，随时分析运行情况，督促指导运行人员精心调整，及时向站长提出必要的意见和要求；参加站长召开的运行分析会，负责贯彻分析会上研究决定的事项；根据领导的安排，组织学习活动，负责对值班员的技术业务进行指导。

④及时与调度联系并接受调度命令，并及时将调度命令汇报站长。

⑤领导全班人员做好交接班工作；带头执行规章制度，严格遵守值班纪律并检查全班人员的执行情况，当站长不在时，班长不得离开电站，并根据调度员和站长的要求进行联系，这些联系工作事后必须向站长汇报。

⑥负责领导全班人员对电气设备事故及异常运行进行正确迅速的处理，并对事故的发生及处理经过做好记录和分析。

⑦抓好班内安全技术培训和图样、资料管理及清洁卫生工作。

⑧按时、认真、详细地查阅、填写各种运行和技术记录。

⑨负责审查并监督做好工作票的安全措施；担任工作票和低压操作票的签发人，发布电气设备停、送电操作命令；批准、审查操作票，担任高压设备操作的监护人。

⑩班长应掌握全班人员的思想情况，做好思想政治工作。

（3）当值班员的职责。

①正值班员是电气设备安全、经济运行的负责人，正值班员应熟知电站主接线系统、直流系统、厂用电系统、照明系统及主要电气设备运行特性、极限参数、继电保护、自动装置、常用系统二次接线、额定数据、动力保险定值等。

②正值班员在运行操作和行政关系上受班长的领导，并协助班长搞好本班培训及其他管理工作。当班长不在时，正值班员应代替班长的职务。

③正值班员的主要职责是协助班长运行管理，合理地调整组件运行方式，保证组件的安全、经济运行和电能质量，并能正确识别异常信号。在班长的统一指挥下，主动、迅速、正确地处理事故及异常运行。

④负责厂用电系统、直流系统、照明系统的检查、定期维护及停、送电操作，监护值班电工进行厂用电系统的倒闸操作。

⑤根据班长的指示组织做好电站临时小型更换和检修工作；负责检查并备齐高、低压配电室、配电柜用的熔断器，并保证定值符合要求。

⑥对运行人员不符合电气设备规定的操作流程和不合理的运行方式，提出建议，并给予适当的纠正。

（4）值班电工的职责。

①值班电工在行政上受班长领导，在运行操作及业务技术上受正值班员的领导。

②值班电工应熟知主接线系统、厂用电系统、直流系统及逆变器、变压器等主要电气设备的极限电流、温度及其他电气设备的主要参数。

③当正值班员不在时，值班电工应主动代替正值班员的工作。

④按时并正确地记录报表及电量，并对现场进行巡检，发现异常时汇报处理。

⑤做好监盘工作，及时发现发电单元参数异常，并做好当班气象和发电分析。

⑥在监护下进行电气设备的倒闸操作，填写倒闸操作票。

⑦在站长和班长的领导下，完成自我学习和工作技能提升，积极参与运行分析和技术讨论活动，做到积极主动。

⑧对当班发生的光伏板面清洗工作或者其他外委工作进行监督和质量过程检验。

⑨在监护下，做好工作票的安全措施；协助正值班员完成领导交代的其他任务。

⑩发生事故和异常时，在班长、正值班员的指挥下，协助处理事故，根据正值班员的命令复位保护装置，详细、准确地做好保护动作情况记录。

（5）安全维护人员的职责。

①负责光伏发电项目电气专业的安装、调试期管理与运营期检修和维护管理。

②负责电站技术人员的培养和运行人员一般电气知识培训，以及简单的电气维护。

③负责并指导所辖电站开关、变压器、仪表保护和异常问题解决；组织并协助光伏电站建立检修规程和年度检修计划，控制电站检修维护成本。

④负责所辖光伏电站的年度安全生产检查工作，组织定期对各电站进行检查，确保电站生产运营正常，符合新能源既定政策。

⑤负责组织解决电站疑难设备故障和异常问题，防止故障影响设备正常发电。

⑥负责光伏电站技术资料整理，设备管理、维修计划管理、设备定期试验和维护工作。

⑦负责电站故障的调查和事故报告的编制。

⑧负责对光伏电站的统计报表的真实性进行复核。负责向上级或对外填报各种统计报表，并报运营部经理审核及有关主管领导审批。对报出的各种统计数据的真实性、准确性、及时性负主要责任；通过对各电站上报数据、资料分析，找出比上年度同期指标提高或降低的原因，为下一周期的生产提供可靠的依据。

⑨负责建立电子设备台账和技术档案，并定期更新。

⑩负责对电站进行故障分析和异常分析并参与防范措施的制定和落实工作。

（6）财务人员的职责。

①严格遵守《中华人民共和国会计法》《中华人民共和国税收增收管理法》《企业财务通则》《企业会计准则》《会计制度》和《公司章程》的规定，设置会计科目和会计账簿，记录经济业务活动，遵循会计核算的一般原则，对电站运营活动进行会计核算和会计监督。

②负责收集、整理各类财务文件和有关规章制度，负责审核、汇总、整理、装订、归档会计凭证和会计档案，搞好财务保密工作。

③按时做好电站现金管理、出纳工作及资产的盘点，做好年度财务分析和下年财务预算

工作。

④每月向上级主管部门、领导上报项目、设备、材料等付款情况。

⑤负责建立固定资产台账，加强财务核算，对公司的经营情况和资金运转情况进行全方位的监督和管理，保证公司财产的安全和完整。

⑥负责进行账务处理，税务申报，出具财务报表，填报内部报表，对外报税、报表，协调税务、银行、统计、财政等部门工作。

（7）行政人员的职责。

①负责电站的办公、生活等后勤行政工作。

②负责电站外委单位的合同管理工作。

③负责电站日常办公、生活零星和小型采购工作。

④完成领导交代的其他任务。

2. 运维人员的培训

主要是针对两类人员进行培训：一类是专业技术人员；另一类是光伏电站操作人员。

1）专业技术人员的培训管理

针对运行维护管理工作中存在的重点和难点问题，不定期地组织专业技术人员进行各种专题的内部培训工作，或将专业技术人员送出去进行系统的相关知识培训，提高专业技术人员的专业知识和专业技能；建立专业技术人员参与培训管理档案，详细记录参与培训人员的相关信息，包括培训时间、培训方式、培训内容、培训效果、培训总结等，不断提高专业技术人员的培训管理水平。

2）光伏电站操作人员的培训管理

光伏电站操作人员通常是当地选聘的，由于当地人员文化水平参差不齐，因此培训工作首先从最基础的电工基础知识讲起，并进行光伏电站的理论知识培训、特种作业培训、实际操作培训和电站操作规程的学习。经过培训后，使其了解和掌握光伏电站的基本工作原理和各设备的功能，并能按要求进行电站的日常维护工作，具备判断一般故障及排除一般故障的能力。

3）定期开展运维人员的运行分析及交流会议

依据电站运行期间的档案资料，组织相关部门和技术人员定期对电站运行状况进行分析和交流，及时发现存在的问题，提出切实可行的解决方案。通过定期开展运维人员的运行分析及交流会议，一是有利于提高技术人员的业务能力；二是有利于提高电站可靠运行水平。

5.2.3 设备调度权限

1. 省调管辖范围

以国家电网公司管辖区域为例由省一级电力调度中心统一调度。

2. 地调管辖范围

上网送出线路，高压配电室出线，一、二次设备由地市级公司地调统一调度，设备运行方式和投退必须经地调同意。

3. 自行管理的设备

逆变器、站用变压器、箱变及汇流箱及站内辅助设备由光伏电站统一调度，设备运行方式和投退由当值班长决定。

4. 调度机构

各级调度机构是光伏电站设备运行的组织、指挥、指导和协调机构，光伏电站的运行值班人员必须服从调度管理，严格执行调度命令。

5. 事故或设备异常处理权限

当发生任何事故或设备异常时运行值班人员都必须向有关调度机构汇报，并按照调度命令和有关规程的规定进行处理。若情况紧急，当值班长可根据有关规定，在未经调度命令的情况下进行有关的处理，但事后必须立即向有关调度机构汇报。

6. 电站设备管辖权限

对于本电站所管辖的设备应由当值班长负责管理，当需要改变其运行方式时，由当值班长下令执行。

5.3　光伏电站的维护

光伏电站的维护管理是确保设备长期稳定运行的关键环节。本节重点涵盖了主要设备的运行与维护管理、系统常见问题及解决方法以及售后服务 3 个方面。首先，主要设备的运行与维护管理确保了电站的核心设备，如光伏组件、逆变器和电池储能系统的高效运行。通过定期的检查和维护，可以最大程度地延长设备使用寿命，减少故障发生。其次，系统常见问题及解决方法部分帮助工作人员识别电站运行中的常见故障，提供具有针对性的解决方案，保障系统的稳定性和可靠性。最后，光伏电站的售后服务为用户提供持续的技术支持和设备维修，确保电站在运营过程中能够及时应对各类问题，提升客户满意度和电站的长期效益。通过科学的维护管理，光伏电站能够在高效、安全的状态下运行，最大化其经济和环境效益。

5.3.1　光伏组件及阵列的维护

光伏电站的维护主要是对光伏电站的相关设备进行清洁、定期检查和检测、定期维修等，具体可分为以下几方面进行。

1. 光伏组件的清洁

通常光伏阵列的输出功率在初始输出功率的 85%以下时，就应对光伏组件进行清洁。光伏电站应根据当地实际情况制定组件清洗预案，清洗光伏组件时应使用柔软洁净的布料擦拭光伏组件，不应使用腐蚀性溶剂或硬物擦拭光伏组件，不宜使用与光伏组件温差较大的液体。清洗组件时，不宜在有碍运行维护人员人身安全的情况下清洗组件；严禁在恶劣气象条件下进行组件的清洗，不宜在组件温度过高或辐照度过强的条件下进行清洗；特殊地域环境需制定具有针对性的清洗预案。

（1）光伏组件的定期检查及维修。

应定期对光伏组件下列问题进行检查，发现问题及时修复。

①组件边框不应有变形，玻璃不应有破损。

②光伏组件不应有气泡、EVA 脱层、水汽、明显颜色变化等。

③背板不应有划伤、开胶、鼓包、气泡等。

④接线盒塑料不应出现变形、扭曲、开裂、老化及烧毁等。

⑤导线连接应牢靠，导线和导线管不应出现破损。

⑥铭牌应平整，字体清晰可见。

⑦光伏组件上的带电警告标识不得缺失。

⑧电池片不应有破损、隐裂、热斑等。

⑨金属边框的光伏组件，边框必须牢固接地，边框和支架应结合良好，两者之间接触电阻应不大于 4 Ω。

⑩检查并修复发现的其他缺陷。

（2）光伏组件的定期测试。

应定期对光伏组件下列参数进行测试，发现问题及时修复。

①进行绝缘电阻的测试。绝缘电阻测试前，应将光伏组件与其他电气设备的连接断开。光伏阵列正负极对地绝缘电阻应符合表 5-3 所示参数指标的要求。

表 5-3　光伏阵列正负极对地绝缘测试电阻表

系统电压/V	测试电压/V	最小绝缘电阻/MΩ
120	250	0.5
<600	500	1
<1 000	1 000	1

②光伏组件 IV 特性。每年应测试光伏组件 IV 特性衰减程度，使用光伏组件 IV 特性测试仪测试光伏组件及接入汇流箱的光伏组串的 IV 特性。光伏组件及组串的 IV 特性应满足同一组串的光伏组件在相同条件下的电流输出应相差不大于 6%：同一组串的光伏组件在相同条件下的电压输出应相差不大于 6%；相同条件下接入同一个直流汇流箱的各光伏组串的运行电流应相差不大于 6%；相同条件下接入同一个直流汇流箱的各光伏组串的开路电压应相差不大于 6%，光伏组件性能应满足生命周期内衰减要求，对于晶体硅组件功率衰减 2 年内小于等于 2%，10 年内小于等于 10%，20 年内小于等于 20%；对于薄膜组件 2 年内衰减小于等于 4%，10 年内衰减小于等于 10%，20 年内衰减小于等于 20%。

③光伏组件热特性。当太阳辐照度为 500 W/m^2 以上，风速不大于 2 m/s，且无阴影遮挡时，同一光伏组件外表面在温度稳定后，温度差异应小于 20%。

（3）光伏阵列支架的维护。

应定期对光伏阵列支架的下列问题进行检查，发现问题及时修复。

①光伏阵列支架整体不应有变形、错位、松动等。

②受力构件、连接构件和连接螺栓不应损坏、松动、生锈，焊缝不应开焊。

③金属材料的防腐层应完整，不应有剥落、锈蚀现象。

④采取预制基座安装的光伏阵列，预制基座应保持平稳、整齐，不得移动。

⑤阵列支架等电位连接线应连接良好，不应有松动、锈蚀现象。

⑥光伏阵列应可靠接地，其各点接地电阻应不大于 40 Ω。

⑦检查并修复发现的其他缺陷。

2. 汇流箱的维护

（1）汇流箱的定期检查和维护。

汇流箱的结构和箱柜、主电路连接、二次线及电气元件安装等应符合下列要求，发现问题及时修复。

①箱体应牢固，表面应光滑平整，无剥落、锈蚀及裂痕等现象，箱体安装应牢固，平稳连接构件和连接螺栓不应损坏、松动、生锈，焊缝不应开焊。

②箱体应密封良好，防护等级应符合设计要求，箱体内部不应出现锈蚀、积灰等现象。

③面板应平整，文字、符号、铭牌、警告标识、标记等应完整清晰。

④熔断器、防雷器、断路器等各元器件应处于正常状态，没有损坏痕迹，开关操作应灵活可靠。

⑤各种连接端子应连接牢靠，没有烧黑、烧熔等损坏痕迹。

⑥各母线及接地线应完好。

⑦汇流箱内熔丝规格和浪涌保护器应符合设计要求、并处于有效状态。

⑧非绝缘材料外壳的汇流箱箱体应连接保护地，其接地电阻应不大于 4 Ω。

（2）汇流箱的定期测试。

①绝缘电阻的测试。进行绝缘电阻测试前，应将汇流箱与其他电气设备的连接断开，用兆欧表（绝缘电阻表）或绝缘电阻测试仪测量汇流箱的输入电路对地、输出电路对地及输入电路对通信接口、输出电路对通信接口的绝缘电阻值。

②测量、显示功能的测试。若是带有通信功能的汇流箱，应能正常监测汇流箱的工作状态及电参数，数据显示精度应不低于 0.5 级，测量准确度应小于等于 ±1.5%。

③通信功能的测试。若是带有通信功能的汇流箱，则应能正常接收和发送数据。

④汇流箱的热特性测试。汇流箱额定功率工作时，内部各元器件温度应符合设计工作温度要求。

3. 直流和交流配电柜的维护

（1）直流和交流配电柜的定期检查和维修。

直流和交流配电柜的机柜、主电路连接、二次系统接线及电气元件安装等应符合下列要求，发现问题及时修复。

①柜体组装的有关零部件均应符合各自的技术要求。

②柜体应牢固，表面应光滑平整，无剥落、锈蚀及裂痕等现象，柜体安装应牢固、平稳连接构件和连接螺栓不应损坏、松动，焊缝不应开焊、虚焊，柜体应密封良好，防护等级符合设计要求；柜体内部不应出现锈蚀、积灰等现象。

③面板应平整，文字、符号、铭牌、警告标识、标记等应完整清晰。

④各元器件应处于正常状态，没有损坏痕迹。

⑤开关操作应灵活可靠，各母线及接地线应完好。

⑥各种连接端子应连接牢靠，没有烧黑、烧熔等损坏痕迹。

⑦配电柜内熔丝规格应符合设计要求并处于有效状态。

⑧配电柜内浪涌保护器应符合设计要求并处于有效状态。

⑨配电柜应可靠保护接地，其接地电阻应不大于 4 Ω。

⑩检查并修复其他缺陷。

（2）配电柜的定期测试。

①绝缘电阻的测试。进行绝缘电阻测试前，应将配电柜与其他电气设备的连接断开，用兆欧表或绝缘电阻测试仪测量配电柜的输入电路对地、输出电路对地及输入电路对通信接口、输出电路对通信接口的绝缘电阻值。

电箱中一般配置有并网计量表、空气开关。

②测量、显示功能的测试。直流和交流配电柜应能正常测量和显示电流、电压、功率等数据，数据显示精度应不低于 0.5 级，测量准确度应小于等于 ±1.5%。

③通信功能的测试。配电柜应能正常接收和发送数据。

④配电柜的热特性测试。配电柜在额定功率工作时，内部各元器件温度应符合设计工作温度要求。

4. 逆变器的维护

（1）逆变器的定期检查和维修。

逆变器的结构和机柜、主电路连接、二次系统连接线及电气元件安装等应符合下列要求，发现问题及时修复。

①柜体组装有关零部件均应符合各自的技术要求。

②柜体应牢固，表面应光滑平整，无剥落、锈蚀及裂痕等现象，安装应牢固，平稳连接构件和连接螺栓不应损坏、松动，焊缝不应开焊、虚焊，柜体应密封良好，防护等级符合应用要求，内部不应出现锈蚀、积灰等现象。

③面板应平整，文字、符号、铭牌、警告标识、标记等应完整清晰。

④各元器件应处于正常状态，没有损坏痕迹，开关操作应灵活可靠。

⑤各种连接端子应连接牢靠，没有烧黑、烧熔等损坏痕迹。

⑥各母线及接地线应完好，逆变器内熔丝规格、逆变器内浪涌保护器应符合设计要求并处于有效状态。

⑦逆变器应可靠连接保护地，其接地电阻应不大于 4 Ω。

⑧风冷逆变器的散热器风扇根据温度自行启动和停止的功能应正常，散热风扇运行时不应有较大振动及异常噪声，如有异常情况应断电检查。

⑨如电网电压消失，逆变器应立即停止向电网送电（防止孤岛效应）。

（2）逆变器的定期测试。

①应对逆变器的转换效率、并网电流谐波、功率因数、直流分量、电压不平衡度等性能指标进行定期测试。

②要定期对逆变器的绝缘电阻及残余电流进行检测，如果出现 30 mA 的漏电流，应在逆变器端加装漏电流检测器（RCD）进行保护或者对逆变器进行漏电流监控保护。

5. 变压器的维护

光伏电站变压器应定期对以下几方面进行检查，发现问题及时修复。

①用来组装变压器的有关零部件均应符合各自的技术要求。

②外壳应牢固，表面应光滑平整，无剥落、锈蚀及裂痕等现象。

③变压器表面、绝缘子各连接端子不应有积尘。

④各种连接端子应连接牢靠，没有烧黑、烧熔等损坏痕迹。

⑤检查变压器各母线及接地线是否正常。

⑥检查变压器工作声音是否在要求范围内。

⑦铭牌、警告标识、标记应完整清晰。

⑧变压器应保护接地，其接地电阻应不大于 4 Ω。

⑨检查变压器油位、油温、压力是否在要求范围内，应定期对变压器油进行采样分析。

⑩检查并修复其他缺陷。

6. 接地与防雷系统的维护

应定期对接地与防雷系统的下列方面进行检查，发现问题及时修复。

①各种避雷器、引下线等应安装牢靠。

②避雷器、引下线等应完好，无断裂、锈蚀、烧损痕迹等情况发生。

③避雷器、引下线各部分应连接良好。

④各关键设备内部浪涌保护器应符合设计要求、并处于有效状态。

⑤各接地线应完好。

⑥各接地线标识、标志应完好。

⑦接地电阻不应大于 4 Ω。

⑧接地的开挖周期不应超过 6 年。

光伏电站各关键设备的防雷装置在雷雨季节到来之前，应根据要求进行检查并对接地电阻进行测试，不符合要求时应及时处理。雷雨季节后应再次进行检查。地下防雷装置应根据土壤腐蚀情况，定期开挖检查其腐蚀程度，出现严重腐蚀情况时应及时修复、更换。

7. 光伏电站监控系统的维护

（1）监控系统的定期检查和维修。

应定期对监控系统的下列方面进行检查，发现问题及时修复。

①监控及数据传输系统的设备应保持外观完好，螺栓和密封件应齐全，操作键应接触良好，显示数字应清晰。

②各设备内部传感器、数据采集及发送装置应完好。

③超过使用年限的数据传输系统中的主要部件，应及时更换。

（2）监控系统的定期测试。

定期对监测系统的下列参数进行测试，并保证其符合使用要求。

①汇流箱相关输入与输出数据。

②交、直流配电柜相关输入与输出数据。

③逆变器相关输入与输出数据。

④环境监测仪的输出数据。

⑤电能计量表的采样数据。

5.3.2　系统常见问题及解决方法

1. 逆变器屏幕没有显示

（1）故障分析：没有直流输入，逆变器 LCD 是由直流供电的。

（2）可能原因。

①组件电压不够，逆变器工作启动电压是 100 V（不同品牌逆变器启动电压有微差），低于 100 V 时，逆变器不工作。组件电压和太阳能辐照度有关。

② PV 输入端子接反，PV 端子有正负两极，要互相对应，不能和别的组串接反。

③直流开关没有合上。

④组件串联时，某一个接头没有接好。

⑤有一组件短路，造成其他组串也不能工作。

（3）解决办法。用万用表电压挡测量逆变器直流输入电压。电压正常时，总电压是各组件电压之和。如果没有电压，依次检测直流开关、接线端子、电缆接头、组件等是否正常。如果有多路组件，要分开单独接入测试。如果逆变器使用了一段时间，没有发现原因，则是逆变器硬件电路发生故障，需要联系售后。

2. 逆变器不并网

（1）故障分析。逆变器和电网没有连接。

（2）可能原因。

①交流开关没有合上。

②逆变器交流输出端子没有接上。

③接线时，把逆变器输出接线端子上排松动了。

（3）解决办法。用万用表电压挡测量逆变器交流输出电压，在正常情况下，输出端子应该有 220 V 或者 380 V 电压，如果没有，依次检测接线端子是否有松动，交流开关是否闭合，漏电保护开关是否断开。

3.PV 过电压

（1）故障分析。直流电压过高报警。

（2）可能原因。组件串联数量过多，造成电压超过逆变器的电压。

（3）解决办法。因为组件的温度特性，温度越低，电压越高。单相组串式逆变器输入电压范围是 100~500 V，建议组串后电压在 350~400 V 之间，三相组串式逆变器输入电压范围是 250~800 V，建议组串后电压在 600~650 V 之间。在这个电压区间，逆变器效率较高，早晚辐照度低时也可发电，但又不至于电压超出逆变器电压上限，引起报警而停机。

4. 隔离故障

（1）故障分析。光伏系统对地绝缘电阻小于 2 MΩ。

（2）可能原因。

①太阳能组件、接线盒、直流电缆、逆变器、交流电缆、接线端子等地方有电线对地短路或者绝缘层被破坏。

②PV 接线端子或交流接线外壳松动，导致进水。

（3）解决办法。断开电网、逆变器，依次检查各部件电线对地的电阻，找出问题点，并更换。

5. 漏电流故障

（1）故障分析。漏电流太大。

（2）解决办法。取下 PV 阵列输入端，然后检查外围的 AC 电网，直流端和交流端全部断开，让逆变器停电 30 min 以上，如果自己能恢复就继续使用，如果不能恢复，联系售后技术工程师。

6. 电网错误

（1）故障分析。电网电压和频率过低或者过高。

（2）解决办法。用万用表测量电网电压和频率，如果超出了，等待电网恢复正常。如果电网正常，则是逆变器检测电路板发电故障，请把直流端和交流端全部断开，让逆变器停电30 min以上，如果自己能恢复就继续使用，如果不能恢复，就联系售后技术工程师。

7. 逆变器硬件故障（分为可恢复故障和不可恢复故障）

（1）故障分析。系统输出功率偏小，达不到理想的输出功率。逆变器电路板、检测电路、功率回路、通信回路等电路有故障。

（2）解决办法。逆变器出现上述硬件故障，可以把直流端和交流端全部断开，让逆变器停电30 min以上，如果自己能恢复就继续使用，如果不能恢复，就联系售后技术工程师。

（3）可能原因。影响光伏电站输出功率的因素很多，包括太阳辐射量，太阳电池组件的倾斜角度，灰尘和阴影阻挡，组件的温度特性，因系统配置安装不当造成系统功率偏小。

（4）常见原因及解决办法如下。

①在安装前，检测每一块组件的功率是否足够。

②调整组件的安装角度和朝向。

③检查组件是否有阴影和灰尘。

④检测组件串联后电压是否在电压范围内，电压过低系统效率会降低。

⑤多路组串安装前，先检查各路组串的开路电压，相差不超过5 V，如果发现电压不对，要检查线路和接头。

（5）安装时，可以分批接入，每一组接入时，记录每一组的功率，组串之间功率相差不超过2%。

（6）安装地方通风不畅通，逆变器热量没有及时散播出去，或者直接在阳光下暴露，造成逆变器温度过高。

（7）逆变器有双路MPPT接入，每一路输入功率只有总功率的50%。原则上每一路设计安装功率应该相等，如果只接在一路MPPT端子上，输出功率会减半。

（8）电缆接头接触不良，电缆过长，线径过细，有电压损耗，最后造成功率损耗。

（9）光伏电站并网交流开关容量过小，达不到逆变器输出要求。

部分故障代码见表5-4。

8. 交流侧过压

电网阻抗过大，光伏发电用户侧消化不了，输送出去时又因阻抗过大，造成逆变器输出侧电压过高，引起逆变器保护关机，或者降额运行。

解决办法如下。

①加大输出电缆，因为电缆越粗，阻抗越低。

②逆变器靠近并网点，电缆越短，阻抗越低。

表5-4　部分故障代码（以固德威逆变器为例）

错误代码	错误信息描述
01	内部通信故障

续表

错误代码	错误信息描述
02	存储读写异常
03	电网频率超限
07,25	继电器检测异常
13	输出直流分量过高保护
14	面板对地绝缘阻抗过低
15	电网电压超限
16	外部风扇故障
17	面板电压过高
19	过温保护
20	内部风扇故障
21	直流母线电压过高
22	残余电流保护
23	没有市电
30	1.5 V 基准电压超限
31,24	输出电流传感器异常
32,26	残余电流自检异常
其他	自检异常

5.3.3 光伏电站售后服务

1. 质保期

质保期应从公司主管部门签订工程验收签订书第二日起算,以约定日期届满后的第二日为质保期到期日。建设工程及设备具体质保期限如下。

1)光伏电站设备

①光伏组件质保期为 10 年(如为甲方提供设备,质保由甲方负责)。

②逆变器质保期为 5 年(如为甲方提供设备,质保由甲方负责)。

③其他设备质保期为 3 年。

2)光伏系统

光伏系统质保期为 3 年,如设备供应商承诺的设备质保期超过以上约定时限,以设备供应商承诺的质保期为准。(备注:如当地政府对设备和工程质保期有强制性约定,应以当地政府部门规定为准。)

2. 售后服务

光伏电站的使用寿命为 25~30 年,若没有良好的后期运维服务,电站将存在很大的隐患,山东某公司将电站的运维列为电站全生命周期服务的重中之重,提出“8+2”服务体系,即八大售后服务和两大增值服务。

1)八大售后服务

①每年 2 次免费巡查检修(5 年)。

②免费代为更换逆变器(不含逆变器费用)。

③5 年内电源线接口免费更换。

④24 小时技术在线服务。

⑤10 年内组件损坏免费保修、包换(非质量原因需收费)。

⑥10 年发电量保障(非人为或不可抗力因素)。

⑦安装即赠 1 年分布式光伏保险。

⑧免费提供后期技术维护培训及电话服务。

(2)两大增值服务。

①光伏系统回收。某公司将针对目前的城市化进程和项目的具体状况,为客户提供上门组件及系统回收服务。

②二次安装。户用分布式尤其是靠近城区的村庄,5 年后面临大批量拆迁,光伏电站的拆卸及二次安装服务日渐紧迫,某公司为安装户提供有偿二次安装服务。

其中每年 2 次的免费巡检是对每个家庭电站正常运行的有力保障,也是最受广大用户欢迎的售后措施。表 5-5 为巡检结果确认单和巡检标签。

表 5-5 巡检结果确认表

项目地址		用户姓名	
项目建成时间		联系方式	
巡检时间		巡检批次	
巡检范围		巡检人员	
巡检内容及结果(具体明细后附):			
巡检员建议:			
安装客户评价: 客户签名确认:			

3. 维护的周期要求

光伏电站检查、测试与维护的周期要求应根据光伏电站的实际情况制定,建议见表 5-6。

表 5-6 检查、测试及维护的周期表

序号	测试项目	测试周期	备注
1	光伏组件的定期检查及维修	每年至少一次	
2	光伏组件的定期抽检测试	每两年至少一次	抽检率根据现场实际条件制定
3	支架的定期检查及维修	每年至少一次	
4	汇流箱的定期检查及维修	每年至少一次	
5	汇流箱的定期测试	每年至少一次	

续表

序号	测试项目	测试周期	备注
6	配电柜的定期检查及维修	每年至少一次	
7	配电柜的定期测试	每年至少一次	
8	逆变器的定期检查及维修	每年至少一次	
9	逆变器的定期测试	每年至少一次	
10	变压器的定期检查及维护	每年至少一次	
11	变压器的定期测试	参照《电力变压器运行规程》执行	

5.3.4 光伏电站运营管理与优化措施

1)建立畅通的信息通道

设立专人负责与电站操作人员及设备厂家的联系工作。当电站出现故障时,操作人员能及时将问题提交给相关部门,同时也能在最短的时间内通知设备厂家和专业技术人员及时赶到现场进行处理。

2)加强经济运行管理,完善运行管理措施

为更好地完成发电任务和目标,认真执行运维部及公司的各项安全生产管理制度,并在生产过程中不断完善光伏电站的安全管理和经济运行措施,提升安全管理及经济运行水平。树立"全员参与,度电必争"的思想,充分挖掘运维人员及设备的潜力,想尽一切办法消除缺陷和故障,提高设备利用率。尽量在夜间完成对设备的检修及缺陷处理工作,保证光照充沛时设备正常运行,同时严格控制站用电率,减小线路损耗,并制定详细的节能降耗措施,抓好节能降耗工作,确保全年发电量指标和利润指标的顺利完成。

建立和完善奖惩制度,对能完成发电量指标和利润指标的班组进行奖励,对完成不了指标和任务的班组及相关人员进行一定的处罚,以激活运维人员的工作主动性和积极性,不断增强运维人员的主人翁精神。

为避免因设备备品、备件的缺少而影响发电,安排专门人员负责库房备品、备件的管理,并根据生产现场的需要,做到及时补缺和更换损坏的设备,减少因设备损坏而造成不必要的电量损失,特别要注重加强光伏电站的电气设备及光伏组件设备的消缺管理,要求设备厂家建立健全快速响应机制,保证设备消缺进度,确保光伏组件较高的利用率。

习题

1. 请简述光伏电站经济性的定义,并列举至少 3 个常用的经济性评价指标,并解释它们的意义。

2. 光伏电站在建设和运营过程中有哪些主要的成本?请分析如何通过技术、管理等手段有效控制这些成本。

3. 光伏电站的收益管理主要包括哪些方面?请简要说明如何制定收益管理策略以最大化提高电站的经济效益。

4. 论述光伏电站在运营过程中可能面临的两种主要风险,并提出针对这些风险的有效管理措施。

5. 简述光伏电站的经济性评估与财务分析的主要内容,并举例说明如何通过财务分析评估光伏电站的运营效益。

6. 分组讨论光伏电站的技术文件管理的重要性,并描述如何通过合理的技术文件管理确保电站的顺利运营。

7. 光伏电站的主要设备包括哪些？请简要描述它们的运行与维护管理要点,以及如何保证设备的长期稳定运行。

第六章 工程建设项目创业指导

本章重点围绕分布式光伏项目全周期创业实践展开,不仅深入剖析了从项目选址规划、融资筹备、审批合规、施工质量控制、系统调试并网到运维管理优化、风险应急响应等关键环节,还融入了社会责任与可持续发展理念,旨在培养创业者具备绿色能源创业能力的同时,树立环保意识和社会责任感。

6.1 项目筹备阶段

项目筹备是项目启动前的一系列关键准备工作,旨在确保项目的顺利启动和后续成功实施,在项目筹备阶段,关键在于进行全面细致的市场调研与需求分析,明确项目目标与定位,完成选址评估与光照资源分析,设计系统容量与布局,制定预算并筹备资金,同时确保符合相关政策法规,为后续工程建设奠定坚实基础。

6.1.1 市场调研与需求分析

市场调研与需求分析是项目启动前至关重要的环节。它涉及对目标市场进行深入探索,了解潜在客户的具体需求、市场规模、竞争态势以及行业趋势。通过问卷调查、访谈、数据分析等方法,收集并分析市场信息,以确定产品或服务的定位、功能特性、价格策略及营销策略。这一过程有助于企业识别市场机会,规避潜在风险,为项目成功打下坚实基础,该部分内容主要包括目标市场定位、竞争对手分析、客户需求分析等内容,市场调研与需求分析流程图如图 6-1 所示。

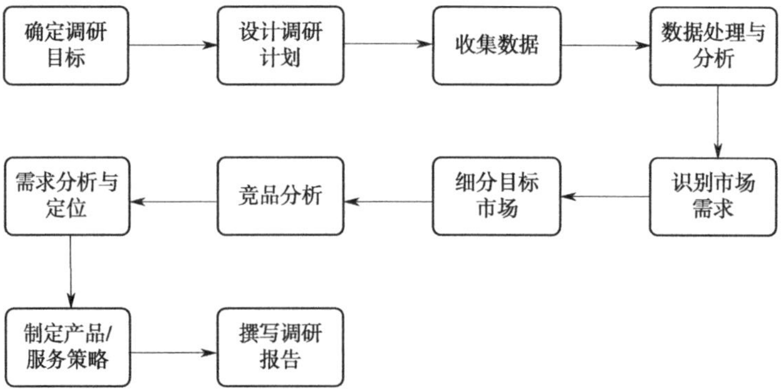

图 6-1 市场调研与需求分析流程图

1. 目标市场定位

2021 年 6 月 20 日，国家能源局下发《国家能源局综合司关于报送整县（市、区）屋顶分布式光伏开发试点方案的通知》，拟推进全国整县试点工作，要求党政机关、公共建筑、工商业厂房、园区居民屋顶光伏安装比例分别不低于 50%、40%、30%、20%。

2021 年 6 月 16 日，甘肃省发改委印发《关于开展分布式光伏整县推进试点工作的通知》，旨在落实乡村振兴战略，结合太阳能资源和光伏发电基础，按“3+10+X”框架推进户用光伏整县试点。采用“政府主导、市场化运作”模式，推动“一企建一县”，鼓励大型企业参与，提升试点成效。

在项目筹备初期，明确目标市场是至关重要的第一步。目标市场的定位决定了产品或服务的受众群体，这将直接影响到后续的市场策略、产品设计以及营销策略。为了准确地进行目标市场定位，我们需要考虑以下几个关键因素。

（1）人群特征。了解目标市场的年龄、性别、收入水平、教育背景、职业等基本信息，有助于更精准地描绘用户画像，有助于制定有效的市场营销策略。

收入水平直接决定消费者的购买力和消费层次，高收入消费者可能更愿意为高品质、高附加值的产品和服务买单，而低收入消费者则可能更注重产品的性价比和实用性，企业可根据收入水平对市场进行细分，提供不同价格区间、不同品质等级的产品，以满足不同收入层次消费者的需求。

（2）需求特点。通过市场调研，了解目标市场的具体需求、痛点以及期望，这将为产品或服务的开发提供直接依据。

（3）市场规模。评估目标市场的潜在规模，以及市场的增长潜力和发展趋势，有助于判断项目的市场潜力，有助于项目团队制定合适的市场进入策略、产品开发计划和营销策略，以实现项目的长期成功。

2. 竞争对手分析

竞争对手分析是项目筹备阶段不可或缺的一环，通过对竞争对手的深入研究，我们可以了解市场格局、竞争态势以及自身的竞争优势和劣势。竞争对手分析应涵盖以下几个方面。

（1）竞争对手识别。明确项目所在领域的主要竞争对手，包括直接竞争对手和间接竞争对手。

（2）竞争对手分析。对竞争对手的产品特点、价格策略、市场份额、品牌优势、客户反馈等方面进行全面分析。

（3）SWOT 分析。运用 SWOT 分析工具，评估竞争对手的优势（Strengths）、劣势（Weaknesses）、机会（Opportunities）和威胁（Threats），首先列举出与研究对象密切相关的各种主要因素，并依照矩阵形式排列，然后用系统分析的思想，把各种因素相互匹配起来加以分析，从而得出一系列相应的结论，为制定竞争策略提供参考，SWOT 分析矩阵示意图如图 6-2 所示。

3. 客户需求分析

客户需求分析是项目成功的关键所在，通过深入了解目标客户的需求、偏好和购买行为，我们可以更好地满足市场需求，提升产品或服务的竞争力。客户需求分析应包括以下内容。

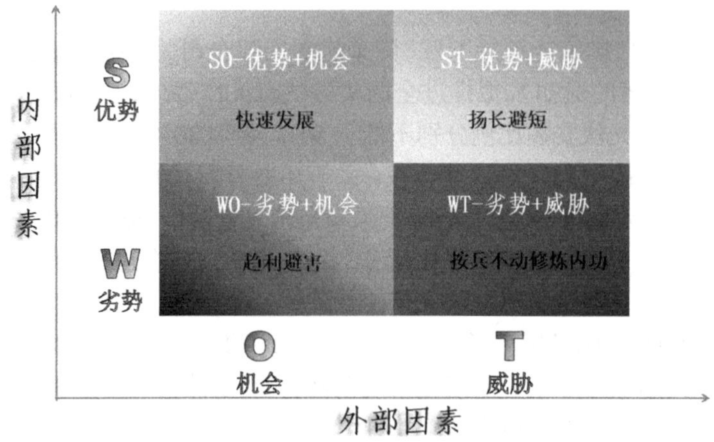

图 6-2 SWOT 分析矩阵示意图

(1)需求调研。通过问卷调查、访谈、市场调研等方式,收集目标客户的需求信息,了解他们的购买动机、购买行为和消费习惯。

(2)需求细化。将收集到的需求信息进行整理和分析,细化客户需求,为产品或服务的开发提供具体指导。

(3)需求预测。基于历史数据和市场趋势,预测未来市场需求的变化趋势,为项目的发展规划提供依据。

在进行市场调研与需求分析时,还应充分运用市场调研工具和方法,如市场调研软件、数据分析工具、社交媒体和网络搜索等,以获取更全面、更准确的市场信息。同时,保持对市场的持续监测和跟踪,及时调整市场策略,以适应市场的变化,客户需求分析流程图如图 6-3 所示。

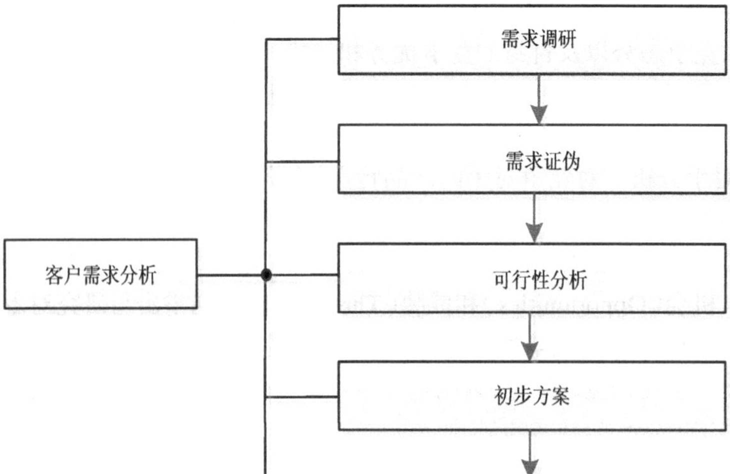

图 6-3 客户需求分析流程图

6.1.2 项目经济效益评估

项目经济效益评估在分布式光伏创业之路中具有重要意义，投资回收期、投资回报率（*ROI*）和内部收益率（*IRR*）是两个关键的财务指标，它们能够帮助企业全面了解投资项目的潜在回报和风险。同时，投资回收期的计算也是评估项目经济效益的重要一环。

1. 投资收益率（*ROI*）

投资收益率（*ROI*）是指年度净收益与总投资额的比值，用于衡量项目的赢利能力和投资效率。*ROI* 越高，说明项目的经济效益越好，其计算公式如式（6-1）所示。

$$ROI=\frac{\text{Net Income}}{\text{Cost of Investment}}\times 100\% \tag{6-1}$$

式中，Net Income 是投资的净收益，即投资获得的总收益减去投资的总成本，Cost of Investment 是投资的总成本。

计算步骤如下。

（1）首先确定投资的总成本，包括购买资产的价格、相关的手续费、税费以及在投资过程中发生的其他直接成本。

（2）计算投资获得的总收益，例如对于一个商业项目，可能是项目在一定时期内产生的收入减去运营成本、税收等得到的净利润；对于一项金融投资，可能是出售资产时的价格加上持有期间收到的利息、股息等减去购买时的成本。

（3）用净收益除以投资成本，再乘以 100%，得到投资回报率的百分比。

2. 内部收益率（*IRR*）

内部收益率（*IRR*）是衡量项目投资效益的另一个重要指标，它反映了投资者在不考虑时间价值的情况下，预期从项目中获得的年化收益率。*IRR* 的计算基于项目的初始投资、现金流量和资金回收率等因素，通过求解非线性方程得出，其计算公式如式（6-2）所示。

$$0=\sum_{t=0}^{n}\frac{CF_t}{(1+IRR)^t} \tag{6-2}$$

式中，CF_t 是在第 t 期的现金流量，包括初始投资和后续的现金流，n 是项目的周期数，*IRR* 是内部收益率。

计算步骤如下。

（1）首先列出投资项目在整个周期内的现金流序列，初始投资通常为负的现金流（因为是现金流出），后续可能会有正的现金流流入，例如每年的利润、回收的本金等。

（2）由于该公式是一个高次方程，通常无法通过简单的代数方法求解，一般需要使用迭代法或借助专门的财务计算器、电子表格软件（如 Excel）的 *IRR* 函数进行计算。在 Excel 中，可以使用 *IRR* 函数，输入包含现金流的单元格范围，即可得到内部收益率。

IRR 分析有助于企业全面了解投资项目的潜在回报和风险。当 *IRR* 高于市场利率或企业的期望收益率时，说明项目的赢利能力较强，值得投资。然而，*IRR* 并不能直接反映项目的实际收益情况，因为它未考虑资金的时间价值。因此，在投资决策时，应将 *IRR* 与其他财务指标如净现值（*NPV*）等综合考虑。

3. 投资回收期

投资回收期是指投资者通过项目所获得的现金流入能够完全弥补初期投资的时间周

期。这是反映项目资本收回速度的重要指标，较短的投资回收期通常意味着项目具有较好的资金流动性和较低的投资风险，是评估投资风险和收益的重要指标。其计算方法包括简单回收期法、折现回收期法和财务回收期法。

1）简单回收期法（静态回收期法）

简单回收期法是最基本的计算方法，即将投资总额除以每年的净收益，该方法简单易行，但忽略了资金的时间价值，可能导致评估结果偏差，其计算公式如式（6-3）所示。

$$\text{Payback Period}=\frac{\text{Initial Investment}}{\text{Annual Cash Inflow}} \tag{6-3}$$

式中，Initial Investment 表示初始投资，Annual Cash Inflow 表示每年的现金流入量。

计算步骤如下。

（1）首先确定项目的初始投资金额，包括项目建设所需的设备购置、厂房建设、安装调试等一次性支出的总金额。

（2）估算项目投产后每年产生的现金流入量，一般是指扣除运营成本和税收后的净利润加上折旧等非现金支出（因为折旧是非现金流出，但在计算现金流时需要加回）。

（3）用初始投资除以年现金流入量，得到的结果就是简单回收期。如果年现金流入量不相等，则需要逐年累加，直到累计现金流入量等于或超过初始投资，此时的年数即为简单回收期。

2）折现回收期法（动态回收期法）

折现回收期法考虑了资金的时间价值，将未来的收益折现到现在计算投资回收期。这种方法更准确地反映了项目的经济效益，但计算过程相对复杂，其计算公式如式（6-4）所示。

$$\sum_{t=1}^{n}\frac{CF_t}{(1+r)^2}\geqslant \text{Initial Investment} \tag{6-4}$$

其中，CF_t 表示第 t 年的现金流量，r 表示折现率，n 表示回收期的年数。

计算步骤如下。

（1）确定项目的初始投资和每年的现金流量，以及合适的折现率（一般可以使用企业的加权平均资本成本或期望的投资回报率作为折现率）。

（2）将每年的现金流量按照折现率进行折现，得到折现值。例如，第 t 年的现金流量 CF_t 的折现值为 PV_t，如式（6-5）所示。

$$PV_t=\frac{CF_t}{(1+r)^t} \tag{6-5}$$

（3）逐年累加折现值，直到累计折现值等于或超过初始投资，此时的年数即为折现回收期。

3）财务回收期法（考虑项目生命周期的回收期法）

财务回收期法将投资总额除以每年的现金流入，考虑了投资项目的财务状况。这种方法适用于现金流较为稳定的项目，但同样忽略了资金的时间价值，其计算公式如式（6-6）所示。

$$\text{Payback Period}=\frac{\text{Initial Investment}}{\dfrac{\text{Total Cash Inflows over Project Life}}{\text{Project Life}}} \tag{6-6}$$

式中，Total Cash Inflows over Project Life 表示项目整个生命周期内的总现金流入量，Project Life 表示项目的生命周期。

例 1：假设一个项目初始投资为 50 000 元，预计未来 5 年的现金流入量分别为 10 000 元、12 000 元、15 000 元、18 000 元和 20 000 元。

（1）简单回收期法。

第 1 年累计现金流入：10 000 元

第 2 年累计现金流入：10 000 + 12 000 = 22 000 元

第 3 年累计现金流入：22 000 + 15 000 = 37 000 元

第 4 年累计现金流入：37 000 + 18 000 = 55 000 元，超过初始投资。

简单回收期在 3 年到 4 年之间，精确计算为：

$$3+\frac{50\ 000-37\ 000}{18\ 000}\approx 3.72(\text{年})$$

（2）折现回收期法（假设折现率为 10%）。

第 1 年折现值：

$$PV_1=\frac{10\ 000}{(1+0.1)^1}=90\ 90.91(\text{元})$$

第 2 年折现值：

$$PV_2=\frac{12\ 000}{(1+0.1)^2}=9\ 917.36(\text{元})$$

第 3 年折现值：

$$PV_3=\frac{15\ 000}{(1+0.1)^3}=11\ 269.72(\text{元})$$

第 4 年折现值：

$$PV_2=\frac{18\ 000}{(1+0.1)^4}=12\ 294.24(\text{元})$$

第 5 年折现值：

$$PV_5=\frac{20\ 000}{(1+0.1)^5}=12\ 418.43(\text{元})$$

累计折现值：第 1 年为 9 090.91 元，第 2 年为 19 008.27 元，第 3 年为 30 277.9 元，第 4 年为 42 572.23 元，第 5 年为 54 990.66 元，超过初始投资。

折现回收期在 4 年到 5 年之间，精确计算为：

$$4+\frac{50\ 000-42\ 572.23}{12\ 418.43}\approx 4.59(\text{年})$$

（3）财务回收期法。

总现金流入量：10 000 + 12 000 + 15 000 + 18 000 + 20 000 = 75 000 元

平均年现金流入量：

$$\bar{x}=\frac{75\ 000}{5}=15\ 000(\text{元})$$

$$\text{财务回收期}=\frac{50\ 000}{15\ 000}\approx 3.33(\text{年})$$

6.1.3 技术方案选择

1. 光伏组件选型

1）单晶硅和多晶硅区别

太阳能电池组件选型原则如下。基于技术成熟度与运行可靠性，综合考量气象、地理、施工及交通条件，选定组件类型。依据电站所在地太阳能资源与组件类型，优选综合性能最佳的组件。随着行业竞争加剧，主管部门引导产业升级，企业强化技术创新与成本控制。当前，单晶与多晶组件占主导，单晶组件因高效光电转换率（电池 ≥23%，组件 ≥20%）领先。组件衰减率首年 ≤2.5%，后续年 ≤0.6%，25 年累计 ≤17%。

2）单多晶硅片性能对比

单晶与多晶硅片在晶体、电学及力学性能上差异显著，源于制备工艺：单晶采用直拉法，多晶采用铸锭法。单晶硅片晶格完整，而多晶硅片含大量晶界和缺陷，降低了转换效率。单晶位错密度小，金属杂质含量低，少子寿命长，转换效率高。单晶硅片表面缺陷少，碎片率低（<1%），适用金刚线切割，降低了成本，提高了效率。多晶硅片碎片率高（>2%），切割工艺改进难，成本降低空间有限。

单晶硅包括单晶单玻单面、单晶双玻双面，多晶硅包括多晶单玻单面、多晶双玻双面，基本淘汰。N 型主要工艺有钙钛矿、HPBC、ABC 等，P 型主要工艺有 TOPcon、IBC、HJT 等。N 型组件整体发电性能优越，但增益受环境条件影响大。TOPCon 组件在多云、阴雨天发电增益高，IBC 组件在雪天、阴天增益大。同尺寸下，TOPCon、IBC 发电量较 PERC 分别高 2.83%、0.91%，实证增益则分别高 3.71%、1.39%。环境温度也影响发电性能，低于 0 ℃时 PERC 更优，高于 25 ℃时 N 型更优。大尺寸组件发电性能更佳，但厂家间差异大。

3）力学性能对比

多晶硅片在电池的生产和运输过程中更容易破碎。关于电站的质量问题，很重要的一点就是组件在运输安装过程中可能产生电池片破碎、隐裂等问题；相对多晶而言，单晶在运输中的抗破坏性能比较好。另外，在电站长期的高低温交替过程中，多晶组件更容易发生隐裂，这样就降低了组件的输出功率。

4）转换效率对比

影响转换效率的三项主要参数是：U_{OC}（开路电压）、I_{SC}（短路电流）、FF（填充因子），太阳电池的转换效率的公式如式（6-7）所示，其中，P_{in} 为入射光功率。

$$\eta=U_{OC}*I_{SC}*FF/P_{in} \tag{6-7}$$

对比光电转换效率参数显示，单晶电池全面优于多晶电池。当前国内单晶电池量产效率约为 19.55%，优化工艺下可达 19.8%~19.9%（受栅线设计影响）；而多晶电池量产效率约为 18.12%。实验室研究进一步凸显单晶优势，如澳大利亚新南威尔士大学研发的 P 型单晶硅电池（PERL）转换效率高达 25%，保持多年纪录未被超越，其关键在于采用硼扩散替代铝扩散的 BSF 技术，较当前 PERC 技术效率更高。综上，单晶硅电池在主要参数上全面领先，未来高效率发展潜力更大。

5）制造工艺对比

单晶相较于多晶更环保且成本低。两者电池制备工艺差异主要在于制绒环节，其余环节为控制标准差异。单晶制绒采用碱腐蚀技术，副产物易于处理，且对设备要求低，环保易控，可减少 BOD、COD 污水的排放。多晶制绒采用酸腐蚀，副产物含难处理的大气污染物 NO_x，需封闭自动化设备，设备购置与维护成本远高于单晶制绒。

6）温度系数对比

单晶材料无晶界、纯度高、内阻小，温度升高幅度小；多晶电池光电转换效率低，更多光能转为热能，导致温度明显升高。高光强下，单晶工作温度比多晶低 5~10 ℃，多晶功率损失大。单晶温度系数低于多晶，同升温幅度下单晶功率损失小。

2. 逆变器

逆变器是光伏系统的核心设备，实现直流至交流的转换，同时优化太阳电池性能并提供系统故障保护，对系统转换效率和可靠性至关重要。

结合《国家电网公司光伏电站接入电网技术规定》及其他相关规范的要求，同时考虑转换效率和可靠性，逆变器的选型主要考虑以下技术指标。

（1）单台容量。

从经济性考虑，通常单台逆变器容量越大，单位造价相对越低，转换效率也越高，且项目区运输条件及安装条件便利，从初期投资、工程运行及维护方面考虑，应尽量选用单台容量大的并网逆变器。

（2）转换效率。

本工程要求大容量逆变器在额定负载时效率不低于 95%，在逆变器额定功率 10%的情况下，保证 90%（大功率逆变器）以上的转换效率。

（3）输入电压范围。

本工程要求逆变器应具备直流输入电压范围宽的技术性能，太阳电池组件的端电压随负载、日照强度及环境温度变化，可以将太阳辐照度较小的时间段的发电量也加以利用，从而延长发电时间，增加发电量。

（4）最大功率点跟踪。

太阳电池组件的输出功率随时变化，因此逆变器的输入终端电阻应能自适应于光伏发电系统的实际运行特性，随时准确跟踪最大功率点，保证光伏发电系统的高效运行。

（5）电能质量达标。

要求逆变器采取滤波措施达到谐波含量低于 3%，功率因数不小于 0.98（超前或滞后）的要求。光伏电站接入电网后，并网点的谐波电压及总谐波电流分量应满足《电能质量 公用电网谐波》（GB/T 14549—1993）的规定，光伏电站谐波的主要来源是逆变器，因此逆变器必须采取滤波措施使输出电流能满足并网要求。

（6）低电压穿越功能。

并网逆变器电压响应特性应满足如下要求。

并网点电压跌至 0 时，应能不脱网连续运行 0.15 s。

并网点电压跌至曲线 1 以下时，可以从电网切出。

（7）系统频率异常响应。

《国家电网公司光伏电站接入电网技术规定》中要求大中型光伏电站应具备一定的耐受系统频率异常的能力，逆变器频率异常时的响应特性至少能保证光伏电站在表 6-1 所示电网频率偏离下运行。

表 6-1 小中型光伏电站在电网频率异常时的运行时间要求

频率范围	运行要求
低于 48 Hz	视电网要求而定
48~49.5 Hz	每次低于 49.5 Hz 时要求至少运行 10 分钟
49.5~50.2 Hz	连续运行
50.2~50.5 Hz	每次频率高于 50.2 Hz 时，光伏电站应具备能够连续运行 2 分钟的能力，同时具备 0.2 秒内停止向电网线路送电的能力，实际运行时间由电网调度机构决定；此时不允许处于停运状态的光伏电站并网。
高于 50.5 Hz	在 0.2 秒内停止向电网线路送电，且不允许处于停运状态的光伏电站并网。

（8）保护功能。

根据电网对光伏电站运行方式的要求，逆变器应具有交流过压、欠压保护，超频、欠频保护，防孤岛保护，短路保护，逆功率保护，交流及直流的过流保护，过载保护，反极性保护，高温保护等保护功能。

（9）监控和数据采集。

逆变器应有多种通信接口进行数据采集并发送到主控室，其控制器还应有模拟输入端口与外部传感器相连，测量日照和温度等数据，便于整个电子数据处理分析。

3. 智能监控与运维系统

随着新能源技术的不断发展，分布式光伏电站的智能化运维已成为趋势。智能监控与运维系统能够实时监测电站的运行状态，及时发现并处理故障，提高电站的运维效率和发电效益。在选型时，需要关注以下几点。

（1）系统架构。选择基于云计算、大数据、微服务等技术构建的智能化运维系统平台，为应用提供高效、安全、灵活的软硬件环境。系统应采用多层架构，包括数据生产层、数据处理层、数据存储层、云基础服务层、云应用层和公共服务层等。

（2）数据采集与处理。智能监控系统应具备实时数据采集和处理能力，能够准确采集电站运行过程中的各类数据，并进行清洗、过滤和补充，确保数据的准确性和完整性。同时，系统应具备高效的数据存储和管理能力，以便后续的数据分析和应用。

（3）故障诊断与预警。智能运维系统应引入机器学习、决策树、随机森林、深度学习和计算机视觉等多种人工智能模型，实现故障诊断及自动预警。通过实时监测电站的运行状态，及时发现并处理故障，提高电站的运行稳定性和安全性。

（4）闭环运维模式。智能运维系统应采用线上监控与线下统一运维的闭环模式，建立运维部门、设备供应商、系统维护人员之间流畅的联动机制。通过智能化的运维手段，提高运维效率，降低运维成本，保障电站的经济效益。

6.2 项目设计与规划

项目的设计与规划是确保项目成功的关键步骤，本章将详细讨论系统容量设计、工程布局与结构设计以及环境影响评估与合规性，旨在为创业者提供全面的指导。

6.2.1　系统容量设计

系统容量设计是光伏项目的基础,其核心在于准确预测用电量和计算发电效率,以确保系统能够满足预期的电力需求,其涵盖了用电量预测和发电效率计算两大核心环节。

1. 用电量预测

用电量预测是分布式光伏系统容量设计的首要步骤,它决定了系统需要提供的电力容量,以满足用户的用电需求。

1)历史数据分析

首先,创业者需要收集并分析历史用电数据,包括每日、每月、每年的用电量,以及用电高峰和低谷时段等信息。这些数据有助于了解用户的用电习惯和用电需求的变化趋势。

2)未来用电需求预测

基于历史数据分析,创业者需要预测未来的用电需求。这包括考虑用户数量的增长、用电设备的增加、用电习惯的变化等因素。同时,还需要考虑季节性变化和特殊事件(如极端天气、节假日等)对用电需求的影响。

3)预测方法选择

用电量预测的方法有多种,包括时间序列分析、回归分析、机器学习等。创业者需要根据实际情况选择合适的预测方法,并结合历史数据进行模拟和验证,以确保预测结果的准确性和可靠性。

4)预测结果应用

预测结果将直接用于系统容量设计。根据预测的用电需求,创业者可以确定光伏系统需要提供的最小电力容量,以确保在大多数情况下能够满足用户的用电需求。

2. 发电效率计算

发电效率计算是分布式光伏系统容量设计的另一个关键环节,它决定了系统需要安装的光伏组件数量和容量。

1)光伏组件效率

光伏组件的效率是影响发电量的关键因素之一。创业者需要了解不同品牌、型号的光伏组件的效率,并根据实际情况选择合适的组件。同时,还需要考虑组件的衰减率,以确保系统在整个生命周期内都能保持较高的发电效率。

2)系统损失计算

除了光伏组件的效率外,系统损失也是影响发电量的重要因素。系统损失包括线路损失、灰尘覆盖损失、温度损失等。创业者需要综合考虑这些因素并计算系统损失率,以便在计算发电效率时予以考虑。

3)环境因素考虑

环境因素如日照强度、温度、风速等也会影响光伏系统的发电效率。创业者需要收集并分析当地的气象数据,了解这些环境因素的变化规律和趋势。同时,还需要考虑季节性变化和特殊天气对发电效率的影响。

4)发电效率计算

光伏组件发电效率的公式如式(6-8)所示。

$$\text{发电效率}=\text{实际发电量}/\text{理论发电量}\times 100\% \tag{6-8}$$

其中，理论发电量 $E=A\times I\times t\times \eta$，$E$ 为发电量，单位 kW·h；A 为光伏板面积，单位 m^2；I 为光照强度，单位 kW/m^2，t 为光照时间，单位 h；η 为光伏板的转换效率，实际发电量是通过测量和记录系统实际运行过程中的发电量得到的。

5）容量设计优化

根据发电效率的计算结果，创业者可以对系统容量进行优化设计。如果发电效率较低，可以考虑增加光伏组件的数量或容量，或者优化系统的布局和结构设计以提高发电效率。同时，还需要考虑系统的经济性和可行性，以确保项目的顺利实施和运营。

6.2.2 工程布局与结构设计

工程布局与结构设计是确保光伏系统安全、高效运行的关键。合理的布局和结构设计可以提高发电效率，降低运维成本，并减少对环境的影响。

1. 光伏阵列设计

1）光伏方阵容量的选择

大方阵也是降低电站投资成本的方式之一，方阵容量的合理扩充带来了电站整体效益的进一步提升。在"领跑者"项目中，从第一批的 1 MW 到第三批的 2.5 MW，再到目前推出的 3.125 MW 的方阵容量演变，不断优化的方阵容量设计也让电站发电量和经济效益达到最优化。根据项目场址区地形地貌特征、项目装机总规模，结合电池组件、逆变器、箱变等主要设备的配置和选型，按装机配置一个子方阵。

2）光伏方阵容配比分析

光伏组件的功率是在标准测试条件（Standard Test Condition，STC）下测试的，其标准测试条件为：辐照度 1 000 W/m^2、温度（25+1）℃、标准光谱 AM1.5。但通过分析各地区的气象数据可以发现，在光照资源很高的 I 类资源区，全年辐照度能够达到或超过 1 000 W/m^2 的时间段只有几十个小时，而在光照资源较差的地区，能够达到要求的时间段只有几个小时，甚至有的地区全年都无法达到标准测试条件下的辐照度。另外，温度、灰尘、线损带来的功率损失，导致逆变器能够得到的输入功率仅为组件功率的 85%。

容配比是指光伏电站中组件标称功率与逆变器额定输出功率的比例。系统按照 1：1 的容配比设计，会导致逆变器长期不能满载运行，造成了逆变器的容量浪费。而适当提高光伏电站组件容量与逆变器容量比例，可提高光伏系统综合利用率和收益。

《光伏发电系统效能规范》（NB/T 10394—2020）具体容配比典型地区测算结果见表 6-2。

表 6-2 单面组件容配比典型地区算例结果

水平面总辐照量/（$kW\cdot h/m^2$）	平铺	固定式	平单轴跟踪	斜单轴跟踪
1 000	1.7~1.8	1.7~1.8	1.6~1.7	1.5~1.6
1 200	1.7	1.6~1.7	1.6	1.5
1 400	1.6	1.5~1.6	1.5	1.4
1 600	1.4	1.4	1.4	1.3
1 800	1.3~1.4	1.3	1.3~1.4	1.2~1.3
2 000	1.2	1.1~1.2	1.1~1.2	1.0~1.1

3）光伏子方阵组件串设计

根据组件的工作电压和逆变器直流输入电压范围，同时考虑组件的开路电压温度系数，计算组件串联数量。组串的串联数计算公式如式（6-9）所示。

$$N \leqslant \frac{U_{\mathrm{DCmax}}}{U_{\mathrm{OC}} \times \left[1+(t-25) \times K_{U}\right]} \tag{6-9}$$

$$\frac{U_{\mathrm{MPPTmin}}}{U_{\mathrm{PM}} \times \left[1+(t'-25) \times K_{U'}\right]} \leqslant N \leqslant \frac{U_{\mathrm{MPPTmax}}}{U_{\mathrm{PM}} \times \left[1+(t'-25) \times K_{U'}\right]}$$

其中，K_U 为光伏组件的开路电压温度系数；

$K_{U'}$ 为光伏组件的工作电压温度系数；

N 为光伏组件的串联数（N 取整）；

t 为光伏组件工作条件下的极限低温（℃）；

t' 为光伏组件工作条件下的极限高温（℃）；

U_{DCmax} 为逆变器允许的最大直流输入电压（V）；

U_{MPPTmax} 为逆变器 MPPT 电压最大值（V）；

U_{MPPTmin} 为逆变器 MPPT 电压最小值（V）；

U_{OC} 为光伏组件的开路电压（V）；

U_{PM} 为光伏组件的工作电压（V）。

4）太阳电池阵列间距计算

光伏阵列设计遵循高土地利用率及无遮挡原则。在北半球，最大日照辐射接收面为朝南、倾角等于当地纬度的斜面。本工程太阳能电池组件固定安装倾角为 37°，并需确保冬至日 9：00 左右南北向阵列间无阴影遮挡，合理设定前后间距，光伏组件阵列间距示意图如图 6-4 所示。

确定原则：冬至当天 9:00 太阳能电池组件方阵不被遮挡。计算公式如式（6-10）所示。

$$D=\frac{\cos\beta \times H}{\tan\alpha\left[0.648\cos\varphi-0.399\sin\varphi\right]} \tag{6-10}$$

其中，D 为两排阵列之间距离；β 为阵列倾角；φ 为当地纬度；H 为太阳电池组件最低点距地面距离，其选取主要考虑当地最大积雪深度、当地洪水水位、防止动物破坏及泥和沙溅上太阳电池组件。

2. 支架与基础设计

支架涵盖固调、平单轴、固定支架、倾角平单轴、全维支架等多种类型，纳入柔性支架、双轴跟踪等新结构支架，增加 AI 智能跟踪算法、多点驱动跟踪支架。

（1）固定式。按最佳倾斜角度将太阳能电池固定到地面上，前后排太阳能电池以不相互遮挡为宜。目前固定式安装技术最为成熟、成本相对最低、应用最广泛。

（2）单轴跟踪式。通过围绕位于光伏方阵面上的一个轴旋转来跟踪太阳。该轴可以在任意方向，但通常取东西横向，或平行于地轴的方向。只能进行一种跟踪，或者方位角，或者高度角。

（3）双轴跟踪式。通过旋转两个轴使方阵表面始终和太阳光垂直。既能跟踪方位角，也能跟踪高度角。

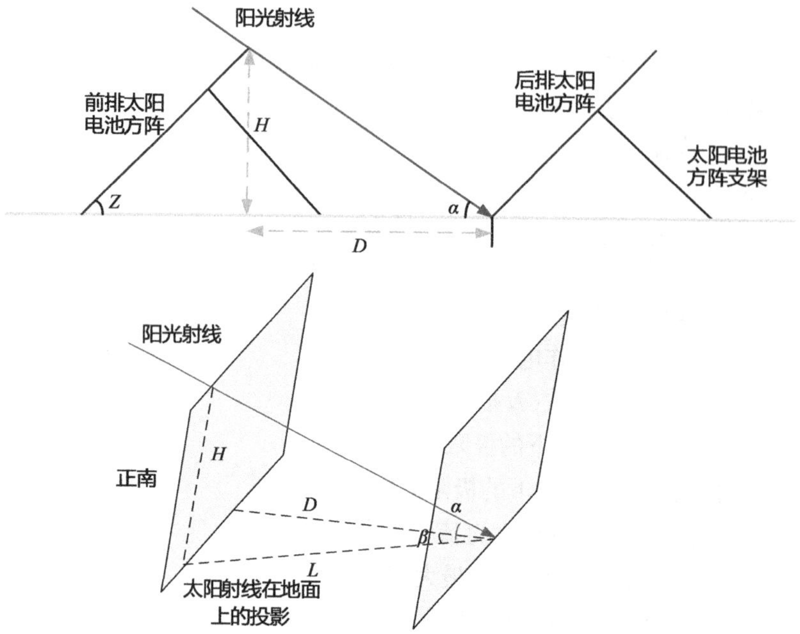

图 6-4　光伏组件阵列间距示意图

以单晶单面组件对固定式、固定可调、水平单轴 3 种运行方式进行经济性分析，各方案对比结果见表 6-3。

表 6-3　不同运行方式经济性对比

项目	固定倾角	可调倾角	平单轴
发电量增加	1	1.05	1.11
直接投资增加	1	1.05	1.12
度电成本	1	0.982	1.018
经济性排序	2	1	3

分布式光伏项目主要布置在屋顶，屋顶组件安装不适合采用可调及跟踪式，闲置空地电站综合考虑初始投资、后期运行成本、限电等方面因素，推荐选用固定式运行方式。

电气接线方案如下。

1）设计原则

（1）根据电站设计的装机规模、光伏阵列布置、接入系统方式、枢组布置及设备特点等因素综合考虑，初拟相应的接线方式。

（2）主接线应满足供电可靠、运行灵活、接线简单明了、便于操作检修和节约投资的原则。

2）电气主接线

以 0.4 kW 组串式逆变器通过变压器以 0.4 kV 电压等级接入内部电网为例，系统原理如图 6-5 所示。

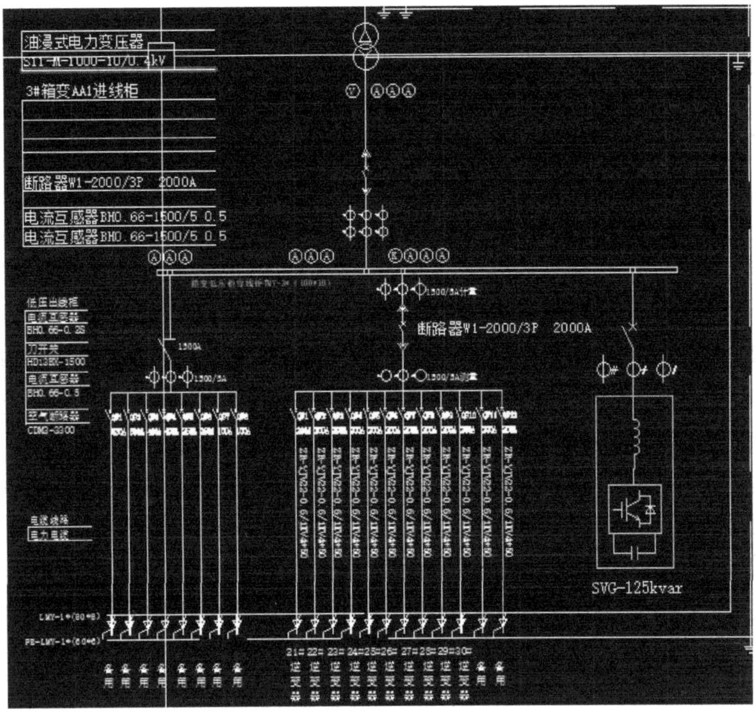

图 6-5　内部电网接线示意图(0.4 kV)

6.2.3　环境影响评估与合规性

1. 环保政策解读

分布式光伏项目必须严格遵守国家及地方的环保法律法规、政策导向及行业标准。其中,核心政策包括《中华人民共和国环境保护法》《中华人民共和国可再生能源法》以及关于光伏发电的专项政策。这些政策要求项目在规划、设计、建设和运营过程中,必须实施环境影响评价,确保项目符合环保要求,并促进绿色低碳发展。

例如,中共中央、国务院印发的《关于加快经济社会发展全面绿色转型的意见》明确提出,要大力发展非化石能源,积极发展分布式光伏,推动绿色低碳产业和绿色制造体系的建设,该文件为分布式光伏项目提供了有力的政策支持和指导。

2. 环境影响分析报告

环境影响分析报告是分布式光伏项目可行性研究的重要组成部分,它详细评估了项目对生态环境、水资源、大气、噪声及土壤等方面的潜在影响,并提出了相应的减缓措施和补偿方案。

1)生态环境影响

工程建设中将扰动、破坏原地貌及其植被,特别是工程活动形成的开挖破损面以及倒运、堆放的松散弃渣极易产生新的土壤侵蚀和水土流失,进而导致生态环境质量变差。因此,需将项目选址于某农村空闲土地,未占用生态敏感区域或生态环境脆弱地带,在建设过程中,采取了一系列生态保护和恢复措施,如设置生态隔离带、种植本土植被等,以减少对生态环境的影响。

2)水资源影响

项目运行过程中,光伏组件的清洗和运维可能会产生一定的水资源消耗,为减少水资源浪费,项目可采用节水型清洗设备和智能运维系统,确保水资源的高效利用。

3)大气影响

光伏发电是一种清洁能源,运行时几乎不产生二氧化硫、氮氧化物等常见空气污染物。然而,在光伏板的生产过程中,可能会产生一些有害气体和废水。为此,项目可选择环保达标的光伏板生产厂家,并严格控制生产过程中的排放,确保对空气质量的影响最小化。

4)噪声影响

项目运营过程中产生的噪声主要来源于逆变器、风机等设备的运行。为确保噪声达标排放,项目采用了低噪声设备,并设置了隔音设施,有效降低了噪声对周围环境的影响。

5)土壤影响

在项目建设过程中,可能会对土壤造成一定的压实和破坏。为此,项目采取了土壤保护措施,如铺设防渗膜、设置排水系统等,以减少对土壤的影响。同时,在运营过程中,加强了对土壤环境的监测和管理,确保土壤质量不受影响。

综上所述,通过实施环境影响评估与合规性管理,分布式光伏项目可以在确保环保合规的同时,实现绿色低碳发展。

6.3 融资策略与资金筹备

6.3.1 投资规模与成本估算

1. 初始投资成本

初始投资成本涵盖光伏组件、逆变器、支架、电缆、接地系统、安装费用及前期设计等关键元素。精确估算初始投资是项目经济评估的基石。

(1)光伏组件。作为光伏系统的核心部件,其质量与性能直接关乎发电效率与寿命。选型时需考量转换效率、耐久性、成本效益及供应商信誉。不同品牌、型号价格差异大,显著影响初始投资。

(2)逆变器。将光伏组件的直流电转换为电网交流电,选型需关注转换效率、可靠性、保护功能和售后服务。高效率逆变器虽能提升系统效能,但会增加初始投资。

(3)支架。用于支撑光伏组件,确保组件稳定安装。选型需考虑强度、耐腐性、安装便利性及兼容性。材质、结构差异影响价格及初始投资。

(4)电缆。用于连接光伏系统各部件,传输电能。选型需关注导电性、绝缘性、耐候性及安全性。高质量电缆虽能提升系统效能与安全性,但也会增加初始投资。

(5)接地系统。确保光伏系统安全运行,含接地网、线、电阻等,导故障电流入地,防电击、火灾。设计施工需遵守标准规范,保证可靠安全。

2. 运营成本预测

运营成本涉及运维人力、备件更换、清洁维护、保险费用及可能的电网接入费等。长期运营成本预测对评估项目营利性至关重要。

（1）运维人力成本。涵盖日常巡检、故障排查与修复、系统性能监测与优化等运维活动所需的人力资源费用。

（2）备件更换成本。随着系统运行时间的延长，光伏组件、逆变器、电缆等关键设备可能因老化、损坏而需要更换。备件的成本及其更换频率直接影响到运维预算的编制。

（3）清洁维护成本。光伏组件表面的灰尘、污垢会影响其发电效率，因此定期清洁是保持系统高效运行的关键。清洁维护成本包括清洗设备、清洗剂、人工费用以及可能的外包服务费用。

（4）保险费用。为保障项目资产免受自然灾害、意外损失等风险，通常需要购买相应的保险。保险费用根据保额、保险条款及保险公司的定价策略而有所不同。

（5）电网接入费。对于并网运行的光伏项目，可能需要支付电网接入费，包括并网申请费、计量装置费、调试费等，这些费用因地区、电网政策及项目规模而异。

（6）长期运营成本预测对项目营利性评估至关重要，需综合运维策略、备件管理、清洁维护、保险方案及电网政策，结合历史数据与行业趋势构建预测模型。该模型助力投资者与运营商制定预算、成本控制及风险管理策略，确保项目长期经济效益。

6.3.2　资金来源与融资策略

1. 自有资金

自有资金作为项目启动的基础，通常来源于企业储备或股东出资，是降低财务风险的关键。

2. 银行贷款

银行贷款是分布式光伏项目常见的融资方式，根据项目规模、企业信用及还款能力，银行可提供不同期限和利率的贷款。

3. 政府补贴与税收优惠

政府补贴和税收优惠能显著降低项目成本，提高投资回报率。包括光伏补贴、税收减免及土地租金优惠等。

案例说明：上述 10 MW 项目，通过企业自有资金 3 000 万元，申请银行贷款 5 000 万元（年利率 4.5%，期限 10 年），并利用国家光伏补贴政策（每千瓦时补贴 0.1 元，持续 5 年）及地方税收减免政策，有效降低了项目整体成本。

6.3.3　预算编制与执行监控

1. 详细预算清单

详细预算清单应涵盖所有投资及运营成本，确保资金使用的透明度和可追溯性。详细预算清单是分布式光伏项目管理的核心财务工具，需全面精确反映项目全周期投资及运营成本，涵盖设备购置（光伏组件、逆变器、支架、电缆等）、安装施工、设计咨询、土地费用（租赁/购置）、许可申请、并网接入及后续运维（人力、备件更换、清洁维护）、保险及政策调整费用等。

编制详细预算清单时，需明确每项费用依据与来源，考虑市场与政策不确定性，预留弹性。清单应标明预计支付时间与方式，利于资金流规划。此举确保资金使用透明，可追溯审计，避免浪费与不当使用，为项目顺利实施与长期运营提供财务保障。

2. 成本控制措施

成本控制措施包括采购成本控制、施工效率提升、运维成本优化及能源效率提高等，旨在提高资金使用效率，降低项目整体成本。

1）采购成本控制

集中采购策略。通过集中采购，利用规模效应提高议价能力，降低设备购置成本。与供应商建立长期合作关系，获取更优惠的价格和服务。

设备选型优化。选择性价比高、质量可靠的光伏组件、逆变器、支架等设备，减少故障率和维修成本。考虑设备的兼容性、可维护性和升级潜力，降低长期运维成本。

利用进项税进行抵扣。在采购过程中，合理利用增值税进项税进行抵扣，降低设备采购成本的实际支出。

2）施工效率提升

科学施工计划。制订详细的施工计划，合理安排施工进度和资源分配，避免施工延误和浪费。

标准化施工流程。采用标准化的施工流程和操作方法，提高施工效率和质量，减少返工和维修成本。

施工队伍培训。加强施工队伍的专业培训，提高其技能水平和安全意识，降低施工过程中的事故率和损失。

3）运维成本优化

智能化运维。利用物联网、大数据分析等先进技术，建立智能化运维平台，实现远程监控、故障预警和数据分析等功能，提高运维效率和质量，降低运维成本。

定期进行巡检与定检。制订科学的运维计划，定期对光伏电站进行巡检和定检，及时发现并处理潜在问题，避免小问题变大问题，导致运维成本上升。

运维人员培训。提高运维人员的专业素养和服务水平，通过培训使其熟悉光伏电站的运行原理、设备性能及常见故障处理方法，提高运维效率和质量。

4）能源效率提高

系统优化设计。在光伏电站设计初期，从提高 PR 值的角度进行方案确定，优化系统设计，提高发电效率。例如，采用高效率的光伏组件和逆变器、合理的布局和跟踪方式等。

清洁与维护。定期对光伏组件进行清洁和维护，保持其表面清洁和高效运行，减少灰尘和污垢对发电效率的影响。

功率因数调节。合理调节功率因数，减少线路损耗，提高能源利用效率。

6.4 项目实施与管理

项目实施与管理部门作为分布式光伏创业项目的核心执行机构，承担着从项目启动到竣工验收的全周期管理责任。该部门需运用先进的项目管理理论与方法，对项目的范围、时间、成本、质量、风险等进行全面规划与监控，确保项目按照既定的战略目标、技术规范和安全标准顺利推进。同时，该部门还需协调内外部资源，优化资源配置，提升团队协作效率，以应对分布式光伏行业特有的技术挑战、市场变化和政策调整，为项目的成功实施与企业的可持续发展奠定坚实基础。

6.4.1　建设团队组建与培训

1. 专业技能要求

分布式光伏项目实施团队需具备以下专业技能。

（1）太阳能技术。掌握太阳能电池板的工作原理、转换效率以及安装技巧等核心知识，这是从事光伏行业的必备技能。

（2）电力电子技术。了解电力电子技术的基本原理和应用，涵盖电路设计、电气安全、电力系统的运行与维护等方面的知识。

（3）项目管理。具备制订项目计划、协调资源、控制进度和预算的能力，确保项目按预期推进。

（4）市场营销。了解市场需求，制定营销策略，拓展客户群体，提高市场占有率。

（5）法律与金融。熟悉相关法律法规和金融政策，确保企业在合法合规的前提下良性发展，同时合理利用金融资源，为企业创造更多价值。

2. 团队协作与沟通

在分布式光伏项目实施过程中，团队协作与沟通至关重要。

（1）明确组织结构。构建清晰的项目组织结构，明确各部门的职责和权限，提高内部沟通效率，减少因职责不清导致的摩擦和冲突。

（2）设立沟通平台。利用企业级即时通信工具、在线会议系统等沟通平台，确保员工在完成任务时能够顺畅地与其他部门进行沟通和协作。

（3）建立协作机制。定期组织跨部门会议，设立跨部门工作小组，确保各部门在面临共同任务和挑战时能够进行有效的协同合作。

（4）鼓励信息共享。通过建立内部知识库、定期发布内部通报等方式，确保各部门能够及时获取相关信息，提高协同效率。

（5）优化流程和制度。简化审批流程，设立跨部门协作指导小组，降低部门间协同合作的障碍，提高协作效果。

（6）运用协同工具。采用先进的项目管理软件、在线文档共享平台等协同工具，提高部门间的协同效率，减少沟通成本。

6.4.2　施工进度管理

1. 关键路径分析

关键路径分析为分布式光伏施工进度管理的核心，通过活动定义、排序及逻辑关系分析，识别对项目总工期起决定性作用的路径——关键路径，该路径上的活动（关键活动）的时长直接决定项目最短完成周期。

（1）活动定义与排序。旨在明确分布式光伏项目中的各项任务（如光伏组件安装、逆变器接入、电气连接、系统调试等），并确立它们之间的逻辑依赖关系，通过构建活动排序网络（如前驱图或项目网络图），可直观展现任务间的先后顺序及依赖链。

(2)时间估算。包括活动的准备时间、执行时间和必要的缓冲时间,这些时间估算应基于历史数据、资源可用性和技术难度等因素进行综合考虑。

(3)关键路径确定。根据活动排序网络和时间估算,使用关键路径法(CPM)计算出项目的最短完成时间,并确定出关键路径,关键路径上的活动将直接影响项目的总工期,因此需要特别关注。

2. 施工计划与调整

在确定了关键路径后,需要制订详细的施工计划,并根据实际情况进行动态调整。

1)施工计划制订

资源分配。根据施工计划,合理分配人力、物力、财力等资源,确保各项施工活动的顺利实施。

进度安排。将各项活动按照时间顺序进行排列,并设置明确的时间节点和里程碑。同时,考虑资源限制、天气条件等因素,合理安排施工进度。

风险管理。识别并评估可能影响施工进度的风险因素,如技术难题、供应链中断等,并制定相应的应对措施。

2)施工计划调整

进度监控。定期对施工进度进行监控和评估,对比实际进度与计划进度的差异。

偏差分析。当实际进度与计划进度出现偏差时,进行偏差分析,找出偏差的原因和影响。

调整措施。根据偏差分析的结果,采取相应的调整措施,如增加资源投入、优化施工流程等,以确保项目能够按照新的计划顺利推进。

综上所述,关键路径分析与施工计划调整是分布式光伏施工进度管理的两大核心要素。前者通过详尽分析,界定项目最短工期及关键作业;后者则确保项目执行过程严格遵循既定目标及规划,推动项目顺利进展。

6.4.3 质量控制与安全管理

1. 质量标准与检验流程

1)质量标准

分布式光伏项目质量控制需遵循明确标准,涵盖组件转换效率、逆变器性能、电气连接可靠性及系统发电效率等关键指标。实施中,应严格遵循国家及行业规范(例如《光伏电站建设及验收规范》),确保质量指标达标。

2)检验流程

为确保分布式光伏项目的质量达标,需制定一套完整的检验流程。该流程通常包括以下几个环节。

原材料检验。对光伏组件、逆变器、电缆等关键原材料进行严格的检验,确保其质量符合项目要求。

过程检验。在项目实施过程中,对各项作业进行实时监控和检验,确保施工质量和工艺水平达标。

系统测试。在项目完成后,进行系统整体的性能测试,包括发电量测试、效率测试等,以验证系统的可靠性和稳定性。

验收检验。在项目竣工验收阶段，邀请第三方专业机构进行项目评估，确保评估结果的客观性和公正性，并根据评估结果进行必要的整改和优化。

2. 安全生产措施

1）安全生产制度

安全生产制度在分布式光伏项目中扮演着至关重要的角色，其主要内容如下所示。

安全生产责任制。明确各级管理人员、技术人员和操作人员在安全生产中的职责和任务，确保安全生产责任落实到个人。

安全教育培训制度。定期对员工进行安全教育和培训，提高员工的安全意识和操作技能，确保员工具备必要的安全知识和技能。

安全风险评估与防控制度。对项目中可能存在的安全风险进行全面评估，制定具有针对性的防控措施，降低安全事故发生的概率。

安全操作规程。制定详细的安全操作规程，规范员工在作业过程中的行为，确保员工按照规程进行操作，避免因违章操作导致的安全事故。

安全检查与隐患排查制度。定期对项目进行安全检查，及时发现并消除安全隐患，确保项目的安全状态良好。

应急管理制度。建立完善的应急管理体系，包括应急预案的制定、应急资源的储备、应急演练的开展等，确保在突发情况下能够迅速、有效地应对。

事故报告与调查处理制度。一旦发生安全事故，要立即进行报告，并按照相关规定进行调查处理，分析事故原因，总结经验教训，防止类似事故再次发生。

安全生产奖惩制度。对在安全生产中表现突出的个人或团队进行奖励，对违反安全生产规定的行为进行处罚，形成正向激励机制。

2）安全防护措施

在项目实施过程中，需采取一系列安全防护措施，以降低安全事故的风险。

设置安全围栏和防护网。在施工现场设置安全围栏和防护网，确保高空作业人员的安全。

佩戴安全防护用品。所有高空作业人员必须佩戴安全带、安全帽等安全防护用品，并使用符合标准的安全绳索。

电气安全措施。施工前应对电气设备进行全面检查，确保绝缘良好。施工过程中，必须遵循“先断电、后作业”的原则，确保施工人员在安全状态下进行操作。同时，设置专门的电气安全管理人员，负责现场电气安全监督和检查。

机械设备安全措施。所有机械设备操作人员需持证上岗，定期进行安全培训。施工前应对机械设备进行全面检查，确保其正常运转。制定详细的机械设备操作规程，确保操作人员严格遵守，避免因操作不当导致的安全事故。

3）应急处理机制

为应对可能发生的安全事故，需建立完善的应急处理机制，该机制应包括应急预案的制定、应急演练的开展以及应急资源的储备等方面。通过定期组织应急演练，提高施工人员的应急处理能力和安全意识，确保在突发情况下能够迅速、有效地应对。

综上所述，分布式光伏项目的质量控制与安全管理需聚焦于质量标准与检验流程及安全生产措施两大维度。通过确立清晰的质量标准及构建全面的检验流程,保障项目性能指标符合预期;依托完善的安全生产制度、安全防护措施及应急处理机制,有效降低安全事故风险,确保项目顺利推进与人员安全。

6.5 并网与运维管理

6.5.1 并网申请与审批流程

1. 并网条件与要求

1)技术条件

频率一致。发电机的频率必须与系统频率相同,偏差应控制在 ±0.2 Hz 以内,以确保同步运行和电能质量。

电压匹配。发电机出口电压需与系统电压相同,且误差需控制在5%以内。电压差异过大会导致电流过大,可能损坏设备或影响电网稳定。

相序相同。发电机相序需与系统相序一致,以保证电能的正常传输。相序不一致会导致系统故障。

相位一致。发电机电压相位需与系统电压相位一致,以确保电能的同步传输,提高系统的稳定性。

2)所需材料

所需材料清单见表6-4。

表6-4 分布式光伏并网所需材料清单

序号	名称	序号	名称	序号	名称
1	项目备案文件	8	保护定值单	15	断路器传动性能测试报告
2	电网接入批准文件	9	用户营业执照复印件	16	低压脱扣测试报告
3	系统接入方案	10	断路器出厂检验报告	17	逆变器防孤岛测试报告
4	施工单位资质证明	11	断路器铭牌照片	18	高压设备各项试验报告
5	承包合同	12	FTU/DTU 出厂合格证	19	逆变器测试报告
6	电气主接线图	13	FTU/DTU 检测报告	20	配电网调度监视信息接入申请单
7	设备命名与编号清单	14	FTU/DTU 铭牌照片	21	并网调度协议

2. 审批流程与时间节点

并网协议分布式光伏并网流程包括并网申请、并网备案、接入系统、验收、并网等五大方面,主要流程为项目业主向电网公司提出并网验收和调试申请、电网公司受理并网验收和调试申请、与电网签订购售电合同和并网调度协议、安装关口电能计量装置、完成并网验收及调试、项目并网运行,分布式光伏并网流程图如图6-6所示。

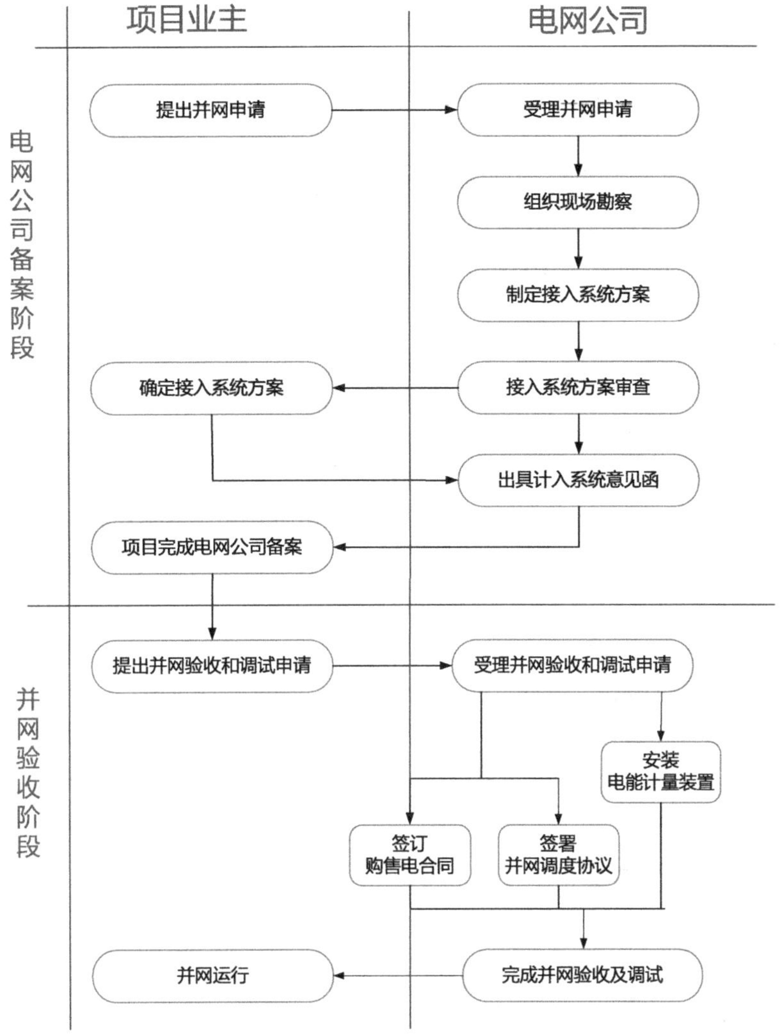

图 6-6　分布式光伏并网流程图

1)并网申请

项目确定。根据分布式光伏项目的设计方案,确定并网模式和项目装机容量,并按不同装机规模对接入电压等级的要求,确定并网电压等级。

申请提交。向电网公司营销部递交并网申请,申请中需包含电站基本信息、发电计划、并网方案等。电网公司受理后会在规定时间内(如两个工作日内)安排工作人员到现场进行勘察。

2)并网备案

资料准备。准备用户电网相关资料及系统接入报告、供电局受理并网申请等材料。

备案提交。将上述资料提交至当地发改委或能源局进行备案审批。

3)接入系统方案制定与审查

方案制定。根据现场勘查情况,由电网公司经济技术研究部门制定接入系统方案,该方案应包括分布式电源项目建设规模、开工时间、投产时间、系统一次和二次方案及主设备参数、产权分界点设置、计量关口点设置、关口电能计量方案等。

方案审查。组织相关部门对接入系统方案进行审定，并出具评审意见。对于不同电压等级的项目，审查部门和流程可能有所不同。

4）并网审查

资料提交。提交客户的设计文件及验收申请资料。

审查过程。电网公司对申请进行审查，包括电站技术参数的审核、并网方案的评估等。该环节的工作时限通常为 10 个工作日（对于 220 V/380 V 项目则可能不需要此项工作）。

5）并网验收与调试

并网验收。电网公司安排相关人员到现场进行并网验收，检查电站设备、并网线路、安全措施等是否符合要求，并出具验收报告。

并网调试。在电网公司的指导下，进行电站的并网调试，包括逆变器参数设置、并网电流质量监测等。调试完成后，电站将正式并入电网，开始发电并供电给电网。

6）签订并网协议

协议签订。审查通过后，与电力公司签订并网协议、并网调度协议以及购售电协议，明确双方的权利和义务。

7）日常运维与数据分析

日常运维。定期对电站进行巡检和维护，确保设备正常运行，及时发现并处理故障。

数据分析。通过监控系统对电站的发电数据进行实时分析，优化电站运行策略，提高发电效率。

6.5.2 运维团队建设与维护计划

1. 运维团队建设

运维团队的建设应涵盖人员选拔、技能培训、团队协作等多个方面。首先，需选拔具备电气工程、自动化控制等相关专业背景的人员加入团队，确保团队具备扎实的理论基础。其次，通过定期培训和实践操作，提升团队成员在光伏系统巡检、故障诊断、维护保养等方面的专业技能。此外，加强团队协作与沟通，形成高效的工作流程和应急响应机制，也是运维团队建设的重要一环。

2. 日常巡检与维护

日常巡检是维护计划的基础，通过设立定期巡检机制，对光伏系统的各个组成部分进行细致的检查，包括光伏组件、逆变器、汇流箱、电缆、支架等，及时发现并处理潜在的安全隐患。同时，结合预防性维护策略，对关键部件进行定期更换或保养，如清洁光伏组件、检查电缆接头是否松动、测量逆变器运行参数等，确保系统始终处于最佳运行状态，分布式光伏的巡视项目及标准见表 6-5。

表 6-5　分布式光伏系统的巡视内容

名称	内容	序号	巡视项目	巡视标准
光伏组件	光伏板	1	外观	查看组件表面是否存在鸟粪、脏污等遮挡物，玻璃是否有爆裂或破损情况
		2	压块	查看压块螺栓是否有松动情况
		3	接线	接线盒是否有明显变形，MC4 接头是否有松动和烧毁，有无异常发热
	测量	1	电压	开路电压是否在正常值范围内
逆变器	本体	1	指示灯	交直流指示灯、并网指示灯、通信指示灯绿色长亮，告警指示灯灭
		2	声音	逆变器风机声音均匀无异响
	测量	1	电流、电压	交流侧、直流侧一次电流及电压是否在正常值内
SVG	功率模块	1	声音和异味	无放电弧声、异味和不均匀的机械噪声
		2	散热风扇	散热风扇运转正常，无异常声响
		3	显示数据值	显示数据值是否在正常值范围内
储能系统	储能电池柜	1	外观	指示灯显示正确，无渗水、漏水现象
		2	声音和异味	运转正常，无异常声响、无异常气味
		3	散热器	散热风机运转正常，无异常声响，散热器通风口无堵塞
高压/低压开关柜	柜体	1	本体	指示灯、带电显示器指示应正常，操作方式选择开关、机械操作把手投切位置应正确；柜面表计工作正常，柜体无变形，各封闭板螺丝应齐全，无松动、锈蚀，接地应牢固
		2	声音和异味	柜内应无放电弧声、异味和不均匀的机械噪声
		3	位置指示	分合位置指示正常，储能指示正常
箱变	本体	1	本体声音	本体发出的声音应为连续均匀的“嗡嗡”声
		2	瓷件套管部分	外表清洁，无破损闪络、裂纹现象，油色、油位正常，无渗漏油、无严重脏污现象
		3	导流部分	高低压母排无裂纹、过热变色、螺栓连接良好
	仪表	1	吸潮剂颜色	硅胶变色未超过 2/3
		2	变压器温度	通过箱变门栏及变压器测控装置观察油面温度不超过 80 ℃，变压器柜内风扇及温度传感器运行正常
柜内设备（通过观察窗查看）	母排	1	母排上、下连接螺栓	连接牢固无发热现象、无腐蚀、连接螺栓无变色、温度正常
		2	母排运行声音	无异常声音
	高压真空断路器	1	本体部分	外表清洁，无破损闪络、裂纹现象，无严重脏污现象
		2	导流部分	无裂纹、过热变色、松动和断股现象
		3	动作机构	接触点、端子排端子应无烧焦、冒烟、打火、锈蚀现象；接地线无松动现象
	互感器	1	低压侧电流互感器	无异常声响及异味，外壳无损坏
		2	电压互感器	铜牌无过热变色、螺栓连接良好，无异味和异常声响，绝缘保护套无损坏

续表

名称	内容	序号	巡视项目	巡视标准
柜内设备（通过观察窗查看）	隔离开关	1	瓷件部分	外表清洁，无裂纹和放电痕迹，无严重脏污现象
		2	导流部分	无裂纹、过热变色、氧化、与母排连接良好
		3	传动连杆	无脱销、无变形、无锈蚀
		4	操动机构	无锈蚀、扣锁应牢固，内部干净整洁，接地良好，机械传动部位润滑良好
	避雷器	1	本体	无放电声响，外表清洁，无破损闪络、裂纹放电现象，无裂纹、锈蚀、进水，无严重脏污现象
		2	引线接头	一次连接良好，接头牢固，接地可靠
		3	放电计数器	密封良好，指示应正确，比较前后数据变化在正常范围
		4	接地引下线	牢固可靠、无锈蚀、无脱焊
二次设备巡视记录				
低压、高压测控装置		1	测控装置指示灯	正常运行状况下运行灯亮，告警灯灭，若告警灯亮进入装置查看告警
		2	转换开关位置	正常在远方位置
		3	测控装置显示数据	测控装置数据显示正常、无告警及显示偏差
储能监控后台		1	保护信息、事故报文、告警信息	保护信息、事故报文、告警信息正确，与装置检测报告一致
		2	各模拟量、光字牌	进入协控界面查看光字牌、压板、电池簇状态是否正常
		3	数据实时刷新	监视数据实时刷新，每 3~5 秒刷新 1 次
		4	音响测试	事故音响、预告警音响正常
		5	设备运行状态	后台设备运行状态与实际状态一致
		6	UPS 系统	各指示灯正常，无报警
消防系统		1	烟雾报警	接线良好，无异常报警

3. 故障诊断与应急响应

1）故障诊断

故障诊断与定位。分布式光伏系统发生故障时，需运用专业检测工具如万用表、示波器及红外线热像仪，全面检测系统以精确定位故障点及原因。通过分析电压、电流、温度等关键参数的异常变化，运维团队可初步判定故障类型及范围，并据此采取进一步排查举措。

故障排查与分析。故障位置初定后，运维团队需深入细查光伏组件、逆变器、线缆、支架等部件，运用专业知识与经验，结合系统历史运行数据，对故障进行深度剖析。通过对比分析，逐步缩小故障范围，最终精确锁定故障点。

故障诊断报告。故障排查结束后，运维团队需编制故障诊断报告，详尽记载故障时间、位置、成因及排查修复流程。此报告不仅利于团队总结经验、提升诊断技能，亦为系统后续维护与优化提供关键指引。

2）应急响应

应急响应预案。应涵盖各种可能出现的故障场景和应对措施，包括故障排查流程、修复步骤、所需工具和材料、人员分工等，通过定期演练和培训，运维团队可以熟悉并掌握应急响应预案的内容,提高应急响应的效率和准确性。

快速响应与修复。一旦系统出现故障,运维团队需要立即启动应急响应预案,并按照预案中的流程进行快速响应和修复。

故障恢复与验证。故障修复完成后,运维团队需对系统实施全面的检查与测试,以验证故障是否已彻底排除且系统恢复至正常运行状态。通过对比分析修复前后的系统性能参数变化,评估修复效果及系统的稳定性和可靠性。

故障分析与改进。故障处理完毕后,运维团队需对故障进行深入的根源分析,识别故障根本原因,并提出具有针对性的改进措施。

6.5.3　数据分析与优化策略

1. 发电效率监测

发电效率监测是分布式光伏项目运维管理的关键环节。它涉及对光伏电站运行数据的实时采集、处理和分析,旨在确保电站高效、稳定运行。

1)数据采集

监测设备。利用逆变器、多功能电力计量仪表等硬件设备,实时监测光伏电站的电压、电流、功率等关键参数。

数据采集系统。通过网关将采集的数据上传至服务器,进行集中存储和管理。这包括实时发电功率、累计发电量、发电收益等关键数据。

2)数据分析

综合看板。利用可视化工具,如柱状图、曲线图等,展示电站的实时发电状态和历史数据,便于运营人员快速掌握电站运行状况。

发电效率计算。根据采集的数据,计算电站的发电效率,包括日、月、年发电效率,以及不同时间段(如晴天、阴天、雨天)的发电效率差异。

异常检测。通过设定阈值和算法,自动检测数据异常,如发电效率突然下降、设备故障等,及时发出警报并采取措施。

3)监测结果应用

运营优化。根据监测结果,调整电站的运行策略,如优化光伏组件的布局、清洗频率等,以提高发电效率。

设备维护。及时发现设备故障或性能下降,安排维修或更换,确保电站长期稳定运行。

决策支持。为电站的扩容、升级等决策提供数据支持,确保投资决策的科学性和合理性。

2. 系统性能优化

系统性能优化旨在通过调整系统配置、改进设备性能等方式,提高分布式光伏电站的整体性能和经济效益。

1)配置优化

储能系统配置。利用遗传算法、粒子群优化算法等高效优化算法,确定储能系统的配置容量,以平衡电站的供需关系,提高能源利用效率。

设备选型。选用高效、耐用的光伏组件和逆变器,确保系统的发电功率和转换效率达到最优。

2)技术改进

智能监控系统。建立智能监控系统,实时监测电站的运行状态,及时发现并处理潜在问题,提高系统的稳定性和可靠性。

安全防护措施。加强防雷、防漏电等安全防护措施,确保系统的安全运行。同时,对运维人员进行专业培训,提高其安全意识和操作技能。

3)运营策略优化

灵活调度。根据电网需求、天气条件等因素,灵活调整电站的发电计划,确保电力供应的稳定性和可靠性。

市场需求分析。持续监测市场变化,分析竞争对手和客户需求,制定精准的营销策略,提高电站的市场竞争力。

成本控制。严格控制项目成本,提高资金使用效率,降低项目投资风险,确保项目的赢利能力。

综上所述,发电效率监测与系统性能优化是分布式光伏项目成功运营的关键环节。通过实时监测数据、优化系统配置和技术改进等措施,可以显著提高电站的发电效率和经济效益,为分布式光伏行业的健康发展提供有力支持。

6.6 风险管理与项目评估

6.6.1 风险评估与应对策略

1. 技术风险

需审慎考量设备故障替换的时效性与成本效益,以及技术迭代带来的潜在影响。对此,应建立快速响应机制与备用方案,确保技术更新与设备维护的及时性,降低因技术更新滞后导致的运营风险。

1)设备故障替换

企业需构建高效的故障监测与预警系统,确保能在第一时间发现并定位设备故障,从而迅速启动替换流程。同时,需综合考虑设备更换的直接成本、停机损失以及潜在的生产效率提升等因素,以制定出最优的替换策略。

2)技术迭代

企业应保持高度的市场与技术敏感度,密切跟踪行业发展趋势,以便及时捕捉新技术、新材料或新方法的出现。基于此,企业应建立灵活的技术更新机制,包括技术研发与引进、人员培训与技能提升等,以确保技术更新的及时性与有效性。同时,为应对技术迭代可能带来的设备兼容性、系统集成等问题,企业还需制定详尽的备用方案,包括技术储备、兼容性测试与系统集成优化等,以最大限度地降低技术滞后带来的运营风险。

2. 市场风险

需精准预测并灵活应对需求变化,同时分析竞争格局的动态调整。通过市场细分、差异化定位及灵活的价格策略,有效管理市场需求波动,并在激烈的市场竞争中保持竞争优势。

1)需求变化

企业应运用先进的市场预测工具与技术,如时间序列分析、回归分析以及机器学习算法等,精准预测市场需求的变化趋势。基于此,企业需构建灵活的市场响应机制,包括快速调整生产计划、优化供应链管理以及增强客户服务能力等,以确保能够及时、准确地满足市场需求波动,避免库存积压或产能不足等风险。

2)竞争格局调整

企业应深入分析竞争对手的市场策略、技术实力以及资源禀赋等,以明确自身的竞争优势与劣势。基于此,企业需实施市场细分策略,根据目标客户群体的特定需求与偏好,制定差异化的产品定位与服务方案,以在激烈的市场竞争中脱颖而出。同时,企业还需采用灵活的价格策略,如成本加成定价、价值导向定价或竞争导向定价等,以最大化市场份额与利润空间。

3. 政策风险

需密切关注政策导向的变动,确保项目合规性,同时制定政策变动的应对策略。通过加强政策研究、建立预警机制及合规管理体系,有效规避政策风险,保障项目的长期稳定运营。

1)政策变动

针对政策导向的频繁变动,企业应构建一套高效的信息收集与分析体系,密切关注国家及地方政策动态,包括但不限于能源政策、环保政策、补贴政策以及税收政策等。通过深入研究政策意图、预测政策走向,企业能够提前布局,确保项目规划和运营策略与政策导向保持高度一致,从而有效规避因政策变动带来的潜在风险。

2)合规管理

企业应建立健全的合规管理体系,明确合规标准与流程,确保项目从规划、建设到运营的每一个环节均符合法律法规要求。这包括但不限于获取必要的行政许可、遵守环保标准、保障安全生产以及维护消费者权益等。同时,企业还需加强内部合规培训,提升员工的合规意识与操作能力,确保合规管理贯穿于企业运营的始终。

此外,为有效应对政策变动,企业还需建立预警机制,包括设立政策变动监测小组、制定应急预案以及建立快速反应通道等。一旦政策发生变动,企业能够迅速响应,调整运营策略,以最小化政策变动对项目运营的影响。

6.6.2　项目评估与持续改进

项目评估与持续改进环节聚焦于三大核心:第一,通过精确的经济效益评估,衡量项目投资回报与成本效益;第二,深入考量社会环境效益,包括节能减排与社区环保的积极影响;第三,进行项目总结与规划,提炼成功经验并明确未来发展方向,以推动项目持续优化与企业长远发展。

1. 经济效益

分布式光伏创业企业在项目评估与持续改进过程中,需深入进行经济效益分析,特别是投资回报与成本效益的评估,以确保项目的经济可行性与长期赢利能力。

1)投资回报

经济效益评估是项目成功的关键标尺,其中投资回报(*ROI*)是衡量项目赢利能力的重要指标。它通过对项目生命周期内的净收益与初始投资成本进行对比，直观反映了投资的效率与效果。为确保项目的经济可行性，企业需进行详尽的投资回报分析，包括预测项目未来的收益流、考虑资金的时间价值以及评估潜在的市场风险等因素，从而制定出最优的投资策略。

2）成本效益

成本效益分析（CBA）作为另一项重要工具，旨在全面评估项目的成本与收益，以确定其经济上的合理性。这包括对项目直接成本（如设备购置、安装费用等）与间接成本（如运维成本、管理成本等）的精确核算，以及对项目带来的经济效益（如节省的电费、获得的补贴等）与社会效益（如环境保护、节能减排等）的综合考量。通过成本效益分析，企业能够更准确地判断项目的价值，为决策提供科学依据。

2. 社会环境效益

社会环境效益构成了项目评估与可持续发展战略的重要组成部分，具体体现在节能减排与社区环保两大维度上。

1）节能减排

作为分布式光伏项目的核心社会价值之一，旨在通过利用可再生能源——太阳能，有效减少化石能源的消耗，进而降低温室气体排放，对抗全球气候变化。这一过程不仅符合国际社会对绿色低碳发展的普遍共识，也是实现我国“碳达峰、碳中和”目标的关键路径。分布式光伏项目通过在其生命周期内持续供电，替代传统化石能源，实现了显著的节能减排效果，为构建资源节约型、环境友好型社会贡献力量。

2）社区环保

项目在选址与布局上充分考虑社区生态与居民福祉，通过合理规划，减少了对周边环境的干扰与破坏。同时，分布式光伏系统的安装与运营，为社区提供了清洁、可靠的能源供应，降低了社区整体的能源消费成本与碳排放，提升了社区环境质量。此外，项目还通过科普宣传、公众参与等方式，增强了社区居民的环保意识与节能意识，促进了社区绿色文化的形成与发展。

3. 项目总结与规划

项目总结与规划构成了企业战略规划与项目管理的重要环节，旨在通过对项目成功经验的提炼与改进方向的明确，为企业的未来发展提供有力支撑。

1）成功经验

在项目总结阶段，企业需对已完成的项目进行全面回顾与深入分析，提炼出项目成功的关键因素与宝贵经验。这包括但不限于技术创新点的成功应用、市场拓展策略的有效性、成本控制的优化措施以及团队协作的高效模式等。通过系统总结，企业能够形成一套可复制、可推广的项目管理经验与方法论，为后续项目的实施提供有力指导。

2）改进方向

在规划未来项目时，企业需基于现有项目的成功经验与潜在挑战，明确项目的改进方向与发展目标。这包括技术创新路径的拓展、市场定位与细分策略的调整、成本效益的进一步提升以及项目管理与执行能力的强化等。同时，企业还需关注行业发展趋势与政策导向，确保项目规划的前瞻性与合规性，通过制定详细的项目计划、设定清晰的时间节点与里程碑，以及建立有效的项目监控与评估机制，企业能够确保项目按预定目标顺利推进。

习题

一、简答题

1. 在进行分布式光伏项目市场调研时，需要收集哪些方面的宏观环境信息？请至少列举三个方面，并简要说明其对项目的影响。

2. 简述分布式光伏项目融资的主要渠道。

3. 简述分布式光伏项目并网接入的主要流程及需要提交的相关文件。

4. 请列举分布式光伏项目在建设和运营过程中可能面临的主要风险，并针对其中的市场风险和技术风险提出相应的应对策略。

二、计算题

1. 已知一个分布式光伏项目计划装机容量为 100 kW_p，选用的光伏组件单块功率为 500 W_p，求需要多少块光伏组件？

2. 已知某分布式光伏项目安装了 1 000 块功率为 500 W_p 的光伏组件，当地年平均日照时数为 1 800 小时，光伏系统的综合效率为 80%，计算该光伏系统的年发电量。

3. 一个分布式光伏项目总投资为 500 万元，其中设备投资 400 万元，安装及其他费用 100 万元。项目装机容量为 800 kW_p，预计年发电量为 100 万 kW·h，上网电价为 0.6 元/kW·h，每年的运维成本为 10 万元，项目寿命周期为 25 年，设备残值率为 5%。计算该项目的静态投资回收期和投资收益率。

三、案例分析题

某小型企业计划在其厂房屋顶建设一个分布式光伏项目，厂房屋顶面积为 2 000 平方米，可利用面积为 80%。企业平均月用电量为 50 000 kW·h，当地电价为 0.7 元/(kW·h)，上网电价为 0.35 元/(kW·h)。该企业与光伏系统安装公司签订合同，采用“自发自用，余电上网”模式，总投资为 200 万元。

(1)若选用的光伏组件功率为 450 W_p，尺寸为 1.95 m × 1.05 m，组件间距为 0.3 m，计算可安装的组件数量；

(2)假设该项目年发电量为 30 万 kW·h，企业自用比例为 60%，分析该项目对企业电费支出和收益的影响，并评估项目的可行性。

第七章　典型分布式光伏电站案例介绍

本章聚焦于分布式光伏电站的典型案例，深入剖析国内典型的分布式光伏项目。通过对项目的工程概况、系统构成、配置选型及详细参数等进行分析，旨在提供可借鉴的实践经验与前沿技术启示，助力分布式光伏领域的创业者与从业者精准把握市场趋势，优化电站设计，提升运营效率。

7.1　12 MW 屋顶分布式光伏发电项目

7.1.1　工程概况

本项目位于甘肃省酒泉经济技术开发区西园，处于阿尔金山、祁连山与马鬃山之间的酒泉盆地内，场地地形相对平缓，场地地貌类型简单，植被稀疏，为戈壁荒滩景观，拟建光伏场地大致呈矩形布置，场址外围与连霍高速和乡村道路相通，对外交通运输条件较为便利。经度约为 99.01°，纬度约为 39.59°，自然坡度在 5°~7° 之间，海拔高度 1 400~1 500 m，年太阳辐射总量 6 211.0 MJ/m²，年日照小时数 3 056.4 h，多年平均气温 8.9 ℃，多年极端最高气温 40.5 ℃，多年极端最低气温-29.6 ℃。

按照勘测情况，各区域无泄洪道、无自然保护区、无文物和矿藏资源。场址所在区域，无县级、自治区级及国家级文物保护单位和景点，未发现受保护的国家一、二级野生动物，规划范围内无水源保护地，无国家、省级及县级文物古迹及自然景观保护目标，适宜光伏工程建设，且项目规划范围内房屋屋顶及集体用地均满足分布式光伏发电项目的建设条件。

7.1.2　系统构成概况

本项目总装机规模为 15.4 MW_p（并网容量 12 MW），选用以下两种单面单晶光伏组件：182~575 W、210~700 W，每串安装 18 块组件，采用固定式支架，光伏阵列选用 39° 倾角安装，逆变器容量选用较大容量的 110 kW 组串式逆变器，以 0.4 kV 电压等级接入电网。

本项目系统综合效率为 83.0%，首年上网电量为 2 681.14 万 kW · h，首年年利用小时数为 1 741 h，25 年平均年上网电量为 2 410.9 万 kW·h，25 年平均年利用小时数为 1 634 h。

本项目共建设 1.8 MW/7.2 MW · h 集中储能电站，接入系统并网点电压选择为 0.4 kV，由直流汇集至逆变器，经逆变器出线接入客户专用变压器后，通过专用供电线路接入 10 kV 线路，光伏系统构成示意图如图 7-1 所示。

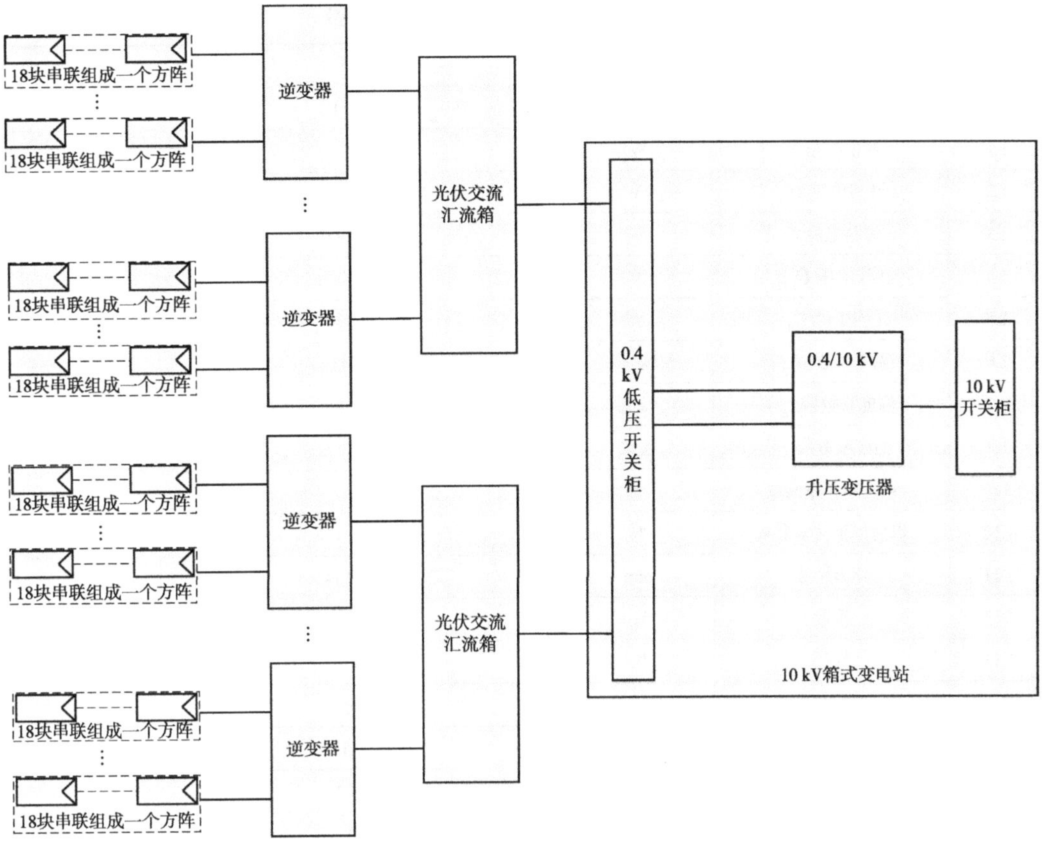

图 7-1　光伏系统构成示意图

7.1.3　系统主要配置和设备选型

本系统主要由光伏组件、逆变器、交流汇流箱、箱式变电站等组成，光伏组件采用高转换效率单晶硅或多晶硅材质，确保光能最大化利用；逆变器则选用高性能并网型或离网/并网双模式，具备智能最大功率点追踪（MPPT）功能，优化直流到交流的转换效率；交流汇流箱集成过流、短路及接地故障保护，确保电流安全汇集与分配，箱式变电站作为系统升压与配电的关键，内置干式或油浸式变压器，辅以综合自动化保护装置，实现电压等级变换与系统稳定运行监控。

1. 光伏组件选型

依据对各种类型的光伏组件进行对比分析，可选用 N 型单晶单面太阳能电池组件，本项目共建设 4 个光伏电站，选用以下两种单面单晶光伏组件：182~575 W、210~700 W，其中酒泉建安工程项目管理有限责任公司双碳 1 区及双碳 2 区光伏建设屋顶采用 182~575 W 光伏组件，甘肃海涛物流（集团）有限公司、鸿丰亿科（甘肃）能源动力制造集团有限公司等两家光伏建设屋顶采用 210-~700 W 光伏组件，该单面单晶光伏组件 182~575 W 和 210~700 W 的主要技术参数见表 7-1。

表 7-1 两种光伏组件的主要技术参数

编号	名称	单位	数量	备注
1. 光伏组件(型号:单晶硅 575W_p 电池组件)				
1.1	峰值功率 P_m	W_p	575	
1.2	开路电压 U_{OC}	V	51.1	
1.3	短路电流 I_{SC}	A	14.19	
1.4	工作电压 U_{MPPT}	V	42.94	
1.5	工作电流 I_{MPPT}	A	13.39	
1.6	温度系数(I_{SC})	%/℃	+0.043	
1.7	温度系数(U_{OC})	%/℃	−0.25	
1.8	温度系数(P_m)	%/℃	−0.29	
1.9	第 1 年功率衰减	%	1.0	
1.10	以后每年功率衰减	%	0.4	
1.11	外形尺寸	mm	2 278 × 1 134 × 30	
1.12	质量	kg	32.1	
1.13	数量	块	15 620	
1.14	跟踪方式	—	固定	
1.15	安装角度	°	平铺	
2. 光伏组件(型号:单晶硅 700 W_p 电池组件)				
2.1	峰值功率 P_m	W_p	700	
2.2	开路电压 U_{OC}	V	49.17	
2.3	短路电流 I_{SC}	A	17.31	
2.4	工作电压 U_{MPPT}	V	43.21	
2.5	工作电流 I_{MPPT}	A	16.23	
2.6	温度系数(I_{SC})	%/℃	+0.026	
2.7	温度系数(U_{OC})	%/℃	-0.223	
2.8	温度系数(P_m)	%/℃	-0.243	
2.9	第 1 年功率衰减	%	≥98.5%	
2.10	以后每年功率衰减	%	0.4%	
2.11	外形尺寸	mm	2 384 × 1 303 × 35	
2.12	质量	kg	38.5	
2.13	数量	块	9 130	
2.14	跟踪方式	—	固定	
2.15	安装角度	°	平铺	

2. 逆变器选型

根据逆变器的单机容量、MPPT 跟踪精度,在并网型光伏电站应用的逆变器主要有两类,分别是一体化集中式和组串式逆变器。

1)一体化集中式逆变器

集中逆变技术是若干个并行的光伏组串被连到同一台集中逆变器的直流输入端,一般功率大的使用三相的 IGBT 功率模块,功率较小的使用场效应晶体管,同时使用 DSP 转换控制器来改善所产出电能的质量,使它非常接近于正弦波电流,一般用于大型光伏发电站的系统中。最新的研究方向是运用空间矢量的调制控制以及开发新的逆变器的拓扑连接,以获得部分负载情况下的高效率。集中式逆变器发电原理图如图 7-2 所示。

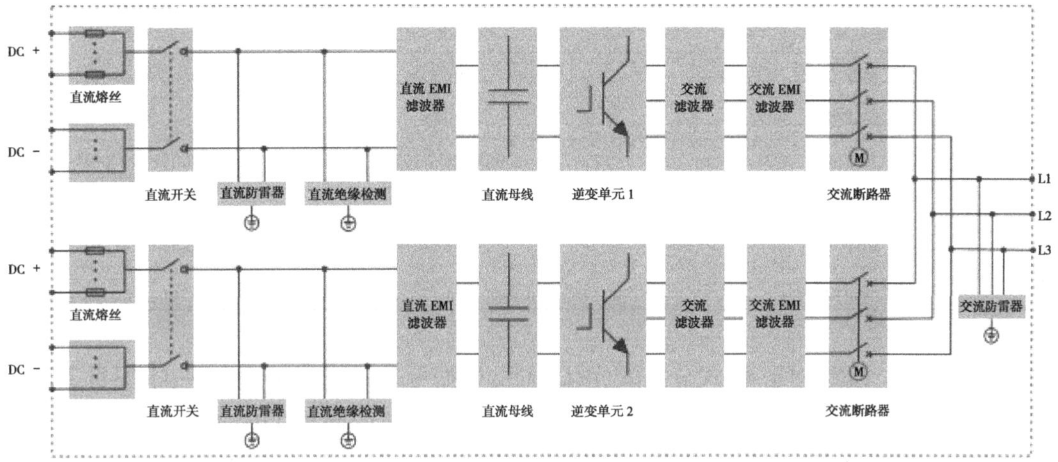

图 7-2　集中式逆变器发电原理图

集中式逆变器常见的输出功率为 500、1 000、1 250、2 500、3 125,转换效率通常>99%,中国效率>98.2%,每台逆变器具有 1~2 路 MPPT, 2 台逆变器组成 1 个方阵,通过一个双分裂绕组变压器升压后接入 35 kV 中压电网。

2)组串式逆变器

组串型逆变器指的是能够直接跟组串连接,用于室外挂式安装的单相或者三相输出逆变器,并网电站选用设备功率一般为几十千瓦到几百千瓦。能够直接与组件串相连,不经过直流汇流箱,能够直接接入本地电网,适应各种不同应用场景需求。组串式逆变器发电原理图如 7-3 所示。

组串式逆变器常见的输出功率为 50、70、80、100、110、175、225、225、320 kW,转换效率通常>99%,中国效率>98.3%,以 110 kW 的逆变器为例。

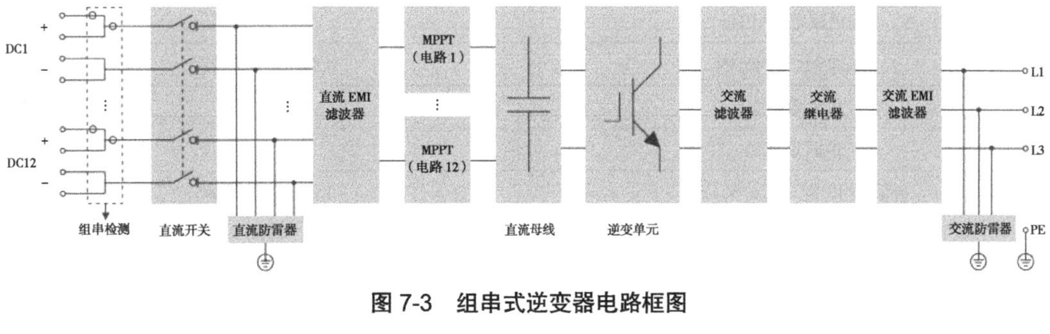

图 7-3　组串式逆变器电路框图

3)对比选型

逆变器选用目前主流的组串式 110 kW 逆变器和组串式 225 kW 逆变器进行经济比选，见表 7-2。

表 7-2 组串式 110 kW/225 kW 逆变器经济比选

酒泉源通能源有限责任公司 12 MW 屋顶分布式光伏发电项目		
项目	组串式方案 110 kW	组串式方案 225 kW
主要设备(逆变器)/万元	1.8	3.15
小线缆(含线缆施工)/万元	2.397 755	5.394 948 75
大线缆(含线缆施工)/万元	3.74	7.48
单瓦成本/(元/瓦)	0.007 937 755	0.016 024 949
所需逆变器数量	50	25
总计/万元	0.396 887 75	0.400 623 719
经济性排序	1	2

本项目为“全额上网”模式分布式光伏项目，根据分布式光伏管理办法，本项目工程逆变器选型交流侧电压应为 220/400 V。通过对比分析发现，组串式 110 kW 逆变器在经济性排序中优于组串式 225 kW 逆变器，因此出于成本考虑，本项目逆变器选型为较大容量的 110 kW 组串式逆变器。110 kW 组串式逆变器主要技术参数表见表 7-3。

表 7-3 110 kW 组串式逆变器主要技术参数

输入(直流)	
最大输入电压/V	1 100
MPPT 电压范围/V	200~1 000
输入路数	20
MPPT 数	10
输出(交流)	
额定输出功率/kW	110
最大输出功率/kW	121
额定电网电压/V	320~460
输出额定频率/Hz	50
功率因数可调范围	0.8 超前~0.8 滞后
最大效率/%	98.60
中国效率/%	98.1
外形尺寸(宽×高×深)/mm	1 035×700×365
防护等级	IP66

本工程场址海拔约 1 400~1 500 m，因此要求逆变器应根据当地海拔加强绝缘，并保证

在该海拔条件下额定输出功率不低于 110 kW。

3. 线缆选型

本项目选用阻燃铜芯电缆，其余电缆以铠装电缆为主，电缆布线时从上到下的排列顺序为从高压到低压，从强电到弱电，由主到次，由远到近。通信线缆采用屏蔽双绞线。按电力防火规程和国家消防法规，设置完备的消防措施；电缆沟分叉和进出房屋处设防火墙，防火墙两侧电缆刷防火涂料，屏柜下孔洞采用防火隔板和防火堵料进行封堵等。电力电缆沿桥架或穿管埋地敷设，通信光缆穿管敷设。本项目厂区具备已经施工完成的电缆沟，屋面及地面直流电缆沿组件桥架进行敷设，桥架间通过穿管或电缆桥架保护敷设；地面部分通过厂区原有电缆沟敷设，过路无电缆沟时穿管保护敷设。

直流电缆采用 PV1-F-1*4 mm^2 型光伏专用电缆，交流电缆采用 YJV22-8.7/15 KV-3*240 mm^2、YJV22-8.7/15 KV-3*70 mm^2、YJV22-8.7/15 KV-3*95 mm^2、YJV22-8.7/15 KV-3*150 mm^2、YJV22-8.7/15 KV-3*240 mm^2、ZR-YJV22-0.6/1 KV-4*50 mm^2 等规格的电缆，施工图设计阶段应根据不同应用场景进行合理选配。

4. 箱式变电站

箱式变电站的位置应尽量选择靠近负荷中心的地方，以降低配电系统的电能损耗和电压损耗，并能有效减少一次投入，提高电能质量。同时，应尽可能设置在环境干燥，远离有腐蚀性、尘埃多的环境中，最好能留有发展空间的场所。配电设备的布置必须遵循安全、可靠、适用和经济等原则，并应便于安装、操作、搬运、检修、试验和监测。

当高层建筑楼层较高时，用电负荷较大而且分散，对供电可靠性要求高，配电干线压降不得超过允许值，以降低线路电能损耗。因此，高层建筑多采用楼内变电所。楼内变电所常有以下几种设置方式：地下室、中间的某层和高层。本次设计将箱式变电站设置于厂区内。

10 kV 配电设计中，电力变压器是供配电系统的关键设备，并影响电气主接线的基本形式和变电所总体布置形式。进行供配电系统设计时，应经济合理地选择变压器的型式、台数及容量，并使所选变压器的总费用最小。变压器一般结合用电环境和用电性质来选择其型号，并且应符合低噪声、节能、维护方便等要求。

综上所述，本次设计变压器选型为：S11-M，接线方式为 D，yn11，分接头开关 $10\times(1\pm2)\times2.5\%$ kV/0.4 kV。

5. 储能电池选择

储能以磷酸铁锂、钛酸锂、三元锂为主，包含飞轮、超级电容、混合电容等新型储能产品，增加半固态电池、铁铬液流、铅碳电池技术。4 种电化学储能技术经济指标对比见表 7-4。

表 7-4　4 种电化学储能技术经济指标对比

技术类型	能量密度/（W·h/kg）	功率密度/（W/kg）	持续发电时间	循环次数	响应速度	功率成本/（7 L/kW）	能量成本/[元/(kW·h)]
铅炭电池	25~50	150~500	秒~小时	1 000~3 000	<10 ms	6 400~10 400	800~1 300
锂离子电池	90~220	1 500~3 000	秒~小时	1 000~25 000	毫秒级	3 000~9 000	1 500~4 500

续表

技术类型	能量密度/（W·h/kg）	功率密度/（W/kg）	持续发电时间	循环次数	响应速度	功率成本/（7 L/kW）	能量成本/[元/（kW·h）]
全钒液流电池	7~15	10~40	秒~小时	>10 000	毫秒级	17 500~19 500	3 500~3 900
钠硫电池	150~240	90~230	毫秒~小时	4 000~5 000	毫秒级	13 200~13 800	2 200~2 300

综合以上各项参数，可选用锂离子电池，充放电倍率为 0.5*C*，以下为储能电站主流锂离子电池的对比选型。

1）磷酸铁锂离子电池

磷酸铁锂（LiFePO4）作为锂离子电池正极材料，来源广、价廉、热稳定性好、无吸湿、环保。磷酸铁锂电池产业链成熟，为先进储能电池之一，具有高电压、大能量密度、长寿命、低自放电、无记忆、绿色等特性，支持无级扩展，适用于大规模储能，在可再生能源并网、电网调峰调频、分布式电站及 UPS 等领域前景广阔。

2）钛酸锂离子电池

钛酸锂材料具有超高安全性、超长寿命、高低温工作范围宽、高功率以及绿色环保等优势。在劣势方面，钛酸锂材料的能量密度较低，同时由于其吸水性强等特点，对电池制作的环境要求较高。

3）三元锂离子电池

三元锂离子电池采用锂镍钴锰三元正极材料，综合了镍酸锂、钴酸锂、锰酸锂的优点，具有高容量、高能量密度、低成本、长循环寿命、宽温适应性和高倍率性能。但钴金属有毒，电池分解产氧，安全性管理难度大，储能调频应用中存疑虑。

3 种锂离子电池的技术经济对比分析见表 7-5。

表 7-5　3 种锂离子电池的技术经济对比分析

电芯参数	磷酸铁锂电池	钛酸锂电池	三元锂电池
额定电压/V	3.2	2.3	3.7
能量密度/（W·h·kg）	120~140	90~100	135~165
运行温度/℃	充电：055 放电：−2 055	−1 035	−2 550
存储温度/℃	−3 060	−3 055	−4 060
倍率特性	（1~2）*C*	5 *C*	（1~4）*C*
循环寿命	3 500~5 000 次	5 000~12 000 次	4 000~10 000 次
电芯材料热稳定性	热分解温度 800 ℃左右，材料挤压测试现象为冒烟	挤压测试时不冒烟，不起火，不爆炸，热稳定性好	热分解温度 200 ℃，分解时反应剧烈，会产生氧气，材料挤压测试现象为剧烈爆炸
价格（元）	1.8~2.2/（W·h）	3~5/（W·h）	1.6~2/（W·h）

续表

电芯参数	磷酸铁锂电池	钛酸锂电池	三元锂电池
特点	优点：安全稳定性好、循环寿命足够长、能量密度大、环保等	优点：充放电响应速度快、倍率特性好、寿命超长、宽温性能好、安全性好	优点：容量高、能量密度高、成本低、循环能好、倍率高等
	缺点：充放电倍率不高、电池一致性不好、对 BMS 要求高	缺点：平台电压低、能量密度低、易吸水、易胀气、技术厂家比较少、性价比不好等	缺点：不环保，分解时产生氧气，安全性不好管理

综上所述，磷酸铁锂离子电池成本低、热稳定性优异、无吸湿、环保，相较于其他类型电池具有显著优势。

6. 防雷保护

电池方阵防雷。屋面光伏组件及支架共用原建筑接地装置（$R \leqslant 4\ \Omega$），与金属屋面可靠接闪，连接符合规范。新增金属线管、桥架等均需接地。地面光伏阵列不另设避雷针，利用露天组件边框与支架连接至接地体。组串式逆变器及交流汇流箱室外布置，全站接地材料采用热镀锌防腐。

逆变器防雷。逆变器设备本身配置防雷保护模块单元，可防止雷电过电压和操作过电压。

交流侧的防雷。交流侧的防雷主要通过避雷器加于高压交流输出、低压配电部分。

7. 接地保护

项目接地系统设计需满足机械电气及防雷接地要求，符合《交流电气接地设计规范》，确保跨步电压、接触电势安全，电气故障时电位升高在安全范围，防止高电位外泄及事故。光伏组件、逆变器、箱式变共用接地系统，可靠连接，箱变用热镀锌扁钢至少 2 处引接接地网，接地电阻 $\leqslant 4\ \Omega$。

7.1.4 赢利能力分析

本工程总投资为 6 143.33 万元，本工程首年上网电量为 2 681.14 万 kW · h，首年年利用小时数为 1 741 h，25 年平均年上网电量为 2 410.9 万 kW · h，25 年平均年利用小时数为 1 634 h，上网电价 0.307 8 元/kW · h，项目总投资回收期 10.29 年，资本金投资回收期为 12.41 年，总投资收益率为 6.90%，项目资本金净利润率为 22.59%，从财务上看本工程的财务赢利能力和贷款偿还能力较好，在经营期内，本项目各项经济指标较好，财务内部收益率为 8.91%，高于基准收益率 8%，净现值大于零，项目的财务赢利能力和贷款偿还能力良好。在项目实施中，须根据各建筑屋顶选址建站的实际情况，进行设计方案细化调整，做到技术经济合理。具体计算步骤如下所示。

1. 财务内部收益率（*FIRR*）

（1）确定现金流量。

a. 初始投资：C_0=−6 143.33 万元。

b. 运营期现金流入：首年发电收入 I_1=2 681.14 × 0.307 8 = 825.25 万元，后续每年发电收入 I_{avg}=2 410.9 × 0.307 8 = 742.08 万元，假设无其他收入。

c. 运营期现金流出：设首年运维成本 100 万元，每年以 3% 递增，即 $Q_t= 100\times(1+0.03)^{(t-1)}$。第 10 年设备更新费用 R_{10}=500 万元，其余年份 R_t=0。所得税税率 25%，$T_t=(I_t-O_t-R_t)\times0.25$。运营期每年净现金流量 $CF_t=I_t-O_t-T_t-R_t$。

（2）计算：利用迭代法或 Excel 的"*IRR*"函数，求解使

$$\sum_{t=0}^{25}\frac{CF_t}{(1+FIRR)^t}=0$$

的 *FIRR* 值，经计算为 8.91%。

2. 净现值（*NPV*）

（1）确定折现率：r=8%。

（2）计算各年现值：

$$PV_t=\frac{CF_t}{(1+0.08)^t}$$

其中 CF_t 为各年净现金流量。

（3）计算 *NPV*

$$NPV=\sum_{t=0}^{25}PV_t=0$$

通过 Excel 的"*NPV*"函数辅助计算得出 $NPV>0$ 。

3. 贷款偿还能力（假设贷款 3 000 万元，期限 15 年，年利率 6%）

（1）计算每年还款额。

a. 等额本息：

$$A=3\,000\times\frac{0.06\times(1+0.06)^{15}}{(1+0.06)^{15}-1}\approx309.74\text{万元}$$

b. 等额本金：每年偿还本金 3 000/15=200 万元，每年利息 $I_t=3\,000\times0.06-200\times0.06\times(t-1)$，每年还款额为两者之和。

（2）分析偿债能力：设每年折旧 200 万元，每年可用于还款资金 $F_t=Profit_t+200$，$Profit_t=I_t-O_t-T_t-R_t-200$ 。计算偿债备付率 $DSCR_t=F_t/A$，各年 *DSCR* 均 > 1.3，表明贷款偿还能力良好。

4. 总投资回收期

（1）确定净现金流量：同财务内部收益率计算中的 CF_t。

（2）计算回收期：逐年累加净现金流量，当累计净现金流量首次大于等于 0 时，假设在第 n 年和第 n+1 年之间，总投资回收期 $P=n+\frac{\text{累计到第}n\text{年的净现金流量}}{\text{第}(n+1)\text{年净现金流量}}$ 计算得出为 10.29 年。

5. 资本金投资回收期

（1）确定相关净现金流量。假设项目资本金 3 143.33 万元（总投资 - 贷款），运营期内每年与资本金相关的净现金流量需考虑贷款本金和利息偿还后的剩余收益，计算方式类似总投资回收期计算中的净现金流量确定，但需剔除贷款相关现金流对资本金收益的影响。

（2）计算回收期。同总投资回收期计算方法，逐年累加与资本金相关的净现金流量，计算得出为 12.41 年。

6. 总投资收益率

（1）计算年息税前利润。假设正常年份年息税前利润为 *EBIT*，可通过运营期现金流入减去运维成本、设备更新费用（平均到每年）等得出，此处假设经计算 *EBIT*=423.89 万元。

（2）计算总投资收益率：

$$总投资收益率=\frac{EBIT}{总投资}\times 100\%=\frac{423.89}{6\,143.33}\times 100\%=6.90\%$$

7. 项目资本金净利润率

（1）计算年净利润：假设正常年份年净利润为 *NP*，通过年息税前利润减去所得税得出，此处假设经计算 *NP*=700.99 万元。

（2）计算项目资本金净利润率：

$$项目资本金净利润率=\frac{NP}{项目资本金}\times 100\%=\frac{700.99}{3144.33}\times 100\%=22.59\%$$

7.2　民乐三墩滩百万千瓦光伏发电基地

7.2.1　工程概况

民乐三墩滩百万千瓦光伏发电基地 20 万千瓦光伏发电项目位于甘肃省张掖市民乐县三墩滩，距离张掖市中心直线距离 102 km，距 S236 省道约 5.3 km，场址区域有临近项目的已建道路直达。拟建场址地形较平坦，地势呈南高北低，东高西低，坡度不大，无其他不良地质作用，且交通便捷，通信畅通。太阳能资源丰富，具有较好的开发利用价值，适合建设光伏发电系统。

7.2.2　系统构成概况

本项目装机规模为 240.027 84 MW_p（交流侧容量为 200 MW），选用 540 W_p 单晶硅双面双玻光伏组件，箱逆变一体机方案，采用固定式支架，由 26 块 540 W_p 单晶硅双面双玻光伏组件组成一个光伏组件串，每个组串设一个固定式光伏支架单元，光伏阵列采用 37° 倾角（方阵前后排间距取 11.5 m），整个项目共分 64 个子方阵，每个子方阵配一台 3 125 kV · A 箱逆变一体机。

本项目系统综合效率 85.39%，光伏电站首年利用小时数为 1 772 h，光伏电站 25 年平均直流侧年利用小时数为 1 679.53 h，25 年平均发电量为 4.031 亿 kW · h；光伏电站 25 年平均年发电量为 100.784 亿 kW·h。

本项目设置总容量为 30 MW/120 MW · h 储能系统。采用集中式储能的方案，以提高发电系统的可靠性。该储能电站采用集装箱的形式进行建设。

7.2.3　系统主要配置和设备选型

1. 光伏组件选型

本项目选用 540 W_p 的 PVB 膜无边框单晶双面太阳能组件，主要技术参数见表 7-6。

表 7-6 540 W_p 单晶双面主要技术参数

规格大小	540 W_p
电池片类型	单晶双面
最大输出功率/W	540
峰值功率电压/V	41.65
峰值功率电流/A	12.97
开路电压/V	49.50
短路电流/A	13.85
组件效率/%	21.1
最大系统电压/V	1 500(DC)
峰值功率的温度系数(%℃)	−0.35
开路电压的温度系数(%℃)	−0.29
短路电流的温度系数(%℃)	−0.06
组件尺寸/mm	2 272 × 1 128 × 5
首年衰减(%)	2.0
线性衰减(%)	0.45

表 7-6 中的电性能参数是在标准测试条件下测得的,即太阳辐照度 1 000 W/m^2,太阳光谱 AM1.5,电池片温度 25℃。

2. 逆变器选型

光伏电站要降本增效,升高电压是降低线损的有效措施之一,直流侧 1 500 V 系统减少直流侧组串数,从而减少光伏电缆用量,降低直流线路损耗,降低成本。同时,在电流不变的前提下提升电压,提高逆变器等电气设备单位功率密度,从系统上降低光伏发电成本,提高系统发电效率。

目前市场上逆变器形式有集中式、集散式、组串式。针对本工程的特点,就集中式、集散式和组串式做以下经济技术分析比较,不同类型逆变器经济技术比较见表 7-7。

表 7-7 子方阵不超配不同类型逆变器经济技术比较

逆变器类型	组串式逆变器	集散式逆变器	集中式逆变器
单价(含箱变)/(元/W)	0.24	0.25	0.22
逆变器费用/万元	75.00	78.13	68.75
系统其他费用/万元	690.54	680.54	680.54
总费用/万元	765.54	758.67	749.29
发电量/(万 kW·h)	507.87	507.87	507.87
度电投资比/[元/(kW·h)]	1.507	1.494	1.475

本项目场址区地形整体平坦,朝向统一,结合资源情况考虑所选光伏组件、运行方式与逆变器的匹配性,逆变器价格以及发电效率等因素,经过技术经济比较,在保证系统效率及

技术先进性的前提下，本项目采用的技术方案为：采用 3 125 kW 集中式箱式逆变升压一体化设备。其主要技术参数见表 7-8。

表 7-8　3 125 kW 集中式箱式逆变升压一体化设备主要技术参数

输入（直流）	
最大输入电压/V	1 500
启动电压/V	900
MPPT 电压范围/V	900~1 300
输入路数	24
MPPT 数	2
输出（交流）	
额定输出功率/kW	3 125
最大输出功率/kW	3 438
额定电网电压/kV	35
输出额定频率/Hz	50
功率因数	>0.99
功率因数可调范围	0.8 超前~0.8 滞后
最大效率（%）	99.00
中国效率（%）	98.50
外形尺寸（宽 × 高 × 深）/mm	2 438 × 2 896 × 6 058
满功率运行的最高海拔高度/m	4 500
防护等级	IP54

要求逆变器应根据当地海拔加强绝缘，并保证在该海拔条件下额定输出功率不低于 3 125 kW。

3. 直流汇流箱选型

本项目采用 24 汇 1 直流汇流箱，汇流箱内部各设备应布置合理，接线美观，便于检修维护；汇流箱内电路板严禁叠层布置；汇流箱接线端子与箱底距离至少 15 cm，以方便接线；汇流箱电缆进出线孔需配备防水、防风沙、耐绝缘的保护套。

考虑站址区环境温度、相对湿度、海拔高程、污秽等级等实际工况，以下参数均为修正后结果。

1）直流熔断器

标称类型：插入式光伏专用熔断器。

额定电压：1 500 VDC，额定电流：20 A，分断电流：>25 kA，时间常数：<1 ms。

产品认证标准：IEC60269-6。

2）出线直流断路器

直流断路器应选用光伏专用直流塑壳断路器。

额定电压：1 500 VDC，额定电流：400 A（24 路），直流断路器电气寿命：≥2 000 次、直流断路器机械寿命:≥1 万次。

3)直流浪涌保护器

汇流母线应安装有光伏专用直流浪涌保护器,直流浪涌保护器必须要有故障信号输出接点引至数据采集模块。

最大持续运行电压:DC1 500 V,标称放电电流(8/20)μs:20 kA,最大放电电流(8/20)μs:40 kA,保护电平:≤4.5 kV,响应时间:≤25 ns,工作温度范围:−40~+80 ℃。

4)数据采集模块

汇流箱内应设有数字式电流、电压数据采集模块,能够对每路光伏组串的电流、汇流箱输出电流、母线电压、输出功率及浪涌保护器的状态进行采集,并具备每个支路熔断器熔断后发出报警信号的功能。数据采集器的采集精度不得低于 1%,且其电源模块必须加装熔断器。

本项目选用的智能汇流箱主要技术参数见表 7-9。

表 7-9 智能汇流箱设备主要技术参数

序号	型号	参数
1	最多接入组串数量/个	24
2	单串最大输入电流/A	20
3	最大输入电压/V	1 500
4	出线直流断路器/A	400
5	输入保护开关	有
6	输入过流保护	有
7	输入反接保护	有
8	尺寸/mm	1 100 × 650 × 200
9	质量/kg	55
10	安装方式	支架安装
11	工作温度 /℃	-40~+60
12	防护等级	IP65
13	冷却方式	自然风冷

4. 低压电缆选型

本项目选用 540 W_p 的单晶大功率光伏组件,组件最大系统电压为 1 500 V,电池温度 25 ℃下,组件额定峰值电流为 12.97 A,光伏组串至汇流箱的电缆选用铜芯低烟无卤阻燃交联聚烯烃绝缘和护套太阳能光伏发电专用电缆,型号为 PV1-F-1.8 kV-1 × 4 mm^2。

本项目采用箱逆变一体机方案,光伏场区组件串连接至汇流箱,每个组件串容量为 14.04 kW,直流侧输入为 22、23、24 路。根据配置方案,每个子阵内配置 12 台汇流箱,接入 24 路时,汇流箱至箱变低压侧额定电流为 311.28 A,因此电缆选择阻燃交联聚乙烯绝缘电力电缆,型号为 ZRC-YJLHV22-1.8/3 kV-2 × 300 mm^2。

汇流箱与箱逆变一体机之间采用 485 通信线的方式进行通信。

5. 储能系统配置

本项目设置总容量为 30 MW/120 MWh 储能系统，采用集装箱的形式进行建设，锂离子电池不含有易燃易爆的材料，在充放电过程中，不会产生有害气体或析出气体，环境友好性及安全性能较好，因此本工程采用锂离子蓄电池；同时，考虑成本及电池循环寿命等问题，本工程采用磷酸铁锂电池。

（1）通过选型计算，选用单体电池容量为 300 A·h（额定电压 3.2 V）的锂离子电池。

（2）由 26 个电池模块串联以及 1 个开关盒，构成 1 个 1 280 V/280 A · h 的电池簇。每个储能子系统配置 10 个电池簇。

（3）17 套储能电池 PACK 串联后额定电压等级为 652.8 V，电池组的允许工作电压范围为 571.2~744.6 V，形成一个电池簇。

（4）16 组电池簇并联接到两台 1 375 kW 储能 PCS 变流器，2 台 1 375 kWPCS 接入 1 台 2 750 kV·A 升压变组成一套 2.5 MW/5 MW·h 储能单元。

（5）共需 12 套 2.5 MW/10 MW · h 储能单元，通过 2 个回路接入光伏电站 35 kV 交流母线，总装机容量 30 MW/120 MW·h。

本项目储能系统采用锂电池方案，后备时间 1 小时。主要应用于新能源发电的研究和并网运行，平滑电网输出功率曲线，利用储能系统的特性改善电网的质量。

6. 防雷及接地保护

接地装置按《交流电气装置的接地设计规范》（GB/T 50065—2011）的规定进行设计，光伏电场沿道路铺设光伏电场接地网，光伏组件接地端子应与主接地网可靠连接，相近区域地网宜使用两条或以上接地母线相连，以形成更大范围环网，光伏板的接地连接线使用防锈螺丝进线固定；逆变器外壳应与地网或设备支架牢固连接或焊接，逆变器接地使用软铜线 BVR-1 × 16 mm² 就近连接至接地母线上，使用 C 形夹与母线固定，保证良好的电气连通。

接地网以水平接地体、垂直接地体为主，水平接地体采用 50 mm × 5 mm 热镀锌扁钢，垂直接地体采用 2.5 m 长、50 mm × 50 mm × 5 mm 热镀锌角钢，埋设深度应依据规范要求考虑，接地体之间的焊接点应进行防腐处理。

本项目低压系统经绝缘配合后逐级加避雷器或其他保护设备。每台汇流箱装设防雷保护装置，所有的机柜都要有良好的接地，防止感应雷和操作过电压以保护电气设备。箱变 35 kV 侧采用无间隙的氧化锌避雷器作为过电压保护器。

7.2.4　赢利能力分析

本项目光伏系统按上网电价 0.307 8 元/（kW · h）、储能系统按 0.307 8 元/（kW · h）进行财务评价得出：项目投资财务内部收益率为 8.02%（税后，下同），资本金财务内部收益率为 12.69%，投资回收期为 10.83 年，总投资收益率为 5.71%，项目资本金净利润率为 12.58%。项目资本金财务内部收益率（12.69%）高于资本金基准收益率（6.8%），因此，该项目财务评价可行，具体计算步骤如下所示。

1. 项目投资财务内部收益率（*IRR*）

1）计算原理

项目投资财务内部收益率是使项目净现值（*NPV*）等于零时的折现率。它考虑了项目整个寿命期内的现金流入和流出，反映了项目在考虑资金时间价值的情况下的实际赢利能力。

2）计算步骤

a. 首先，列出项目在整个生命周期内的现金流量（CF）序列，包括初始投资（通常为负数）和后续各年的现金流入和流出。

b. 初始投资 C_0 为项目开始时的总投资，是一个较大的现金流出。

c. 后续各年的现金流入 I_t 来自光伏系统和储能系统的发电收益，对于第 t 年，现金流入 $I_t=(E_{pv,t}+E_{s,t})\times 0.3078$，其中 $E_{pv,t}$ 是第 t 年光伏系统的上网电量，$E_{s,t}$ 是第 t 年储能系统的放电量。

d. 然后，使用迭代法或财务软件（如 Excel 的 IRR 函数）求解以下方程中的 IRR：

$$NPV=\sum_{t=0}^{n}\frac{CF_t}{(1+IRR)^t}=0$$

e. 假设项目寿命期为 n 年，将各年的现金流量 CF_t 输入到 Excel 中，使用 IRR 函数计算，最终得出项目投资财务内部收益率为 8.02%（税后）。

2. 资本金财务内部收益率

1）计算原理

资本金财务内部收益率是从项目资本金角度计算的内部收益率，仅考虑资本金的投入和相应的收益分配，反映了项目给股东带来的实际回报率。

2）计算步骤

a. 确定项目的资本金投入，这是股东的初始投入。

b. 计算各年的净现金流量，仅考虑与资本金相关的现金流入和流出。

c. 对于第 t 年，现金流入 $I_t=(E_{pv,t}+E_{s,t})\times 0.3078$，同时考虑扣除债务利息、本金偿还等因素对现金流的影响（假设债务本金偿还为 P_t，债务利息为 $I_{debt,t}$），则第 t 年的净现金流入为

$$CF_t=(E_{pv,t}+E_{s,t})\times 0.3078-P_t-I_{debt,t}$$

d. 然后，使用迭代法或财务软件（如 Excel 的 IRR 函数）求解以下方程中的 $IRR_{capital}$：

$$NPV=\sum_{t=0}^{n}\frac{CF_t}{(1+IRR_{capital})^t}=0$$

e. 最终得出资本金财务内部收益率为 12.69%。

3. 投资回收期

1）计算原理

投资回收期是指从项目开始投资到累计净现金流量等于初始投资所需的时间，考虑了资金的时间价值时为折现回收期，这里假设为折现回收期。

2）计算步骤

a. 首先，根据前面计算的各年现金流量 CF_t 和选定的折现率（通常使用项目的加权平均资本成本或期望的投资回报率）。

b. 计算每年的折现值 PV_t，其中 r 为折现率。

$$PV_t=\frac{CF_t}{(1+r)^t}$$

c. 从第 1 年开始逐年累加折现值，直到累计折现值等于或超过初始投资。

d. 假设初始投资为 C_0，累计折现值在第 m 年首次超过 C_0，则精确的投资回收期 P 计算如下：

$$P=m-1+\frac{C_0-\sum_{t=0}^{m-1}PV_t}{PV_m}$$

e. 最终得出投资回收期为 10.83 年。

4. 总投资收益率（*ROI*）

1）计算原理

总投资收益率是指项目达到设计生产能力后正常年份的年息税前利润（*EBIT*）或运营期内年平均息税前利润与项目总投资的比率，反映了项目的赢利能力。

2）计算步骤

a. 计算项目达到设计生产能力后正常年份或运营期内年平均的息税前利润 *EBIT*。

b. 已知总投资为 C_0。

c. 总投资收益率公式为：

$$ROI=\frac{EBIT}{C_0}\times 100\%$$

d. 最终得出总投资收益率为 5.71%。

5. 项目资本金净利润率（*ROE*）

1）计算原理

项目资本金净利润率是指项目达到设计生产能力后正常年份的年净利润或运营期内年平均净利润与项目资本金的比率，反映了项目资本金的赢利水平。

2）计算步骤

a. 计算项目达到设计生产能力后正常年份或运营期内年平均的净利润 *NP*。

b. 已知项目资本金为 $C_{capital}$。

c. 项目资本金净利润率计算公式为：

$$ROE=\frac{NP}{C_{capital}}\times 100\%$$

d. 最终得出项目资本金净利润率为 12.38%。

6. 比较资本金财务内部收益率与资本金基准收益率

资本金基准收益率是投资者对项目投资所要求的最低回报率，当项目资本金财务内部收益率（12.69%）高于资本金基准收益率（6.8%）时，表明该项目从资本金的角度看，具有较好的赢利能力和投资价值，能够为投资者带来超过其最低期望的回报，在经济上是可行的。

7.3　3.2 MW 荒山坡光伏扶贫电站

7.3.1　工程概况

近年来，长治市积极响应国家光伏扶贫政策，利用当地资源优势，建设了一批光伏扶贫电站，以促进贫困地区经济发展和贫困人口增收，该电站位于山西省长治市，拥有丰富的太阳能资源和荒山荒坡资源,该 3.2 MW 荒山坡光伏扶贫电站工程旨在通过光伏发电,为当地提供清洁、可再生的能源,同时带动贫困人口就业和增收,助力脱贫攻坚和乡村振兴。项目地位于东经 113.28°,北纬 36.15°,海拔 1 190 m。当地多年极端最高气温为 37.4 ℃,多年极端最低气温为-24.5 ℃,部分工程外貌如图 7-4 所示。

图 7-4 部分工程外貌图

7.3.2 系统构成概况

本项目总发电量为 3.256 MW_p,选用 265 W 多晶光伏组件,共计 12 288 块,每 24 块光伏组件构成一个方阵,共有 512 个方阵,采用固定式支架,光伏阵列选用 34° 倾角安装,选用 50 kW 组串式逆变器 64 台,4 进 1 出交流汇流箱 16 台,1.6 MW/10 kV 箱式变电站 2 台,以 10 kV 电压等级接入电网,由 1.6 MW 的系统组成,光伏系统构成示意图如图 7-5 所示。

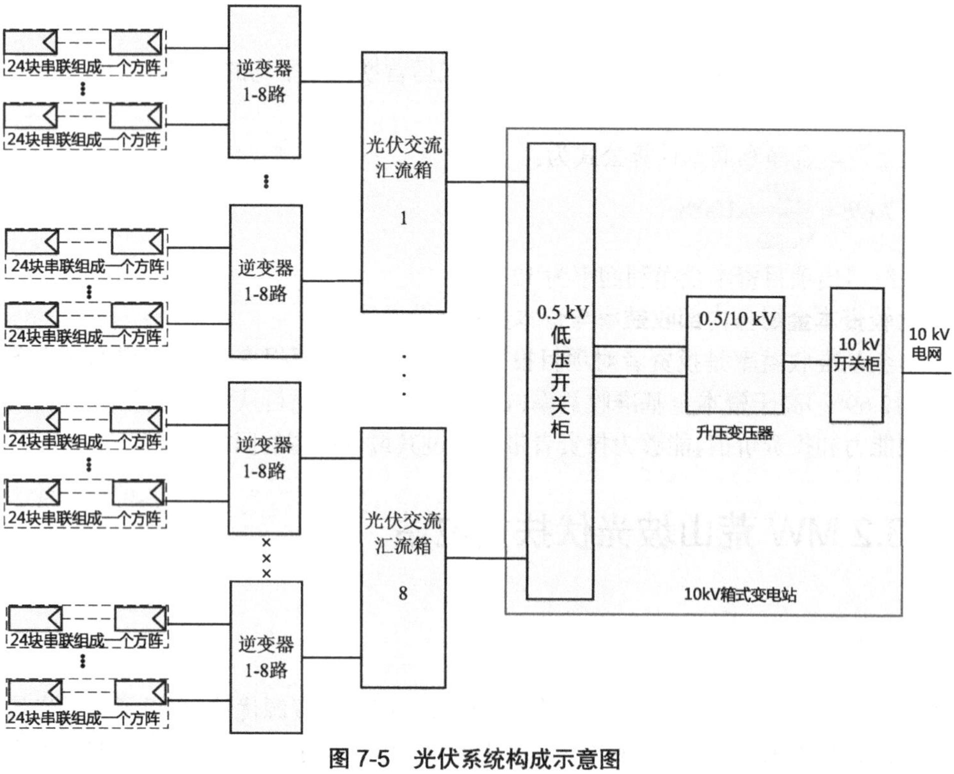

图 7-5 光伏系统构成示意图

7.3.3　系统主要配置和设备选型

该系统主要由光伏组件、光伏逆变器、交流汇流箱、箱式变电站等构成。

1. 光伏组件选型

本系统采用的是一款额定功率为 265 W 的多晶硅光伏组件，具体型号为 LA60-6-265P，该组件的主要性能参数见表 7-10。

表 7-10　265 W 多晶硅光伏组件主要性能参数

太阳能电池类型	多晶硅电池
峰值功率 P_m/W	265
最佳工作电压 U_{MP}/V	31.2
开路电压 V_{OC}/V	38.0
最佳工作电流 I_{MP}/A	8.5
短路电流 I_{SC}/A	9.1
最大系统电压/V	1 000
适用温度范围/℃	−40~85
长/mm	1 640
宽/mm	992
质量/kg	18

2. 逆变器选型

本项目选用了型号为 SUN2000-50KTLC1 的 50 千瓦（kW）逆变器，该逆变器是一款集成了直流汇流与逆变功能于一体的“二合一”设备，具备 8 路直流输入端口，该逆变器的主要性能参数见表 7-11。

表 7-11　50 kW 并网逆变器主要性能参数

逆变器型号	SUN2000-50KTL-C1
最大直流输入功率/kW	53.5
最大直流输入电压/V	1 100
MPPT 工作电压范围/V	200~1 000
额定输入电压/V	750
最大输入电流/A	22+22+22+22
最大输入路数	8
MPPT 数量	4
额定交流输出功率/V	47.5

续表

逆变器型号	SUN2000-50KTL-C1
最大视在功率/kVA	52.5
额定输出电压/V	3 × 288/500+PE
额定输出电流/A	54.9
额定电压频率/Hz	50
最大输出电流/A	60.8
功率因数	0.8 超前……0.8 滞后
最大总谐波失真	<3%
尺寸（宽 × 高 × 厚）/mm	530 × 550 × 260
质量/kg	55
工作温度/℃	−25~60
冷却方式	自然对流
最高不降额工作海拔/m	4 000
相对湿度	0~100%

3. 交流汇流箱

该交流汇流箱设计采用单母线分段接线架构，配置为 4 进 1 出模式。输入侧配备 4 路独立的 3 极微型断路器，每路断路器具备以下规格：额定电流 63 A，额定电压交流 540 VAC，以及额定绝缘电压 690 V。输出侧则整合为一路，配置有 3 极负荷隔离开关，其技术规格包括额定电流 250 A，额定电压 AC540 V，以及额定绝缘电压 690 V。

在主电路中，并联接入了专为光伏系统设计的防雷保护装置，该防雷器的主要参数为：额定工作电压 540 V，动作（启动）电压 1 600 V，标称放电电流达到 20 kA，最大放电电流能力为 40 kA。

汇流箱的外壳采用优质不锈钢材质，并施加防腐漆处理，以提供防水、防尘（防灰）、防锈蚀、耐候（防晒）以及抗盐雾腐蚀的多重防护。其防护等级达到国际标准的 IP65 级别，确保满足户外安装环境的严苛要求。

4. 箱变内交流汇流柜

箱式变电站（箱变）内交流汇流柜采用单母线九输入一输出设计，输入侧配 250 A/AC540 V/690 V 3 极塑壳断路器，输出主回路配 2 000 A/AC540 V/690 V 3 极空气断路器，经低压侧开关柜与变压器相连。主回路并联 540 V 工作电压、1 600 V 动作电压、40 kA/80 kA 放电电流能力的光伏防雷器，确保系统雷电防护。

5. 系统连接及接地

光伏方阵采用 3 行横向布局，每方阵含 24 块组件，组件间接线通过自带正负极引出线缆依次串联，形成24块组件的串联组件串，组件串至逆变器采用1×4 mm²直流光伏线缆连接，逆变器至交流汇流箱采用3×16 mm²线缆，至箱式变低压侧采用3×95 mm²线缆。

系统防雷利用光伏组件边框及支架等电位连接作为接闪装置，设备金属外壳兼作直击雷防护。系统采用综合接地体系，由接地引下线与接地极构成复合接地网，主导为水平接地极，平接地极采用60×6 mm热镀锌扁钢，埋深距地面0.8 m，垂直接地极采用60×60×6 mm热镀锌角钢，长度2.5 m打入地下，顶端距地面0.8 m的位置，接地极示意图如图7-6所示。

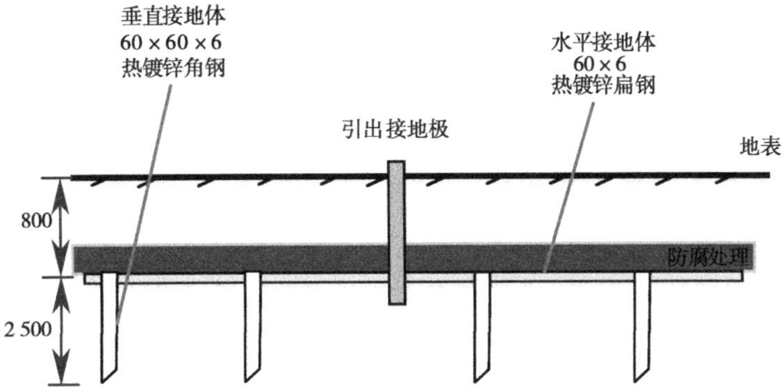

图7-6　接地极示意图

7.4　陕西洛南县100 MW农业光伏项目

光伏农业是将光伏利用和农业生产相结合而发展起来的一种新型农业模式，是在农业生产实践过程中，为了实现一地多用，提高单位土地产出率，在农业经营设施的基础上科学设计、合理嫁接光伏的经营模式。

7.4.1　工程概况

本项目装机容量100 MW，属于较大规模的光伏发电项目，拟接入四皓110 kV变电站。项目所在地区太阳能资源丰富且稳定，光照资源充足，该区域多年平均总辐射量达到4 618.8 MJ/m²，相当于1 283 kW·h/m²。倾斜面上全年总辐射量更高，约为5 047.2 MJ/m²，相当于1 402 kW·h/m²，这为光伏发电项目的高效运行提供了有力保障。固定式组件安装的最佳倾角为28°，该倾角能够最大化地接收太阳辐射，提高光伏组件的发电效率。

7.4.2　系统构成概述

本系统首年发电量约为13 011.72万度，25年年均发电量约为12 211.00万度，25年总发电量约为305 275.02万度，首年利用小时数为1 162.97小时，平均利用小时数为1 091.41小时。该系统由光伏阵列、直流汇流箱、逆变升压一体机等组成，利用光伏阵列将太阳能转化为直流电，通过汇流箱集中后，再由逆变升压一体机转换为适合电网使用的交流电并升压，直接并入公共电网供电，该系统结构简单、高效环保，能直接将太阳能转化为电能，实现与电网的并网运行，是可再生能源利用的重要方式，其结构框图如图7-7所示。

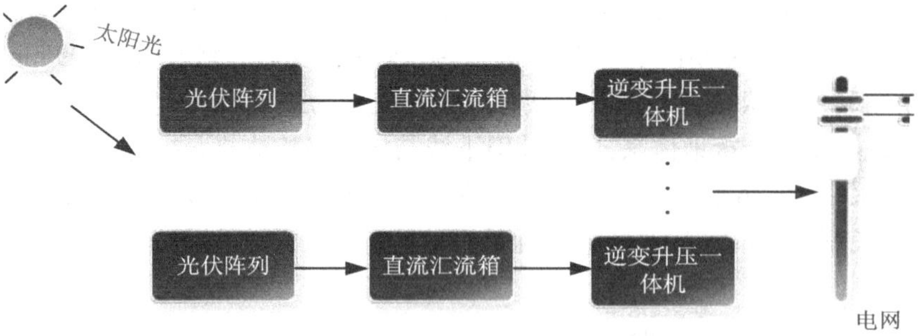

图 7-7 光伏并网发电系统结构框图

7.4.3 系统主要配置和设备选型

1. 光伏组件选型

综合考虑目前已投入商业化生产的各类光伏组件的技术成熟度、光电转换效率、运行可靠性、未来技术发展趋势等,并结合项目周围的自然环境、施工条件、交通运输条件等因素,经技术经济比较后,本项目选用 440 W_p 双面双玻单晶硅电池组件,光伏转换效率超过 16%,功率衰减率小于 20%,由 26 块组件串联成一组串,由 326 路组串组成 30 个方阵, 440 W_p 单晶硅光伏组件主要性能参数见表 7-12。

表 7-12 440 W_p 单晶硅光伏组件主要性能参数

太阳能电池类型	单晶硅电池
峰值功率 P_m/W	400
最佳工作电压 U_{MP}/V	41.09
开路电压 U_{OC}/V	38.19
最佳工作电流 I_{MP}/A	9.05
短路电流 I_{SC}/A	8.32
长/mm	1 755
宽/mm	1 038
质量/kg	25
产品认证	CE

综合分析固定式、单轴跟踪式、双轴跟踪式、斜单轴跟踪式及固定可调式支架的优缺点,结合项目建设地的实际情况,经技术经济对比后,本项目最终选择光伏阵列采用固定不可调式设计。

2. 逆变器选型

逆变器是光伏发电系统中的关键设备,负责将直流电转换为交流电,并使其符合电网的接入要求。本项目采用集中式逆变升压一体设备方案,该方案具有单机功率大、机器数量少、快速部署、安全稳定、维护工作少的特点,同时,该逆变器还从防水、防风沙、防腐蚀、整体结构、内部电气排布等多个方面进行了全方位优化,以保证设备在恶劣的环境下能够长时间、安全稳定运行。

从逆变器投资对比、可靠性对比、性能对比、可维护性对比等多方面对逆变器进行对比分析后，本项目拟选用功率为 3.15 MW 的集中式逆变升压一体设备，该逆变器的转换效率为 98.5%，每 14 台汇流箱，接入一台 3.15 MW 集中式逆变升压一体设备，该设备集成了逆变与升压功能，可将光伏阵列产生的直流电高效转换为适合电网接入的交流电，并实现电压提升。其具备高达 98.5% 的转换效率，这意味着在将直流电转换为交流电的过程中，能量损耗被有效控制，仅约 1.5% 的电能在转换过程中损失，从而极大程度提高了光伏发电系统的整体电能产出效率。

汇流箱的主要作用是将多个光伏组件串输出的直流电进行汇集，以减少进入逆变器的直流电缆数量，降低线路损耗与成本。通过这种配置方式，每 14 台汇流箱所收集的直流电被集中传输至一台逆变升压一体设备，实现了光伏发电系统中直流电的有序汇聚与高效转换，同时也简化了系统结构，提升了系统的可维护性与稳定性，确保整个 100 MW 农业光伏项目能够稳定、高效运行。

3. 电缆选型

在光伏发电系统中，电缆作为电能和信号传输的关键载体，其选型和敷设方式对系统的稳定运行及性能表现至关重要，本项目着重考虑了电缆在不同传输路径中的特定需求，针对不同环节精心挑选电缆并制定敷设方案。

在光伏组件与汇流箱之间的电能传输环节，选用 PV1-F 1×4 mm^2 DC1 800 V 电缆。该型号电缆专门适用于光伏系统，具备出色的电流承载能力，能够满足光伏组件输出电流的传输需求。其 1×4 mm^2 的导体规格，经过精确计算与评估，确保在正常运行条件下，电流能够稳定、高效地传输，避免因电流容量不足导致的发热、损耗增加等问题。同时，该电缆的 DC1 800 V 额定电压等级，与光伏组件输出电压及系统电压架构相匹配，保证了在高电压环境下的电气绝缘性能，有效防止漏电、短路等安全隐患。

PV1-F 电缆具有卓越的耐候性，能够在各种复杂的自然环境中保持稳定的性能，无论是面对强烈的紫外线照射、高温酷暑，还是低温严寒、潮湿多雨的气候条件，该电缆的绝缘层和护套材料均能有效抵御环境侵蚀，确保长期可靠运行。在敷设方式上，考虑到安全与防护需求，埋地敷设部分采用穿 PVC 电缆管的方式， PVC 电缆管具有良好的绝缘性能、耐腐蚀性和机械强度，能够为电缆提供可靠的物理防护，防止土壤中的水分、酸碱物质以及其他外界因素对电缆造成损害，延长电缆的使用寿命。

在汇流箱到逆变升压一体设备低压侧的电能传输部分，选定 ZRC-YJLHY23-1.8/3 kV-2×150 mm^2 电缆，并采用直埋敷设方式。ZRC 表示该电缆具有阻燃特性，在发生火灾等紧急情况时，能够有效阻止火势沿电缆蔓延，为人员疏散和火灾扑救争取宝贵时间，提高光伏发电系统的安全性。YJLHY23 电缆型号表明其采用交联聚乙烯绝缘、皱纹铝护套及聚乙烯外护套结构，这种结构赋予电缆优异的电气性能、防水性能和力学性能。1.8/3 kV 的电压等级，完全满足汇流箱到逆变升压一体设备低压侧的电压传输要求，确保在高压环境下的稳定运行。2×150 mm^2 的导体规格，经过严谨的电流计算和系统分析，保证了电缆能够承载足够大的电流，降低线路电阻损耗，提高电能传输效率。

采用直埋敷设方式，是基于项目的实际地理条件和工程需求综合考量的结果。直埋敷设具有施工简单、成本较低、占地面积小等优点，同时，由于电缆直接埋入地下，能够有效避免外界机械损伤和人为破坏，减少电磁干扰，提高系统的稳定性和可靠性。在直埋敷设过程中，严格遵循相关施工规范和标准，确保电缆埋深、回填土质量等符合要求，进一步保障电缆的安全运行。

综上所述，本项目针对光伏发电系统中不同环节的电缆选型及敷设方式，均经过了深入的技术分析和综合考量，旨在构建一个高效、稳定、安全的电能传输网络，为整个光伏发电系统的可靠运行奠定坚实基础。

综上所述，农业光伏行业是近年来发展速度极快的新兴产业，运用光伏发电技术，将太阳能用于农业生产实践，例如作为农机设备的动力来源，用于灌溉、养殖、种植或者防治病虫害等等。农业光伏为人类带来了低碳节能的绿色农业，掀起了农业领域的革命，农业未来可能变成新型工厂车间。在现代农业体系中，光伏农业具有良好的发展前景和巨大的现实利用价值，能够给人类创造良好的生态效益和经济效益。

习题

一、简答题

1. 请简述分布式光伏发电系统的主要构成部分及其各自的作用。

2. 在选择光伏组件时，需要考虑哪些主要因素？

二、计算题

1. 已知某工厂屋顶分布式光伏电站装机容量为 500 kW_p，当地年平均日照小时数为 1 600 h，系统效率为 80%，该电站采用“自发自用，余电上网”模式，工厂自用比例为 70%，自用电价为 0.8 元/（kW·h），上网电价为 0.4 元/（kW·h），求该电站的年发电收益。

2. 某户用分布式光伏电站投资 10 万元，购买的光伏组件功率为 300 W_p，共安装 30 块，逆变器效率为 98%，当地年平均日照小时数为 1 800 h，假设每年运维成本为 1 000 元，上网电价为 0.38 元 /（kW·h），不考虑组件衰减，计算该电站的静态投资回收期？

三、案例分析题

某企业计划建设一座分布式光伏电站，用于满足企业自身的用电需求并实现余电上网。企业屋顶面积为 3 000 平方米，年平均日照小时数为 1 800 小时，企业平均日用电量为 10 000 kW·h，电价为 0.8 元/（kW·h）。上网电价为 0.4 元/（kW·h）。请根据以下条件进行光伏发电系统的初步设计。

（1）选择合适的光伏组件和逆变器，并说明选型理由；

（2）计算所需的光伏组件数量和系统的年发电量，并评估是否能够满足企业的用电需求。

附录1　PVsyst软件操作说明

一、软件概述

PVsyst是一款专业的光伏系统设计与仿真软件,广泛应用于并网、离网、水泵和直流电网(公共交通)等光伏系统的设计和性能评估。该软件提供了丰富的气象数据和光伏系统组件数据库以及通用太阳能工具,适用于工程师、研究人员和学生等用户。

二、安装与初始设置

(一)下载与安装

从PVsyst官网下载软件并按照指示进行安装。

(二)初始设置

1.账户信息

注册并登录,便于保存和管理个人项目,支持团队协作。

2.系统单位

设置为公制或英制,以适应不同的工程习惯。

3.市场选择

选择地理位置,PVsyst会自动适应该区域的太阳辐射、温度、风速等气候数据。

4.模拟参数

调整模拟的默认设置,如阴影计算的精细程度、组件的性能衰退参数等。

三、主界面介绍

1.工程树

用于管理和组织不同的项目,可在此新建、打开、删除项目等。

2.场所

设置系统的地理位置和气候条件,包括输入项目地址、选择坐标系、查看海拔高度等。

3.元素

添加和配置光伏组件和其他设备,如光伏阵列、模组、逆变器等。

4.结果

显示模拟结果和报告,包括系统的发电量、效率、损失分析等图表和数据。

四、项目设计与模拟

(一)新建项目

1.项目信息输入与配置

(1)项目名称。为项目命名,便于区分和管理。

(2)地点。选择项目的具体地理位置,PVsyst会根据地理位置提供相应的气候数据。

（3）安装角度。设定光伏阵列的倾斜角度和方向，这将影响系统的能量接收效率。

（4）系统类型。选择光伏系统是安装在屋顶、地面还是浮式平台等。

（5）目标年份。选择分析的目标年份，确保计算的数据与当前市场和技术环境相匹配。

2. 地理位置和气候数据的选择

（1）地理信息。输入或选择地理位置，系统会根据经纬度加载相关的太阳辐射、温度、风速等数据。

（2）气候数据。PVsyst 提供多种时间分辨率的气象数据，用户可以根据实际需求选择适当的气候数据。

（3）海拔修正：高海拔地区需要修正太阳辐射和空气密度等参数，确保模拟结果的准确性。

（二）系统组件的配置与选择

1. 光伏模块的类型与参数设置

（1）模块数据库选择。从数据库中选择合适的光伏模块型号，根据品牌和类型进行筛选。

（2）性能参数输入。如果需要，用户可以输入或导入特定光伏模块的实际性能参数。

（3）用户自定义模块。对于市场上尚未收录的新型模块，用户可以自行添加其详细信息。

2. 逆变器和支架系统的选择方法

（1）逆变器选择。从逆变器数据库中选择合适的型号，或根据实际使用的逆变器型号和性能参数进行配置。

（2）支架系统配置。设置光伏阵列的支架参数，包括高度、倾角和朝向。

（3）系统匹配。检查逆变器与光伏模块的匹配性，确保电力输出的匹配，防止过载或欠载。

（三）光伏阵列布局设计

1. 阵列方向和倾斜角度的决定

为了确定最佳倾角，PVsyst 提供了一个内置工具，用户可以通过输入地点的经纬度，获得模拟推荐的倾斜角度。此外，软件也允许用户对多个角度进行模拟分析，以便进行更细致的优化。

2. 电站规模的评估与设计

在确定了阵列的布局参数后，下一步是评估电站规模。这涉及确定光伏电站的总功率容量，以及如何在可用空间内布置足够的光伏模块以达到目标发电量。在 PVsyst 中，可以通过“系统设计”模块进行这项工作。用户需要输入诸如光伏模块数量、每块模块的额定功率、逆变器容量和效率等参数。

（四）系统模拟与性能预测

1. 年度能量预测的原理与方法

在 PVsyst 中，年度能量预测是通过对光伏阵列全年性能进行模拟来实现的。软件会考虑以下因素来模拟整个年度的能量产出：

①地理位置和气候条件的影响；

②光伏模块的性能与温度的关系；

③逆变器效率曲线；

④任何系统损耗，例如阴影、灰尘等；

⑤模拟开始时，用户需要指定光伏阵列的配置细节，以及光伏模块的性能参数。PVsyst 将自动根据所选地点的历史气象数据进行计算，以预测全年的能量产出。

2. 不同天气条件下的性能模拟

PVsyst 允许用户对特定的天气条件进行模拟，如晴朗、多云或有雪覆盖等条件，以评估系统在极端天气下的性能。

五、优化光伏系统性能与成本

（一）系统优化策略

1. 进行阵列布置优化以提高效率

（1）在光伏系统中，阵列布置优化是一个关键因素，它直接影响整个系统的能量产出。优化布局不仅涉及阵列的方向和倾斜角度，还包括了阵列间的间距。为了最大化效率，需要在保证组件间没有阴影遮挡的同时，合理规划阵列的排布，考虑到太阳轨迹、季节变化以及当地的地理环境。

（2）使用 PVsyst 软件时，设计者可以模拟不同的阵列布置方案，软件内置的辐射数据和模拟引擎可以预测每种布局方案下系统的年产量。通过对比不同方案的能量产出，可以找到最优化的布置方案。此外，PVsyst 提供了详细的 3D 视图和阴影分析功能，允许用户在设计初期就排除可能的遮挡问题。

2. 逆变器选择与匹配

选择合适的逆变器，确保其与光伏阵列的匹配度，提高系统的整体性能。

（二）成本分析与经济性评估

1. 系统成本的初步估算

根据实际组件价格和投资条件，进行系统的初步成本估算。

2. 投资回收期和内部收益率的计算

评估项目的投资回收期和内部收益率，帮助用户进行经济性分析。

六、高级功能应用

（一）进阶模拟功能介绍

1. 微网与储能系统模拟

模拟微网和储能系统的性能，评估其在不同运行条件下的表现。

2. 高级损耗分析和故障模拟

进行详细的损耗分析和故障模拟，识别系统设计中的潜在问题。

（二）报告生成与结果输出

1. 标准报告模板的使用

使用标准报告模板，生成详细的项目报告。

2. 结果数据的导出与分析

将模拟结果导出到其他软件进行进一步分析。

七、常见操作技巧

帮助文档调用：

在 PVsyst 软件中，随时按下 F1 键可打开帮助文档，也可在软件中找到此按钮，获取特定部分的上下文帮助。

八、具体教程

1. 导入地形数据

PVsyst 提供了多种方法导入地形数据，如使用卫星图像、Google Earth、AutoCAD 和 SketchUp。用户可以下载卫星地形数据，将 Google Earth 的 KML 文件转换为 PVsyst 支持的格式，进行准确的地形建模。

2. 3D 场景导出

从各种设计工具（如 SketchUp、PVcase、VirtoCAD 和 Helios 3D）导出 3D 场景到 PVsyst，提供详细的步骤说明，包括准备 PV 系统、配置方向和遮挡元素，以及导出文件格式（如 DAE、PVC 和 H2P）。

3. 离网系统设计

设置离网光伏系统，定义用户能源需求、系统朝向和电池储能管理。选择太阳能板和控制器等组件，并集成备用发电机。

4. 水泵系统设计

创建水泵系统项目，定义项目参数，包括水泵选择、光伏阵列设置和水需求。配置系统组件，设置控制和调节装置，运行模拟验证性能。

5. 亚小时模拟

实现“伪亚小时”模拟，提供亚小时数据分析的近似方法。指导用户分割分钟级气象数据，应用时间偏移，创建 MET 文件，运行批量模拟以实现更精细的时间分辨率。

6. 气象数据处理

处理 PVsyst 中的气象数据，包括管理、导入和生成合成气象数据。强调准确数据的重要性，详细说明数据质量检查的一致性和可靠性。

7. 组件数据库管理

定义 PV 模块（PAN 文件）和逆变器（OND 文件）的组件数据库，根据数据表输入精确规格。

附录 2　近五年国家政策

附录 2.1　光伏政策概述

1. 2024 年

(1)加强配电网建设。

《关于新形势下配电网高质量发展的指导意见》：2024 年 2 月，国家发展改革委、国家能源局印发该文件，提出优化电网设施布局，打造坚强灵活电网网架，结合分布式新能源发展目标，有针对性加强配电网建设，满足分布式新能源接网需求。

(2)光伏基地建设。

a.《政府工作报告》：提出加强大型风电光伏基地建设，加强外送通道建设，推动分布式能源开发利用，发展新型储能，促进绿电使用和国际互认。

b.《中共中央办公厅 国务院办公厅关于加强生态环境分区管控的意见》：强调实施好沙漠、戈壁、荒漠地区大型风电和光伏基地建设，充分利用这些地区的土地和光照资源，实现光伏发电的规模化发展。

(3)解决并网消纳与补贴问题。

a.《关于加强可再生能源电价附加补助资金常态化管理有关工作的通知》：对可再生能源电价附加补助资金进行常态化规范管理，确保补贴资金的合理分配和有效使用，保障光伏企业的合理收益。

b.《关于新形势下配电网高质量发展的指导意见》：加快推进农村电网巩固提升工程，提高配电网接入分布式电源的承载力，解决分布式光伏发电在农村地区的并网消纳问题。

(4)拓展光伏应用场景。

a. 交通运输部发文：推动近零碳服务区建设，推进服务区光伏项目建设，将光伏发电应用于交通运输领域，实现交通能源的绿色化。

b. 国家发展改革委和住房城乡建设部联合发文：制定完善建筑光伏一体化建设相关标准，促进光伏发电与建筑行业的深度融合，提高建筑物的能源利用效率。

(5)加强行业规范管理。

工业和信息化部印发《光伏制造行业规范条件(2024 年本)》及管理办法。以"优化布局、调整结构、控制总量、鼓励创新、支持应用"为基本原则，从生产布局与项目设立、工艺技术、资源综合利用及能耗、智能制造和绿色制造、环境保护、质量管理和知识产权、安全生产和社会责任等 7 个方面提出有关要求，旨在发挥"规范企业"名单示范引领作用，带动光伏制造行业提质增效。

（6）推动智能光伏发展。

相关部门开展第四批智能光伏试点示范活动，推动光伏产业智能化升级。

（7）关注退役设备循环利用。

出台《关于促进退役风电、光伏设备循环利用的指导意见》，促进退役光伏设备的循环利用，提高资源利用效率，减少环境污染

2. 2023 年

（1）《国家能源局关于政协第十四届全国委员会第一次会议第 01329 号（工交邮电类 192 号）提案答复的函》：提出积极推动分布式光伏与农业、渔业、建筑等融合发展，拓展“光伏 +”多场景应用。

（2）整县屋顶分布式光伏开发：继续推进整县屋顶分布式光伏开发试点工作，规范和引导分布式光伏健康有序发展。

3. 2022 年

（1）《关于进一步推进电能替代的指导意见》：国家发展改革委、国家能源局会同有关部门印发该文件，持续提升工业、交通、建筑、农业等重点领域电气化水平，优先使用可再生能源电力满足电能替代的用电需求，全面推进终端用能绿色低碳转型。

（2）《“十四五”可再生能源发展规划》：提出到 2025 年，可再生能源年发电量达到 3.3 万亿千瓦时左右，其中太阳能发电量达到 1.5 万亿千瓦时左右，风电、太阳能发电总装机容量达到 12 亿千瓦以上。

4. 2021 年

（1）《中共中央 国务院关于完整准确全面贯彻新发展理念做好碳达峰碳中和工作的意见》：对做好碳达峰、碳中和工作作出全面系统部署，提出大力发展新能源，全面推进风电、太阳能发电大规模开发和高质量发展。

（2）《关于推进电力源网荷储一体化和多能互补发展的指导意见》：积极推动源网荷储一体化发展，提升系统调节支撑能力，支持各地因地制宜、稳妥有序开展源网荷储一体化项目规划建设，拓展新能源开发利用场景。

（3）上网电价政策。国家发展改革委发布《关于 2021 年新能源上网电价政策有关事项的通知》，自 2021 年起，对新备案集中式光伏电站、工商业分布式光伏项目和新核准陆上风电项目，中央财政不再补贴，实行平价上网。新建项目上网电价，按当地燃煤发电基准价执行；新建项目可自愿通过参与市场化交易形成上网电价，以更好体现光伏发电、风电的绿色电力价值。

5. 2020 年

（1）《关于促进非水可再生能源发电健康发展的若干意见》：完善了可再生能源发电补贴机制，推动风电、光伏发电项目由补贴上网向平价上网、低价上网转变。

（2）《关于开展平价上网风电、光伏发电项目建设的工作方案》：推进风电、光伏发电平价上网项目建设，推动能源结构调整和转型升级。

（3）国家发展改革委印发《关于 2020 年光伏发电上网电价政策有关事项的通知》。对集中式光伏发电继续制定指导价，将纳入国家财政补贴范围的Ⅰ~Ⅲ类资源区新增集中式光伏电站指导价，分别确定为每千瓦时 0.35 元、0.4 元、0.49 元。新增集中式光伏电站上网电价原则上通过市场竞争方式确定，不得超过所在资源区指导价。纳入 2020 年财政补贴规

模，采用“自发自用、余量上网”模式的工商业分布式光伏发电项目，全发电量补贴标准调整为每千瓦时 0.05 元；采用“全额上网”模式的工商业分布式光伏发电项目，按所在资源区集中式光伏电站指导价执行。纳入 2020 年财政补贴规模的户用分布式光伏全发电量补贴标准调整为每千瓦时 0.08 元。

附录 2.2　并网容量

近五年国家光伏政策推动下的新增并网容量变化见表附录 2-1。

表附录 2-1　近五年新增并网容量变化

年份	新增并网容量/GW	同比增长（%）
2020 年	48.20	—
2021 年	54.88	13.86
2022 年	87.41	59.27
2023 年	216.30	147.45
2024 年上半年	102.48	30.7

附录 2.3　分布式光伏政策

近五年国家分布式光伏政策见表附录 2-2。

表附录 2-2　近五年国家分布式光伏政策

年份	政策名称	主要内容
2024 年	《中华人民共和国能源法》	提出国家推进风能、太阳能开发利用，坚持集中式与分布式并举，支持分布式风电和光伏发电就近开发利用；推动提高能源利用效率，鼓励发展分布式能源和多能互补、多能联供综合能源服务
2024 年	《分布式光伏发电开发建设管理办法》（征求意见稿）	对分布式光伏重新分类为自然人户用、非自然人户用、一般工商业和大型工商业四类；明确“谁投资、谁备案”原则；一般工商业分布式光伏禁止全额上网，大型工商业分布式光伏必须全部自发自用；强调“可观、可测、可调、可控”等
2024 年	《新型储能制造业高质量发展行动方案》（征求意见稿）	推动“光伏＋储能”系统在城市照明、交通信号等公共基础设施融合应用，鼓励构建微型离网储能系统
2023 年	《关于做好可再生能源绿色电力证书全覆盖工作促进可再生能源电力消费的通知》	首次将绿证覆盖至分布式光伏
2022 年	《关于加快建设全国统一电力市场体系的指导意见》	引导分布式能源等新型主体参与市场交易，健全分布式发电市场化交易机制，增强新能源就近消纳和安全运行能力
2021 年	《智能光伏产业创新发展行动计划（2021—2025 年）》	推动分布式光伏发电在建筑、农业等多领域的融合应用

附录 2.4　相关政策汇总

2024 年

1.《中华人民共和国能源法》

(1)提出国家推进风能、太阳能开发利用,坚持集中式与分布式并举,支持分布式风电和光伏发电就近开发利用。

(2)推动提高能源利用效率,鼓励发展分布式能源和多能互补、多能联供综合能源服务。

2.《关于 2024 年光伏发电上网电价政策的通知》

明确 2024 年光伏发电的上网电价政策,对不同类型项目设定指导电价。

3.《关于进一步优化光伏发电项目管理的通知》

提出优化光伏发电项目管理措施,简化审批流程等。

4.《关于推动光伏产业高质量发展的指导意见》

推动光伏产业高质量发展,提出加强技术创新、优化产业结构等措施。

5.《关于开展分布式光伏备案接网推进情况专项监管的通知》

(1)对河北等 11 省分布式光伏 2023 年 1 月—2024 年 6 月开发建设进行监管。

(2)监管地方能源部门备案政策执行,电网企业接网交易结算、延伸至开发企业。

(3)涵盖备案、接入电网、交易、结算四方面,如备案流程是否清晰、并网资料是否准确等。

6.《关于开展第四批智能光伏试点示范活动的通知》

推动智能光伏技术在多领域应用,培育示范企业和项目,促进产业升级。

7.《关于促进退役风电、光伏设备循环利用的指导意见》

提出推动退役风电、光伏设备循环利用的相关措施,完善回收体系等。

2023 年

1.《关于做好可再生能源绿色电力证书全覆盖工作促进可再生能源电力消费的通知》

首次将绿证覆盖至分布式光伏,推动其参与绿色电力交易市场。

2.《关于进一步加快电力现货市场建设工作的通知》

推动分布式新能源上网电量参与市场,探索有效机制。

2022 年

《关于加快建设全国统一电力市场体系的指导意见》

(1)加快形成统一开放、竞争有序、安全高效、治理完善的电力市场体系。

(2)推动除居民、农业等保障性用电外,其他用户全部进入市场。

(3)稳步推动新能源入市,以市场化方式调用各类调节资源。

(4)多地整县推进屋顶分布式光伏开发试点。

(5)要求在党政机关、学校、医院等公共建筑,工商业厂房和农村居民屋顶等加快推进分布式光伏建设。

2021年

1.《智能光伏产业创新发展行动计划(2021—2025年)》

(1)推动分布式光伏发电在建筑、农业等多领域的融合应用。

(2)提升光伏产业智能制造水平,培育新业态新模式。

2.《关于加快推动新型储能发展的指导意见》

(1)目标到2025年新型储能装机达3 000万千瓦以上,2030年全面市场化发展。

(2)大力推进电源侧储能项目建设,积极推动电网侧储能合理化布局等。

(3)明确新型储能独立市场主体地位,健全价格和“新能源+储能”项目激励机制。

2020年

1.《关于促进非水可再生能源发电健康发展的若干意见》

(1)完善非水可再生能源发电补贴机制,推动光伏行业向平价上网过渡。

(2)明确补贴项目范围、调整补贴标准、规范补贴资金管理等。

2.《关于开展分布式发电市场化交易试点的通知》

(1)推进分布式发电市场化交易,拓宽分布式光伏的消纳渠道和商业模式。

(2)允许分布式光伏项目与周边用户进行直接交易,探索多种交易形式。

附录 3　各类光伏电站建设的工程建设图表(册)

一、酒泉 12 MW 屋顶分布式光伏发电项目

组件支架倾角选择和混凝土屋顶支架剖面图分别如图附录 3-1 和图附录 3-2 所示。项目特性表见表附录 3-1。

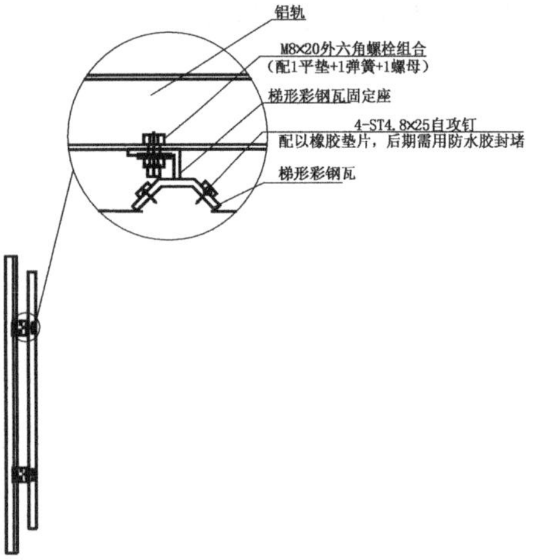

图附录 3-1　组件支架倾角选择

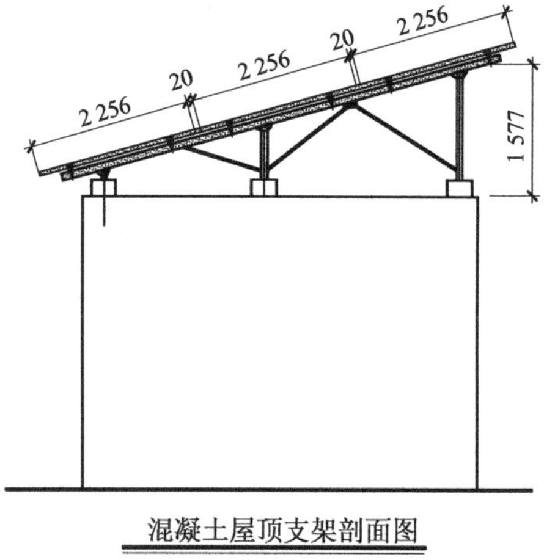

图附录 3-2　混凝土屋顶支架剖面图

表附录 3-1　项目特性表

一、光伏发电工程站址概况			
项目	单位	数量	备注
安装容量	MW_p	15.4	
并网容量	MW	12	
占屋顶面积	m^2	92 900	
海拔高度	m	1 400~1 500	
纬度(北纬)	(° ′ ″)	39° 59′ 32.82″	
经度(东经)	(° ′ ″)	99° 01′ 4.03″	
工程代表年太阳辐射总量	MJ/m^2	6 211.0	
工程代表年日照小时数	h	3 056.4	
系统综合效率	%	83	

续表

二、主要气象要素				
项目		单位	数量	备注
多年平均气温		℃	8.9	
多年极端最高气温		℃	40.5	
多年极端最低气温		℃	−29.6	
多年最大冻土深度		cm	119	
多年最大积雪厚度		cm	8	
多年平均风速		m/s	2.2	
多年极大风速		m/s	20.2	
多年平均沙尘暴日数		日	7.0	
多年平均雷暴日数		日	6.8	
三、主要设备				
编号	名称	单位	数量	备注
1. 光伏组件（型号：单晶硅 575 W_p 电池组件）				
1.1	峰值功率 P_m	W_p	575	
1.2	开路电压 U_{OC}	V	51.1	
1.3	短路电流 I_{SC}	A	14.19	
1.4	工作电压 U_{MPPT}	V	42.94	
1.5	工作电流 I_{MPPT}	A	13.39	
1.6	温度系数（I_{SC}）	%/℃	+0.043	
1.7	温度系数（U_{OC}）	%/℃	−0.25	
1.8	温度系数（P_m）	%/℃	−0.29	
1.9	第 1 年功率衰减	%	1.0	
1.10	以后每年功率衰减	%	0.4	
1.11	外形尺寸	mm	2 278 × 1 134 × 30	
1.12	质量	kg	32.1	
1.13	数量	块	15 620	
1.14	跟踪方式	—	固定	
1.15	安装角度	°	平铺	
2. 光伏组件（型号：单晶硅 700 W_p 电池组件）				
2.1	峰值功率 P_m	W_p	700	
2.2	开路电压 U_{OC}	V	49.17	
2.3	短路电流 I_{SC}	A	17.31	
2.4	工作电压 U_{MPPT}	V	43.21	
2.5	工作电流 I_{MPPT}	A	16.23	

续表

2.6	温度系数（I_{SC}）	%/℃	+0.026	
2.7	温度系数（U_{OC}）	%/℃	−0.223	
2.8	温度系数（P_m）	%/℃	−0.243	
2.9	第 1 年功率衰减	%	≥98.5%	
2.10	以后每年功率衰减	%	0.4%	
2.11	外形尺寸	mm	2 384 × 1 303 × 35	
2.12	质量	kg	38.5	
2.13	数量	块	9 130	
2.14	跟踪方式	—	固定	
2.15	安装角度	°	平铺	
3. 逆变器				
3.1	输出额定功率	kW	110	
3.2	最大输入电压	V	1 100	
3.3	最大效率	%	98.6	
3.4	中国效率	%	98.1	
3.5	每路 MPPT 最大输入电流	A	26	
3.6	每路 MPPT 最大短路电流	A	40	
3.7	MPPT 电压范围	V	（200~1 000）± 10%	
3.8	额定输入电压	V	600 V	
3.9	外形尺寸	mm	1 037 × 700 × 365	
3.10	防护等级		IP66	
3.11	工作环境温度范围	℃	−30~+60	
3.12	数量	台	141	
4. 箱式变压器				
4.1	台数	台	14	
4.2	容量	kV·A	12 × 1 000+2 × 1 250	
4.3	额定电压比	kV	10/0.4	

光伏场区各月平均平面总辐射量日变化如图附录 3-3 所示。地基岩（土）物理力学特性及允许承载力建议见表附录 3-2。

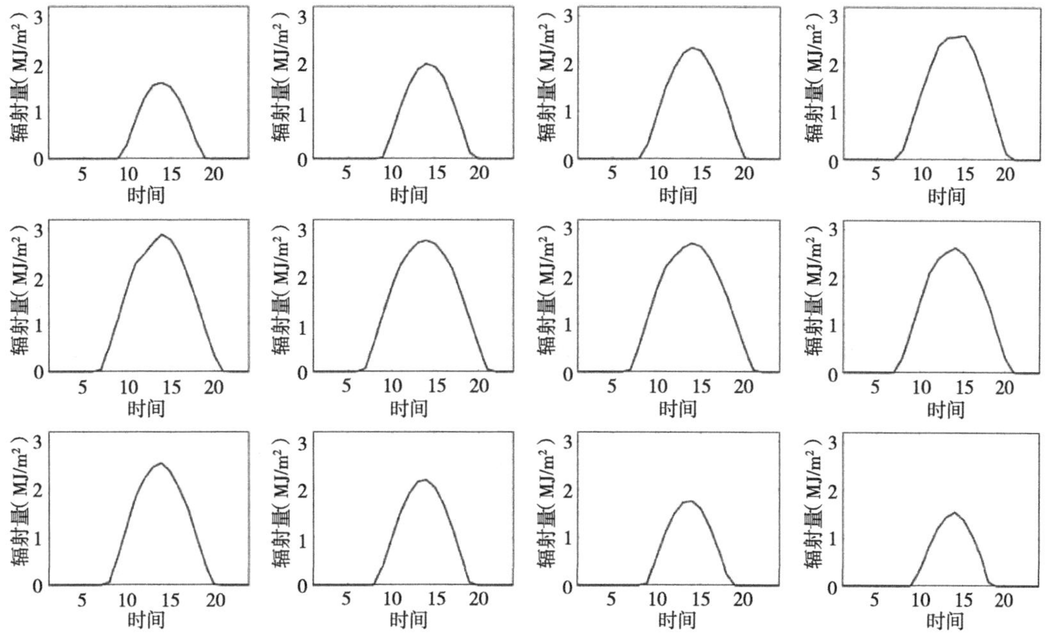

图附录 3-3　光伏场区各月平均平面总辐射量日变化(单位:MJ/m²)

表附录 3-2　地基岩(土)物理力学特性及允许承载力建议

土名	埋深/m	成因时代	状态	承载力建议值/MPa	变形模量建议值/MPa
砾砂	0.90~2.10	Q4al+pl	中密~密实	0.30~0.40	30~35
细砂	0.70~1.40	Q4al+pl	中密~密实	0.30~0.40	35~45
圆砾	14.1 以下	Q4al+pl	中密~密实	0.40~0.45	35~45

集中式逆变器电路原理图如图附录 3-4 所示,组串式逆变器电路原理图如图附录 3-5 所示。

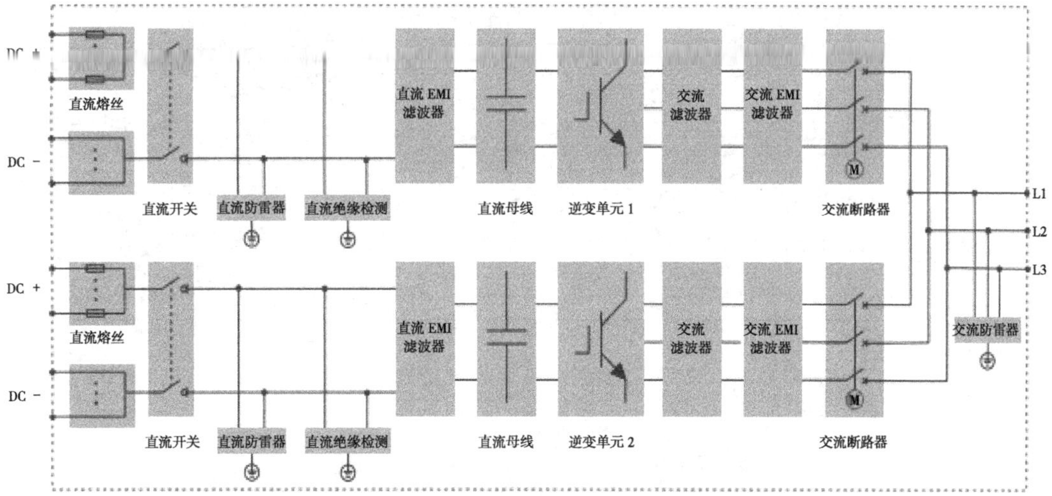

图附录 3-4　集中式逆变器电路原理图

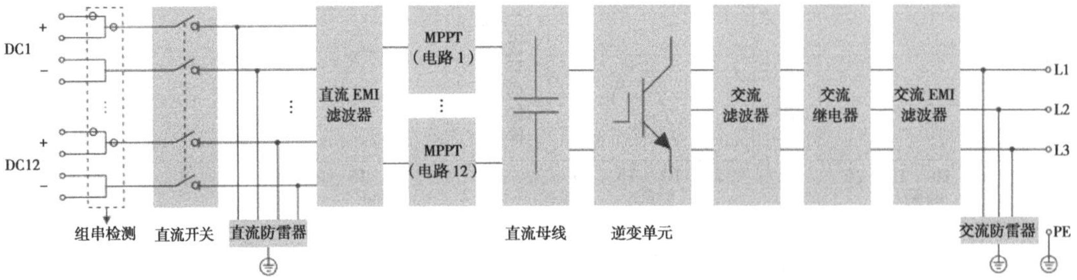

图附表 3-5　组串式逆变器电路原理图

经济性选型见表附录 3-3。内部电网接线示意图如图附录 3-6 所示。储能电池技术参数见表附录 3-4。

表附录 3-3　经济性选型

酒泉 12 MW 屋顶分布式光伏发电项目		
项目	组串式方案 110 kW	组串式方案 225 kW
主要设备（逆变器）/万元	1.8	3.15
小线缆（含线缆施工）/万元	2.397 755	5.394 948 75
大线缆（含线缆施工）/万元	3.74	7.48
单位成本/（元/瓦）	0.007 937 755	0.016 024 949
所需逆变器数量	50	25
总计/万元	0.396 887 75	0.400 623 719
经济性排序	1	2

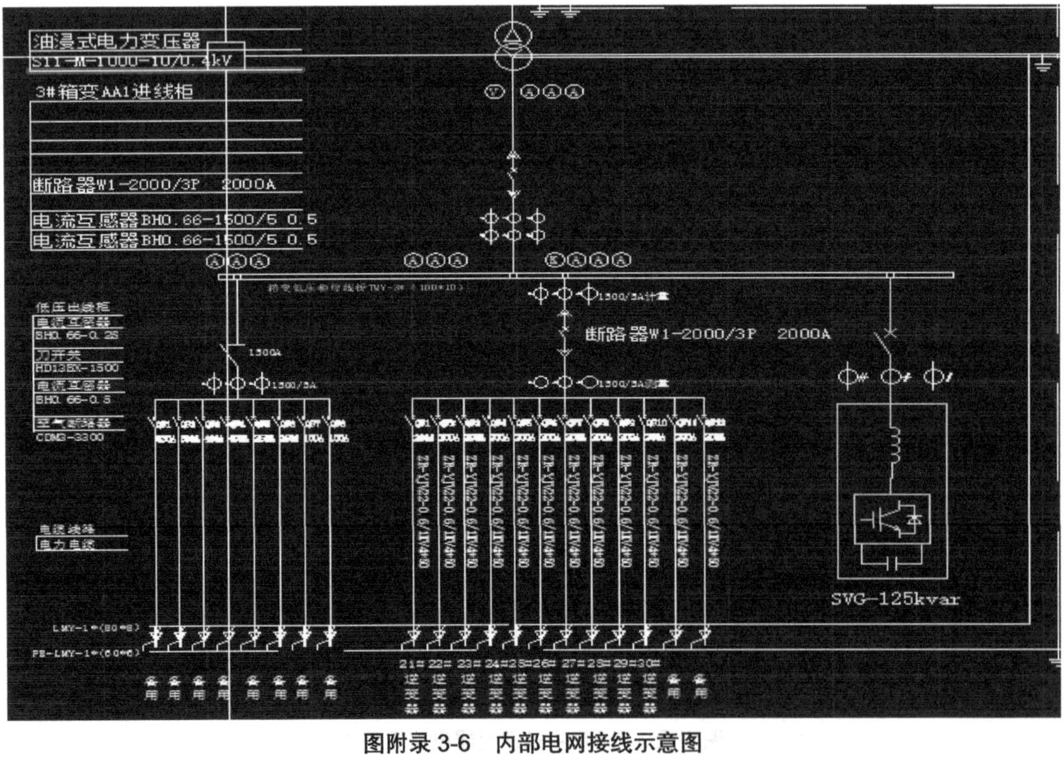

图附录 3-6　内部电网接线示意图

表附录 3-4　储能电池技术参数表

序号	项目		技术参数	备注
1	电芯参数	额定容量/（A·h）	280	
		额定电压/V	3.2	
2	电池模块	组合方式	1P16S	
		额定容量/（A·h）	280	
		额定电压/V	51.2	
		额定能量/（kW·h）	14.3	
		额定充放电倍率	≤0.5*C*	
		运行电压范围/V	43.2~58.4	
		质量/kg	105 ± 3.2	
3	电池簇参数	倍率	0.5*C*	
		组合方式	1P416S	
		标称容量/（A·h）	280	
		标称能量/（kW·h）	372.7	
		尺寸/mm	1 620 × 2 300 × 800	
		标称电压/V	1 280	
		电池簇运行电压范围/V	1 123.2~1 500	
4	循环性能要求	电池系统循环次数	6 000 次	0.5 *C* 充放电及 25 ℃环境，容量衰减到 80%的循环次数

彩钢瓦结构如图附录 3-7 所示。主要施工技术供应及施工特性指标表见表附录 3-5。综合估算表（含储能）表见表附录 3-6。

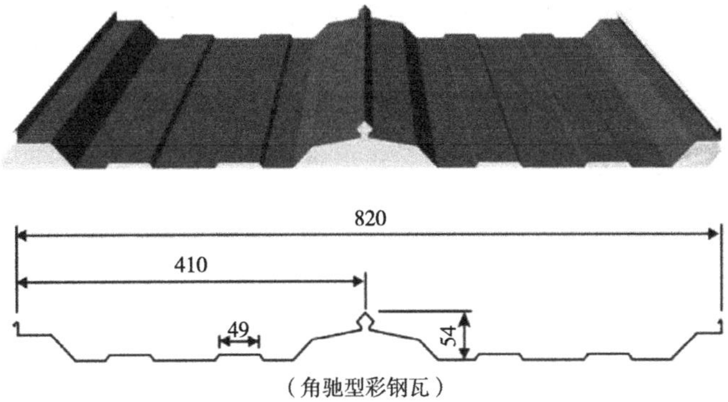

（角驰型彩钢瓦）

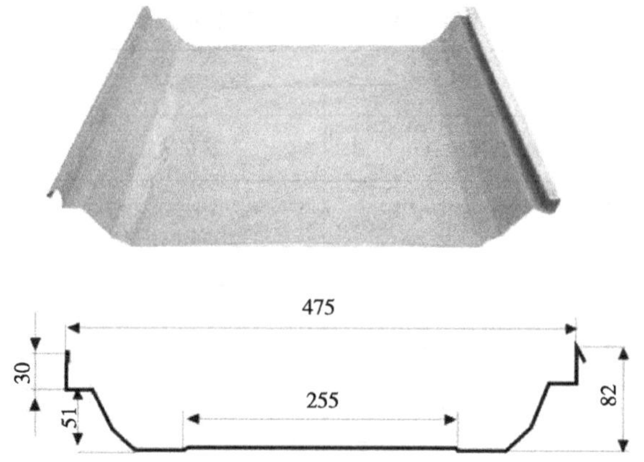

（直立锁边彩钢瓦）

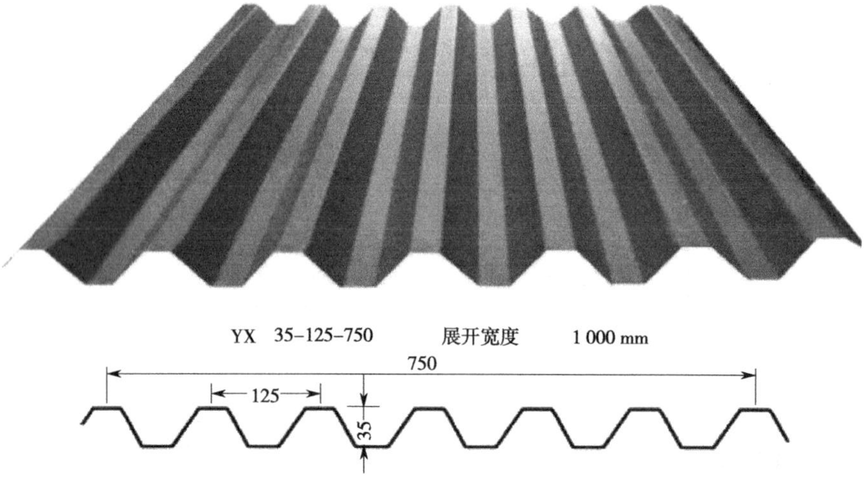

（梯形彩钢瓦）

图附录 3-7 彩钢瓦结构

表附录 3-5 主要施工技术供应及施工特性指标表

项目		单位	
劳动量	生产总工日	工日	120
材料量	型钢	t	25.3

表附录 3-6　综合估算表(含储能)

总估算表									
工程名称:酒泉 12 MW 屋顶分布式光伏发电项目　　(单位:万元)									
序号	工程项目或费用名称	估算总造价					技术经济指标		占总投资额(%)
		建筑工程费	安装工程费	设备购置费	其他费用	合计	建筑面积	单方造价/(元/m²)	
1	工程费用		5 330.007 2			5 330.01			86.76
1.1	酒泉源通能源有限责任公司 12 MW 屋顶分布式光伏发电项目		5 330.007 2			5 330.01			86.76
2	工程建设其他费用				520.781 8	520.78			8.48
2.1	建设管理费				211.382 2	211.38			
2.1.1	建设项目管理费				83.960 1	83.96			
2.1.2	工程监理费				127.422 1	127.42			
2.2	建设项目前期工作咨询费				37.984 3	37.98			
2.2.1	编制项目建议书				8.662 9	8.66			
2.2.2	编制可行性研究报告				17.325 7	17.33			
2.2.3	评估项目建议书				5.331 4	5.33			
2.2.4	评估可行性研究报告				6.664 3	6.66			
2.3	工程设计费				199.326 3	199.33			
2.3.1	工程设计费				173.327 2	173.33			
2.3.2	总体设计费				8.666 4	8.67			
2.3.3	施工图预算编制费				17.332 7	17.33			
2.4	招标代理服务费				21.21	21.21			
2.4.1	工程招标				21.21	21.21			
2.5	环境影响咨询服务费				13.426	13.43			
2.5.1	编制环境影响报告书(含大纲)				7.233 5	7.23			
2.5.2	编制环境影响报告表				2.901 2	2.90			
2.5.3	评估环境影响报告书(含大纲)				2.175 9	2.18			
2.5.4	评估环境影响报告表				1.115 4	1.12			
2.6	造价咨询费				37.453	37.45			

续表

总估算表									
工程名称:酒泉 12 MW 屋顶分布式光伏发电项目 (单位:万元)									
序号	工程项目或费用名称	估算总造价					技术经济指标		占总投资额(%)
		建筑工程费	安装工程费	设备购置费	其他费用	合计	建筑面积	单方造价(元/m²)	
2.6.1	工程项目投资估算-建设				2.489	2.49			
2.6.2	工程项目设计概算-建设				4.625	4.63			
2.6.3	清单-工程量清单编制(安装;园林;仿古;装饰;修缮)				15.436	15.44			
2.6.4	清单-控制价、投标价、结算编制(安装;园林;仿古;装饰;修缮)				14.903	14.90			
3	预备费					292.54			4.76
3.1	基本预备费					292.54			4.76
4	建设项目估算总投资					6 143.33			100

财务指标汇总表			
序号	名称	单位	静态值
1	电站装机规模	kW_p	15 400.00
2	电站并网规模	kW_p	12 000.00
3	平均上网电量	万 kW·h/年	2 410.90
4	项目总投资	万元	6 143.33
5	项目贷款额	万元	4 914.66
6	流动资金	万元	0.00
7	平均营业收入总额(不含税)	万元/年	656.70
8	平均补贴收入总额(不含税)	万元/年	0.00
9	平均总成本费用	万元/年	266.09
10	平均营业税金及附加总额	万元/年	7.88
11	平均发电利润总额	万元/年	382.74
12	经营期平均上网电价(含税)	元/(kW·h)	0.31
13	经营期平均上网电价(不含税)	元/(kW·h)	0.27
14	项目总投资回收期	年	10.29
15	资本金投资回收期	年	12.41
16	项目投资内部收益率	%	8.91%
17	资本金内部收益率	%	12.91%

续表

财务指标汇总表			
序号	名称	单位	静态值
18	项目投资净现值（i_c=8%）	万元	409.35
19	资本金财务净现值（i_c=8%）	万元	1 072.92
20	总投资收益率	%	6.90%
21	投资利税率	%	6.14%
22	项目资本金净利润率	%	22.59%

二、民乐三墩滩光伏发电基地 20 万千瓦光伏发电项目

太阳能稳定度等级见表附录 3-7。场址区域直射比计算表见表附录 3-8。

表附录 3-7　太阳能稳定度等级

等级名称	分级阈值	等级符号
很稳定	$R_W \geqslant 0.47$	A
稳定	$0.36 \leqslant R_W < 0.47$	B
一般	$0.28 \leqslant R_W < 0.36$	C
欠稳定	$R_W < 0.28$	D

注：R_W 表示稳定度，计算 R_W 时，首先计算总辐射各月平均日辐射量的多年平均值（一般取 30 年平均），然后取最小值与最大值之比。

表附录 3-8　场址区域直射比计算表

月份	总辐射量/（MJ/m^2）	水平面直接辐射量/（MJ/m^2）	直射比
1 月	304.9	231.8	0.76
2 月	359.6	254.1	0.71
3 月	495.7	306.3	0.62
4 月	602.6	363.2	0.60
5 月	716.4	447.5	0.62
6 月	713.5	434.9	0.61
7 月	687.6	416.5	0.61
8 月	622.4	369.0	0.59
9 月	533.5	342.0	0.64
10 月	430.9	285.1	0.66
11 月	313.2	239.8	0.77
12 月	259.9	179.6	0.69
全年	6 040.4	3 870.0	0.76

地形地貌图片如图附录 3-8 所示。零电压穿越要求图如图附录 3-9 所示。

图附录 3-8 地形地貌图片

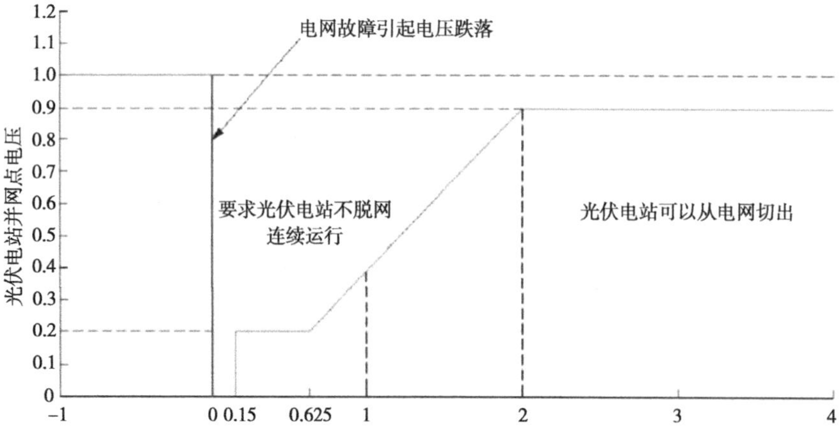

图附录 3-9 零电压穿越要求图

场址区最优安装倾角模拟图如图附录3-10所示,光伏组件阵列间距示意图如图附录3-11所示,光伏组件接线示意图如图附录3-12所示。

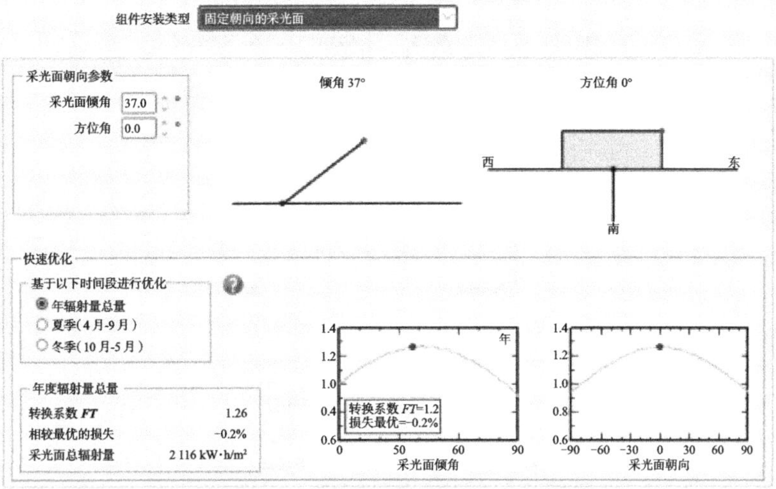

图附录3-10　场址区最优安装倾角模拟图

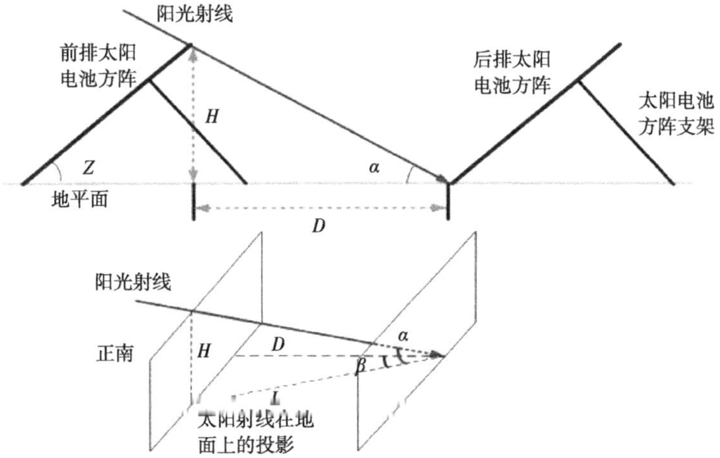

图附录3-11　光伏组件阵列间距示意图

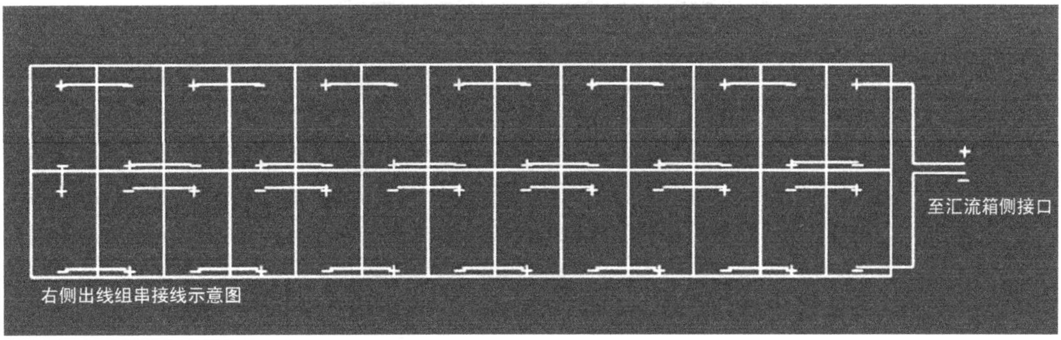

图附录3-12　光伏组件接线示意图

调度数据网络接入设备示意图如图附录3-13所示，光伏场区总平面布置图如图附录3-14所示。

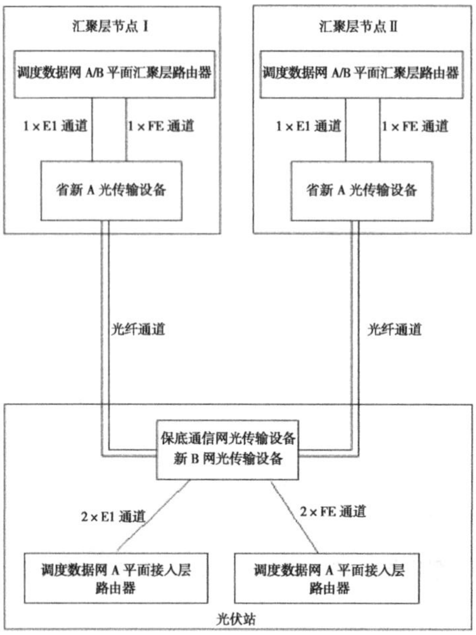

图附录3-13 调度数据网络接入设备示意图

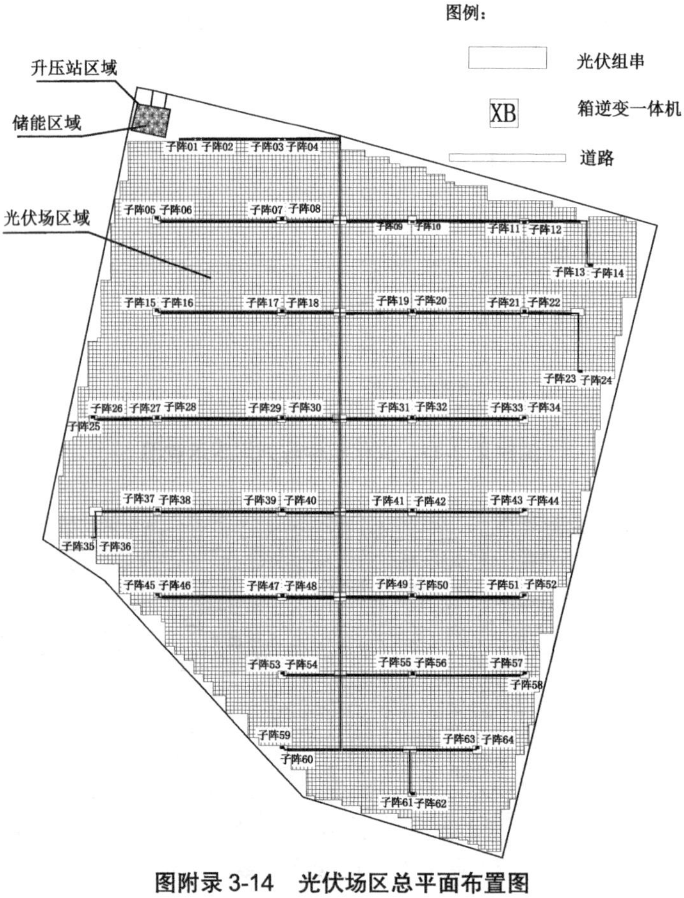

图附录3-14 光伏场区总平面布置图

升压站总平面布置图如图附录 3-15 所示。双立柱支架平面示意图如图附录 3-16 所示。

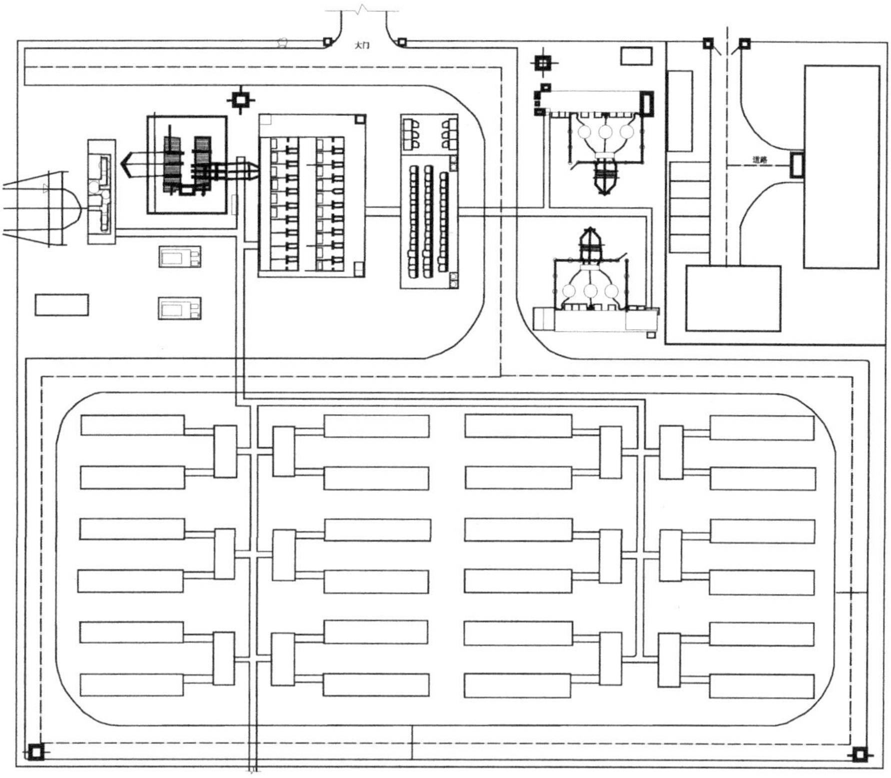

图附录 3-15　升压站总平面布置图

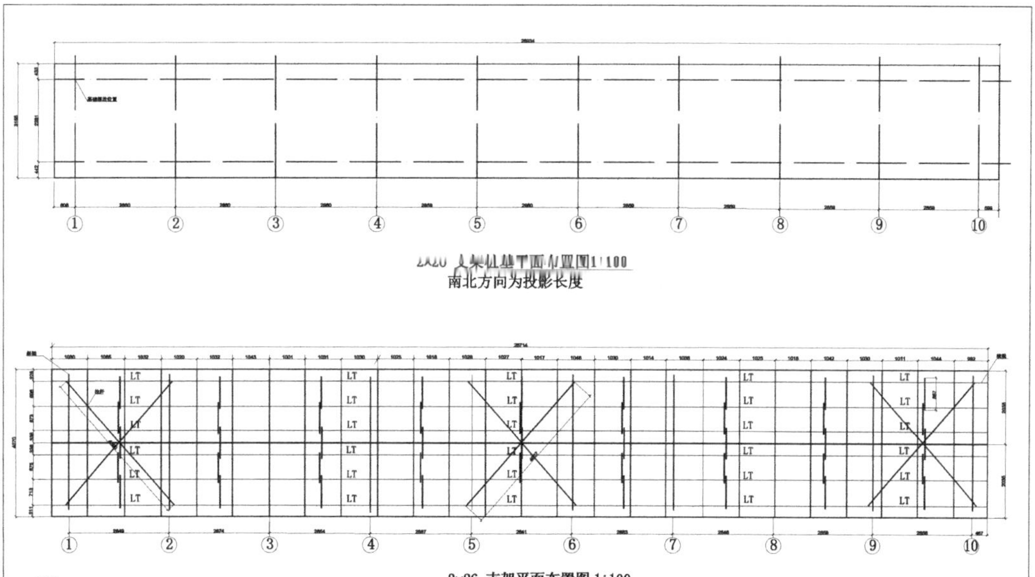

说明：

1. 本图为单组支架布置图，每组支架52片组件。
2. 钢构件采用热镀锌防腐时，镀锌层平均厚度不应小于65 μm。
3. 未注明的构件均为轴线居中。
4. 檩条分段长度可根据放样下料实际情况适当调整。

图附录 3-16　双立柱支架平面示意图

双立柱支架体型图如图附录 3-17 所示。直埋电缆沟典型剖面图一如图附录 3-18 所示。

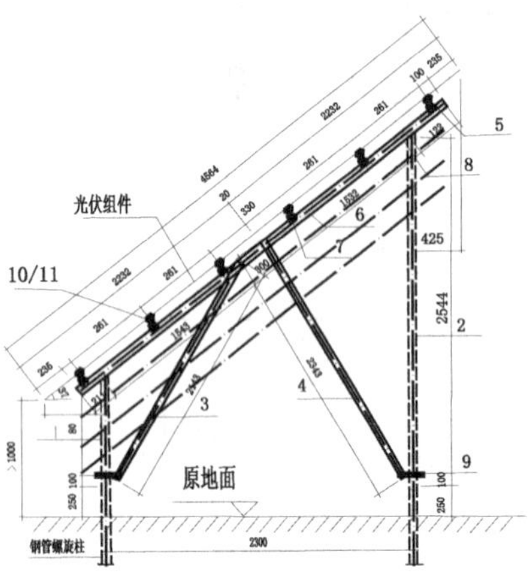

2X26方阵外围支架立面布置图1:50

外围主要材料表(746 组)							
序号	名称	材质	规格	规格	数量	单位质量	备注
1	前立柱 QLZ	Q3558	ϕ60×2.0	1 160	10	3.545	镀铝锌镁
2	后立柱 HLZ	Q3558	ϕ60×2.5	3 194	10	2.861	镀铝锌镁
3	前支撑 QZC	Q3558	C50×40×10×2	2 143	10	1.87	镀铝锌镁
4	后支撑 HZC	Q3558	C50×40×10×2	2 349	10	1.87	镀铝锌镁
5	檩条 LT	Q3558	C70×40×10×2.0	30 028	6	2.54	镀铝锌镁
6	斜架 XL	Q3558	C70×40×15×2.2	4 014	10	2.95	镀铝锌镁
7	檩托	Q2358	L63×40×5	40	60	3.92	镀铝锌镁
8	铁链	Q3558	见详图，t=3	—	20	—	镀铝锌镁
9	半抱服 1	Q3558	见详图，ϕ60×5	—	40	—	热波镀锌，平均厚度＞65 μm
10	中压块	6063-T5	厂家定制	60	—	—	阳极氧化
11	中压块	6063-T5	厂家定制	60	—	—	阳极氧化
12	檩条连接件	Q3558	[78×43×30	250	—	3.57	镀铝锌镁
13	前立柱柱间支撑	Q2358	ϕ10	3 185	4	0.616	热波镀锌，平均厚度＞65 μm
14	后立柱柱间支撑	Q2358	ϕ10	4 031	4	0.616	热波镀锌，平均厚度＞65 μm
15	梁间支撑	Q2358	ϕ10	5 028	4	0.616	热波镀锌，平均厚度＞65 μm
16	直拉条	Q2358	ϕ10，撑杆，ϕ30×1.5	—		—	热波镀锌，平均厚度＞65 μm
17	半抱 2	Q3558	见详图，ϕ60×5	—	48	—	热波镀锌，平均厚度＞65 μm
18	链条连接螺栓	8.8 级	M10×30，2 平一弹一螺母	—	288		热波镀锌，平均厚度＞65 μm
19	抱箍拧紧螺栓	8.8 级	M12×55，2 平一弹一螺母	—	108		热波镀锌，平均厚度＞65 μm
20	铁链对穿螺栓	8.8 级	M12×110，2 平一弹一螺母	—	20		热波镀锌，平均厚度＞65 μm
21	绞链与斜梁安装螺栓	8.8 级	M10×30，2 平一弹一螺母	—	40		热波镀锌，平均厚度＞65 μm
22	压块与锥条链接	8.8 级	M8×35，一大平一弹一螺母	—	152		热波镀锌，平均厚度＞65 μm
23	支撑项安装螺栓	8.8 级	M12×40，2 平一弹一螺母	—	20		热波镀锌，平均厚度＞65 μm
24	檩条与檩条安装螺栓	8.8 级	M12×40，2 平一弹一螺母	—	60		热波镀锌，平均厚度＞65 μm
25	檩条与斜梁安装螺栓	8.8 级	M10×30，2 平一弹一螺母	—	120		热波镀锌，平均厚度＞65 μm
26	柱间支撑连接螺栓	8.8 级	M10	—	24		热波镀锌，平均厚度＞65 μm
27	地面对穿螺栓	8.8 级	M16×110，2 平一弹一螺母	—	20		热波镀锌，平均厚度＞65 μm
28	地面紧缩螺栓	8.8 级	M12×25	—	80		热波镀锌，平均厚度＞65 μm

图附录 3-17　双立柱支架体型图

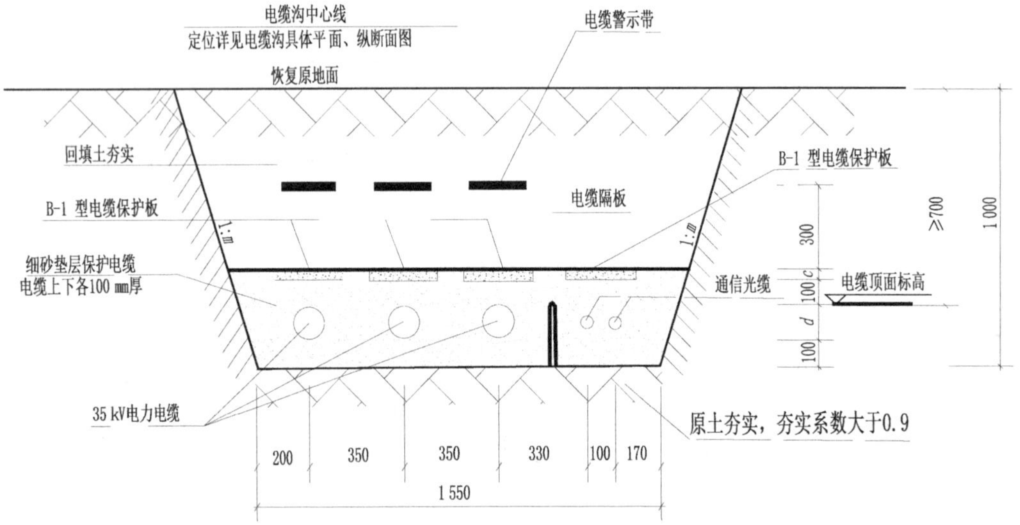

图附录 3-18　直埋电缆沟典型剖面图一

直埋电缆沟典型剖面图二如图附录 3-19 所示。直埋电缆沟穿公路典型剖面图如图附录 3-20 所示。

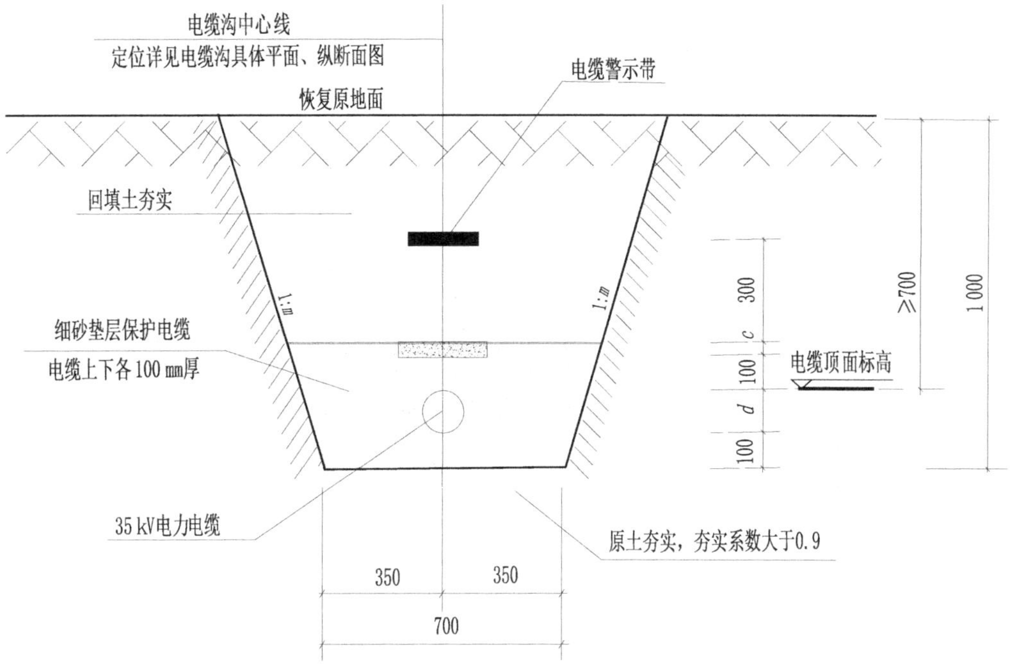

图附录 3-19　直埋电缆沟典型剖面图二

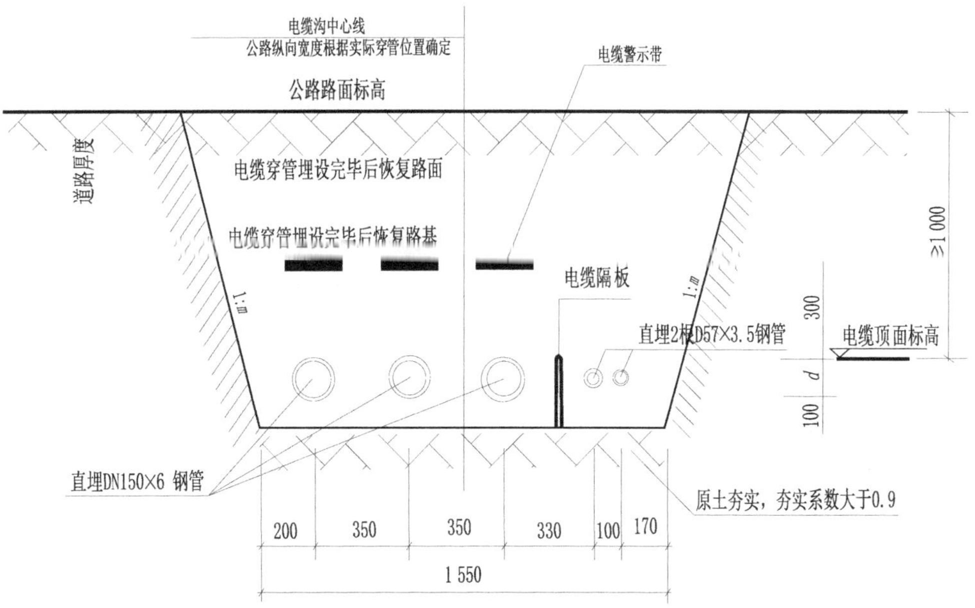

图附录 3-20　直埋电缆沟穿公路典型剖面图

附表 各类屋面光伏电站工程建设参考方案表（表附录 3–9）

表附录 3-9 各类屋面光伏电站工程建设参考方案表

种类	前期场地勘测要点				方案						说明	通用要求
	屋面尺寸（以 16 块组件为例）	屋面形式	屋面是否完好	屋面障碍物	图	安装方式						
						组件	前后排阵列间距	朝向	适用工况	其他		
现浇混凝土平屋面	长度超过 17 m，一排安装；长度 8~16 m，两排安装	—	如有漏水、开裂现象，需拍照记录，且放弃安装	屋面女儿墙、烟囱、排风口等障碍物，注意记录位置及高度		最佳倾角，单块竖向安装，倾角可调整	根据项目所在地计算确定，且阵列不被遮挡	正南，不得有方位角	建筑高度小于 15 米，基本风压要求小于 0.4 kN/m²	水泥墩跨距 2.5 米以内，水泥墩尺寸必要时可调整，防滑斜拉与屋面主体可靠连接（或打在圈梁上），具体斜拉数量及布置应提交公司审核	要求能满足光伏增加的固定荷载：0.45 kN/m²	（1）平屋面，无特殊说明时按最佳倾斜角设计，采用单块竖向安装；瓦屋面，随屋面坡度安装，组件之间要求预留 20 mm 间隙。（2）平屋面，一般采用热镀锌碳钢支架，钢材厚度不小于 2.5 mm，镀锌层平均厚度不小于 65 μm，如支架使用环境较为特殊，需根据实际情况采取防腐措施；瓦屋面，一般采用 6063T5 铝合金支架，平均防腐膜厚度为 15 μm，如支架使用环境较为特殊，需根据实际情况采取防腐措施。（3）所有支架构件，保证 25 年使用要求；（4）热镀锌支架配套不锈钢或热浸锌螺栓，铝合金支架配套不锈钢螺栓、螺母，两个平垫及一个弹垫

续表

预制板平屋面	长度超过17 m,一排安装;长度8~16 m,两排安装;组件布置时必须将配重基础放于承重墙上	—	如有漏水、开裂现象,需拍照记录。如在预制板接缝处产生,建议修复;若在预制板自身,放弃安装	如预制板屋面有大的开孔,放弃安装		最佳倾角,单块竖向安装,倾角可调整	根据项目所在地计算确定,且阵列不被遮挡	—	建筑高度小于 15 米,基本风压要求小于 0.4 kN/m²	按大跨度房屋—平屋面方案中的相关要求执行,大于 6 米跨度的建筑,在考察时统计数量并及时上报	必须保证阵列基础放置在承重墙位置,否则不予实施	(5)支架结构设计时需满足国际要求,按 25 年基本风压设计。 (6)支架要求后立柱可调。 (7)檩条端部悬挑不超过 300 mm,边压块外边缘距檩条端部不小于 50 mm。 (8)支架要求前后立柱可调:后立柱与斜梁之间有斜撑;后立柱需有可靠的防滑措施。 (9)边压块及中压块高度根据项目所用组件厚度确定。 (10)压块长度不小于 50 mm,与压块配套的螺栓采用不锈钢材质,且必须配有弹垫。对于镀锌材质支架,与其配套的异型螺母必须有防滑塑翼。 (11)支架设计时,必须满足相应国标的要求,不得突破规范要求进行设计

续表

瓦屋面	一般采用与屋面平行的方式安装，踏勘时注意考虑预留检修通道	混凝土现浇板	如有漏水、开裂现象，需拍照记录。如混凝土瓦屋面有开裂现场，放弃安装	—		挂钩形式安装，建议采用植筋形式安装，挂钩间距不大于1.2米	—	—	—	施工时，注意根据现场情况调整，注意预留检修通道；施工时注意将挂钩与混凝土可靠连接	—	
		木结构				—	—	—	—	当遇到新的结构形式时，不要随意施工，需通过专业技术部门确认	—	
灰瓦屋面		—	—	—		—	保证阵列不与屋面接触，施工时也要对屋面采取保护措施，避免对瓦造成破坏	—	—	大面积均为此类建筑，参考照片中的形式，需根据当地工况设计支架	—	

续表

彩钢瓦屋面	需考虑承载力是否符合光伏电站安装条件；部分彩钢板屋面及排架结构屋面采用北坡起角度的布置方式	直立锁边型、角驰型、卡口型、明钉型	如有漏水、开裂现象，需拍照记录，且放弃安装	—		沿屋面平铺铺设	—	—	—	—	—	
阳光房	—	—	—	—	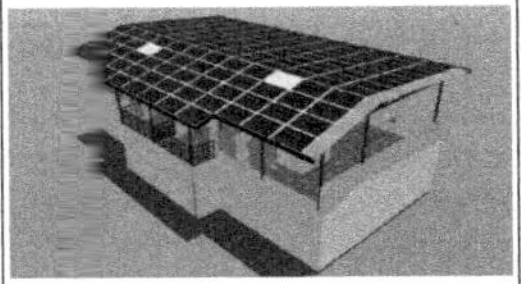	—	—	—	—	立柱高度不超过 2.8 米，若超出需增加斜撑；前后立柱间距不超过 3.5 米；檩条跨度不超过 2.8 米；	连片阳光房建造时，注意预留伸缩缝；考虑排水措施	

分布式项目设计

光伏发电系统安装施工内容如图附录 3-21 所示。

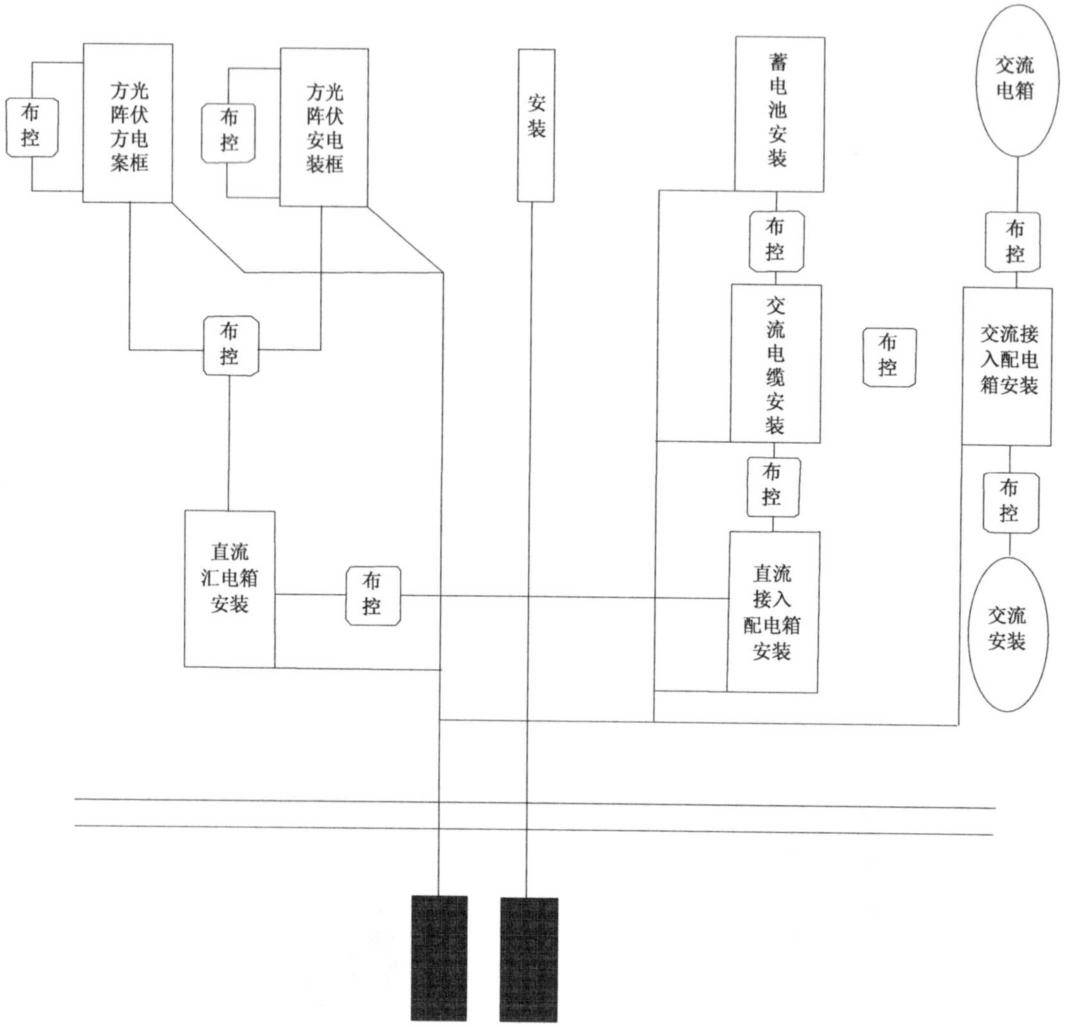

图附录 3-21　光伏发电系统安装施工内容示意图

1. 光伏系统配置标准

勘察人员需按照下列配置标准设计系统(表附录 3-10)。

表附录 3-10　配置标准

系统类型	3~10 kW 装机量(瓦屋面,平屋面或者阳光房)					
系统容量/kW_p	3.36	5.08	6.72	8.4	10.08	11.2
组件功率/W_p	280	280	280	280	280	280
组件配置/块	12	18	24	30	36	40
逆变器容量/kW	3	5	6	8	10	10
交流电缆	ZR-YJV-2x6(ZR:阻燃 YJ: 交联绝缘,V:聚氯乙烯护套铜芯电缆)			ZR-YJV-3xl0		

续表

支架类型	铝型材、镀锌钢、不锈钢
交流配电箱	断路器、浪涌保护器、计量表、刀闸、自复式过欠压保护器
直流电缆	PVl-F-lx4
线缆槽	阻燃型 PVC 或镀锌钢管
防雷接地	黄绿跨接线，接地体，引下线
防火封堵	防火材料
辅材	MC4 公母接插头，线槽固定金具等
安装	结构安装，机电安装
运输	公路运输

2. 配电箱电气设计

电气设计主要包含交流配电箱的设计，交流配电箱主要内部元器件的确认，带刀闸还是断路器，以及是否带失压跳闸模块等需要和电网公司确认。

同一地区的交流配电箱的外形、配置应统一并满足电网公司要求，所有设备及元器件应经过审核通过方能使用。交流配电箱配置要求见表附录 3-11。

表附录 3-11　交流配电箱配置要求

逆变器容量/kW	2-3	3-4	4-5	3+3	4+4	5+5
组件块数	8~10	11~15	16~20	20~24	28~32	36~40
断路器/A	16	25	32	20×2	32×2	32×2
总断路器 /A				40	63	63
逆变器到配电箱电缆（ZR-YJV）	2×6	2×6	16 块（3×4），16 块以上（2×6）	2×10（2）	2×10（2）	2×10（2）
配电箱内部电缆（BV 铜线 mm^2）	6	6	6	10	10	10
配电箱到接入点（ZR-YJVmm^2）	2x6	2x6	2x6	2x10	2x10	2x10

注：①配电箱应采用不锈钢材质，厚度不低于 0.8 mm，如电网公司有特殊要求，以电网公司标准为准；②如逆变器到配电箱的距离、配电箱到接入点的距离超过 80 米，应增大截面

施工质量标准

1. 基础工程

（1）钢筋、水泥、外加剂、砂、石、桩（如预制桩、钢桩、钢筋笼）等原材料、半成品、成品入场应审核其合格证或质量证明文件，并确认其真实有效。

（2）钢筋等级、规格、长度、数量、位置（钢筋间距、弯起点位置、接头位置等）、锚固长度符合设计要求，绑扎牢固。

（3）预埋铁件应固定牢靠，预埋铁件与混凝土接触密实无空鼓，与结构表面平齐，无突出、凹陷现象，及时防腐处理，外形美观。

（4）混凝土应振捣密实，无麻面、蜂窝、“烂根”孔洞、裂纹等内在质量缺陷。

（5）基础拆模后，外观质量应满足混凝土的要求，不应有影响结构性能和设备安装的尺寸偏差，尺寸偏差应符合表附录 3-12 的规定。

表附录 3-12　尺寸偏差规定

地面项目	同组相邻支架基础之间	基础轴线偏差	≤20 mm
	小方阵内基础之间（东西方向）	基础轴线偏差（相对于最边侧轴线）	小于 1/4 的基础直径
	小方阵内基础之间（南北方向）	基础轴线偏差	≤20 mm
屋顶项目	同组相邻支架基础之间	基础轴线偏差	≤10 mm
	小方阵内基础之间（东西方向）	基础轴线偏差（相对于最边侧轴线）	小于 1 / 5 的基础直径
	小方阵内基础之间（南北方向）	基础轴线偏差	<10 mm

（6）支架基础垂直度偏差小于等于 1%的露出基础长。

（7）支架基础截面尺寸偏差 ≤10 mm。

（8）支架基础预埋螺栓偏差应符合表附录 3-13 的规定。

表附录 3-13　螺栓偏差

同组相邻支架的预埋件	顶面标高偏差	S10 mm
	位置偏差	≤5 mm
小方阵内支架基础预埋件（相同基础标高）	顶面标高偏差	≤30 mm
	位置偏差	≤25 mm

（9）混凝土配合比的工作性应满足设计配合比的要求，混凝土配合比见表附录 3-14。

表附录 3-14　混凝土配合比

规格	水	水泥	沙	石子	碎石最大粒径/mm
C20	0.71	1	2.807	4.211	31.5
C25	0.61	1	2.178	3.712	31.5
C30	0.53	1	1.747	3.245	31.5
C35	0.47	1	1.424	2.889	31.5
C40	0.38	1	1.004	2.785	31.5

（10）砌筑砂浆满足设计要求，砂浆质量比见表附录3-15。

表附录3-15　砂浆质量比

质量比	
水	砂
1	10.45

2. 支架安装工程

（1）支架斜、后支撑水平保持一致，以保证檩条安装后的水平一致。安装尺寸偏差应符合表附录3-16的规定。

表附录3-16　安装尺寸偏差

支架垂直度（每米）		≤5 mm
支架角度偏差		≤1°
相邻横梁间水平偏差	屋顶项目	≤5 mm
	地面项目	≤6 mm

（2）结构件紧固处应紧密结合，不可有间隙。

（3）所有螺栓均是两个平垫一个弹垫紧固，且螺丝螺母均应拧紧，不可松动。

（4）支架需裁切、钻孔、焊接时，必须先去除表面污物（焊接、铁屑、铁锈等）后喷涂防锈漆，镀层厚度不少于55 μm。

3. 组件安装工程

（1）所有组件应上下左右保持水平一致，安装尺寸偏差应符合表附录3-17的规定。

表附录3-17　安装尺寸偏差

倾斜角度差		≤1°
相邻组件间组件边缘高差		≤[illegible] mm
相邻组件间组件平整度	屋顶项目	≤4 mm
	地面项目	≤5 mm

（2）组件与檩条应紧密结合，不可有间隙，不可松动。

（3）连接头与电缆导线的连接应用烙铁焊接，不可虚接。

（4）连接线的走线做到横平竖直，走向合理，整齐美观，两个连接头不可捆绑在一起，以防过热烧坏。

（5）连接头尾盖的螺帽应拧紧，以防止连接线与连接头尾盖间有间隙，存在灰尘、水汽侵入的安全隐患。

（6）带边框的组件应将边框可靠接地。

4. 电缆敷设工程

（1）电缆线、管排布，敷设

a. 电缆敷设严禁有绞拧、铠装压扁、护层断裂和表面严重划伤等缺陷。

b. 电缆进线排列整齐，盘柜内同一走向电缆线芯应绑扎成一圆把，经绑扎后的线束及分线束应做到横平竖直、走向合理、整齐美观。

c. 电缆导线弯曲弧度一致，工艺美观。

d. 电缆的最小弯曲半径应符合表附录 3-18 的要求。

表附录 3-18 电缆弯曲半径

项目	单芯		多芯	
	无铠装	有铠装	无铠装	有铠装
安装时的电缆最小弯曲半径	20*D*	15*D*	15*D*	12*D*
靠近连接和终端的电缆最小弯曲半径	15*D*	12*D*	12*D*	10*D*

注：*D* 为电缆外径

e. 埋地敷设的电缆，电缆沟应铺沙盖砖，埋深为 0.7 m；壁厚< 2 mm 的钢电线导管不应埋设于室外土壤内。

f. 当绝缘导管在砌体上剔槽埋设时，应采用强度等级不小于 M10 的水泥砂浆抹面保护，保护层厚度 ≥15 mm。

g. 每隔 50~100 m 应设置电缆标志桩。

（2）电缆线的防火封堵。

a. 电缆的导管两头需要密封。

b. 电缆防火密实，达到可靠防火的目的。

c. 防火封堵外观美观，防火泥呈规则的几何形状，整齐一致。

d. 盘柜封堵必须采用 10 mm 以上防火板铺设底部或用无机堵料在有机堵料周围浇制；防火板必须铺设平整，用有机堵料堵满空隙缝口；防火板缝口及电缆周围用有机堵料密实封堵，采用防火板封堵时，孔洞内应用有机堵料包塞在电缆周围，并用防火包塞满孔洞，铺设平整。

e. 电缆平行敷设于热力管道上部应>1 m，热力管道与电缆交叉敷设应为 0.5 m。

（3）电缆线的桥架安装。

a. 当无设计要求时，电缆桥架水平安装的支架间距为 1.5~3 m，垂直安装的支架间距不大于 2 m。

b. 桥架与支架间螺栓、桥架连接板螺栓固定紧固无遗漏，螺母位于桥架外侧；当铝合金桥架与钢支架固定时，有相互间绝缘的防电化学腐蚀措施。

c. 支架与预埋件焊接固定时，焊缝饱满；膨胀螺栓固定时，选用螺栓适配，连接紧固。

d. 电缆线放置在桥架内必须留 1/3 的空间余量。

e. 低压电线与电缆，线间和线对地间的绝缘电阻值必须大于 0.5 MΩ。

5. 接地工程

（1）防雷接地的人工接地装置的接地干线埋设，经人行通道处理的深度不小于 1 m，且应采取均压措施或在其上方铺设卵石或沥青地面。

（2）接地装置的焊接应采用搭接焊，搭接长度应符合下列规定：

a. 扁钢与扁钢搭接为扁钢宽度的 2 倍，不少于三面施焊；

b. 圆钢与圆钢搭接为圆钢直径的 6 倍，双面施焊；

c. 圆钢与扁钢搭接为圆钢直径的 6 倍，双面施焊；

d. 扁钢与钢管，扁钢与角钢焊接，紧贴角钢分侧两面，或紧贴 3/4 钢管表面，上下两侧施焊；

e. 除埋设在混凝土中的焊接接头外，有防腐措施。

（3）当设计无要求时，接地装置的材料为钢材，热镀锌处理，最小允许规格、尺寸应符合表附录 3-19 的规定。

表附录 3-19　最小允许尺寸表

种类、规格及单位		敷设位置及使用类别			
		地上		地下	
		室内	室外	交流电流回路	直流电流回路
圆钢直径/mm^2		6	8	10	12
扁钢	截面/mm^2	60	100	100	100
	厚度/mm	3	4	4	6
角钢厚度/mm		2	2.5	4	6
钢管管壁厚度/mm		2.5	2.5	3.5	4.5

（4）接地扁钢按规范要求刷绝缘黄绿漆、间隔均匀醒目；接地扁钢与螺丝结合处要求导通，不可涂抹绝缘漆和黄绿漆。

（5）逆变器房及箱变室内各电气设备基础型钢应不少于两点接地。

（6）逆变器房及箱变室内各电气设备金属外壳及电门应可靠接地；连接线为铜芯软导线，截面不小于 4 mm^2。

（7）金属电缆桥架及其支架和引入、引出的金属电缆导管必须接地或接零可靠，且金属电缆桥架及其支架全长应不少于两处与接地或接零干线相连接。

（8）金属电缆桥架与桥架连接处必须加跨接线，连接线为铜芯软导管，截面不小于 4 mm^2。

（9）镀锌的钢导管、可挠性导管和金属线槽不得熔焊跨接接地线，与专用接地卡跨接的两卡间连接线为铜芯软导管，截面不小于 4 mm^2。

（10）人工接地装置或利用建筑基础钢筋的接地装置必须在地面以上按设计要求位置设测试点，测试接地装置的接地电阻值必须符合设计要求。

防雷接地装置节点如图附录 3-22 所示。

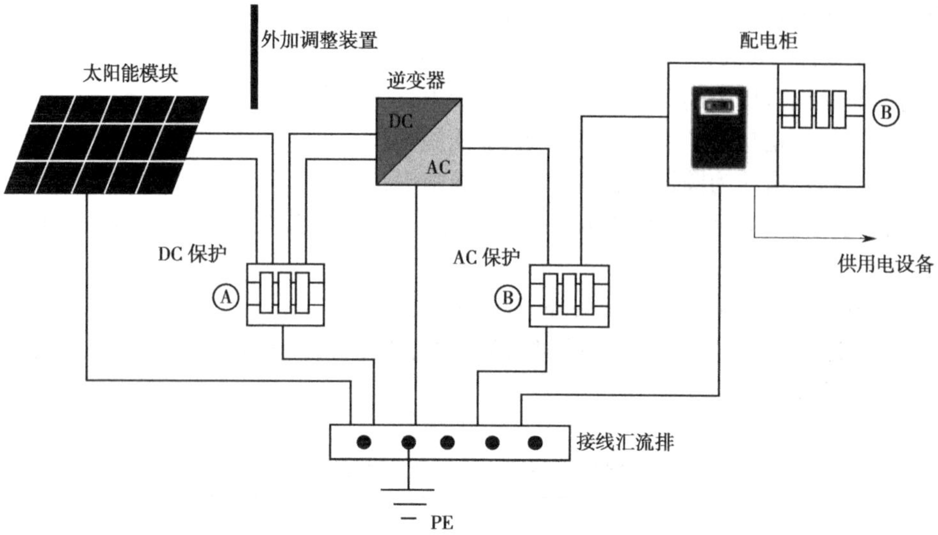

图附录 3-22　有外部防雷装置建筑物独立光伏发电系统防雷示意图

6. 标识标牌

（1）电缆的首端、末端和分支处应设置标识牌。

（2）汇流箱门应张贴“开关分离后两侧仍有高电压”。

（3）逆变器门上应张贴“断电后仍有可能带电，请 10 分钟后操作”标识。

（4）各设备中应张贴电路图，便于审查，测试，维修，替换。